Web前端开发精品课
HTML CSS JavaScript 基础教程

莫振杰 / 著

人民邮电出版社

北京

图书在版编目（CIP）数据

Web前端开发精品课HTML CSS JavaScript基础教程 / 莫振杰著. -- 北京：人民邮电出版社，2017.9
 ISBN 978-7-115-46663-1

Ⅰ. ①W… Ⅱ. ①莫… Ⅲ. ①超文本标记语言－程序设计－教材②网页制作工具－教材③JAVA语言－程序设计－教材 Ⅳ. ①TP312.8②TP393.092.2

中国版本图书馆CIP数据核字(2017)第202420号

- ◆ 著　　　莫振杰
  责任编辑　赵　轩
  责任印制　焦志炜
- ◆ 人民邮电出版社出版发行　北京市丰台区成寿寺路11号
  邮编 100164　电子邮件 315@ptpress.com.cn
  网址 http://www.ptpress.com.cn
  固安县铭成印刷有限公司印刷
- ◆ 开本：787×1092　1/16
  印张：31.25　　　　　　　2017年9月第1版
  字数：844千字　　　　　　2025年1月河北第33次印刷

定价：69.00元

读者服务热线：(010)81055410　印装质量热线：(010)81055316
反盗版热线：(010)81055315
广告经营许可证：京东市监广登字20170147号

前 言
PREFACE

近年来，随着互联网的飞速发展，使用"网页三剑客"的传统开发方式已经满足不了实际开发需求。现在的页面开发，无论是开发难度还是开发方式上，都更接近传统的网站后台开发。因此我们不再叫"网页制作"，而是叫"前端开发"。

在过去几年，只要新人稍加努力，就能找到一份薪水不错的工作。但是随着整个前端行业水平的提升，很多小伙伴发现自己当初所学的技能，往往跟不上实际工作的需求。尤其是像百度、阿里或腾讯这样的大型互联网公司，很多求职者都达不到其前端岗位的要求。

前端技术非常多，但最核心的还是 HTML、CSS 和 JavaScript。本书内容来源于笔者在绿叶学习网分享的三个倍受欢迎的超人气在线教程。本书对这些内容进行深加工，使其更加完善。为了避免前端新人走弯路，笔者把前端碎片化的知识系统化，指出许多书籍中所没有提到的学习误区，并且提供给前端初学者一个明确的学习思路。除了详细讲解知识，更加注重开发技巧和思维。

为了让读者更好地掌握前端开发技能，笔者还结合实际工作以及前端面试，精心挑选了大量的高质量练习题。此外，本书还专门配套了课件 PPT 以及各种工具手册，以便各大高校老师教学使用。

本书特色

- 系统学习，把前端碎片化的知识系统化，避免新手走弯路。
- 兼顾工作，从真正前端工作角度出发，详尽介绍各种开发技能。
- 通俗易懂，语言风格轻松幽默、一针见血，直击技术的本质。
- 贴近读者，结合笔者自身学习经历，以第一人称讲解，文字更有温度。
- 含金量高，前端高质量的内容整合，一大波高级开发技巧呈现。
- 直击痛点，规避传统开发的思维误区，摒弃过时的方法与技术。

读者对象

- 没有任何编程基础的初学者。
- 有一定基础但想系统学习的前端工程师。
- 大中院校相关专业的学生。

技术交流

技术只有多交流才会更快地长进，因此我们还为读者小伙伴们提供了一个高质量的交流平台，如果大家有任何技术问题，可以加 QQ 群讨论交流：519225291、593173594。

资源下载

本书配套的所有资源，包括练习答案、源码文件、课件 PPT 等，可以到人民邮电出版社异步社区（www.epubit.com.cn）中本书页面下载。

特别致谢

在编写本书的过程中，笔者得到了很多人的帮助。首先感谢五叶草团队的几个小伙伴（韦雪芳、程紫梦、陈志东）花费大量时间对本书进行细致的审阅，给出诸多非常棒的建议。

特别感谢赵轩老师（本书责任编辑）在这段时间给予我专业的指导以及不懈的支持，有您的帮助本书才得以顺利出版。

由于笔者水平有限，书中难免有错漏之处，小伙伴们如果遇到问题或有任何意见和建议，可以到绿叶学习网（www.lvyestudy.com）或者发邮件（lvyestudy@foxmail.com）与我联系。

目 录

第一部分　HTML基础

第01章　HTML简介
1.1　前端技术简介 ………………………… 2
1.1.1　从"网页制作"到"前端开发" ………… 2
1.1.2　从"前端开发"到"后端开发" ………… 3
1.1.3　学习路线 …………………………… 5
1.2　什么是HTML ………………………… 5
1.3　教程介绍 ……………………………… 6
1.3.1　教程简介 …………………………… 6
1.3.2　初学者比较关心的问题 ……………… 7

第02章　开发工具
2.1　开发工具 ……………………………… 8
2.2　使用Hbuilder …………………………… 9

第03章　基本标签
3.1　HTML结构 …………………………… 11
3.2　head标签 ……………………………… 12
3.2.1　title标签 ……………………………… 13
3.2.2　meta标签 …………………………… 13
3.2.3　style标签 …………………………… 15
3.2.4　script标签 …………………………… 15
3.2.5　link标签 ……………………………… 16
3.2.6　base标签 …………………………… 16
3.3　body标签 ……………………………… 16
3.4　HTML注释 …………………………… 17
3.5　练习题 ………………………………… 18

第04章　文本
4.1　文本简介 ……………………………… 19
4.1.1　页面组成元素 ……………………… 19
4.1.2　HTML文本 ………………………… 20

4.2　标题标签 ……………………………… 21
4.3　段落标签 ……………………………… 22
4.3.1　段落标签：<p></p> ………………… 22
4.3.2　换行标签：
 …………………… 23
4.4　文本标签 ……………………………… 25
4.4.1　粗体标签 …………………………… 25
4.4.2　斜体标签 …………………………… 26
4.4.3　上标标签 …………………………… 26
4.4.4　下标标签 …………………………… 27
4.4.5　中划线标签 ………………………… 27
4.4.6　下划线标签 ………………………… 28
4.4.7　大字号标签和小字号标签 ………… 28
4.5　水平线标签 …………………………… 29
4.6　div标签 ………………………………… 30
4.7　自闭合标签 …………………………… 31
4.8　块元素和行内元素 …………………… 32
4.8.1　块元素 ……………………………… 33
4.8.2　行内元素 …………………………… 34
4.9　特殊符号 ……………………………… 35
4.9.1　网页中的"空格" …………………… 35
4.9.2　网页中的"特殊符号" ……………… 36
4.10　练习题 ……………………………… 38

第05章　列表
5.1　列表简介 ……………………………… 39
5.2　有序列表 ……………………………… 40
5.2.1　有序列表简介 ……………………… 40
5.2.2　type属性 …………………………… 41
5.3　无序列表 ……………………………… 42
5.3.1　无序列表简介 ……………………… 42
5.3.2　type属性 …………………………… 43

5.3.3　深入无序列表 …………………… 44
5.4　定义列表 ………………………………… 46
5.5　HTML语义化 …………………………… 47
5.6　练习题 …………………………………… 48

第06章　表格

6.1　表格简介 ………………………………… 49
6.2　基本结构 ………………………………… 49
6.3　完整结构 ………………………………… 51
6.3.1　表格标题：caption ……………… 51
6.3.2　表头单元格：th ………………… 52
6.4　语义化 …………………………………… 54
6.5　合并行：rowspan ……………………… 56
6.6　合并列：colspan ……………………… 57
6.7　练习题 …………………………………… 58

第07章　图片

7.1　图片标签 ………………………………… 59
7.1.1　src属性 …………………………… 59
7.1.2　alt属性和title属性 ……………… 60
7.2　图片路径 ………………………………… 62
7.2.1　page1.html引用图片 …………… 62
7.2.2　page2.html引用图片 …………… 63
7.3　图片格式 ………………………………… 64
7.3.1　位图 ……………………………… 64
7.3.2　矢量图 …………………………… 66
7.4　练习题 …………………………………… 67

第08章　超链接

8.1　超链接简介 ……………………………… 68
8.1.1　a标签 …………………………… 69
8.1.2　target属性 ……………………… 70
8.2　内部链接 ………………………………… 70
8.3　锚点链接 ………………………………… 72
8.4　练习题 …………………………………… 74

第09章　表单

9.1　表单简介 ………………………………… 75
9.1.1　表单是什么 ……………………… 75
9.1.2　表单标签 ………………………… 76
9.2　form标签 ………………………………… 76
9.2.1　form标签简介 …………………… 76
9.2.2　form标签属性 …………………… 77
9.3　input标签 ………………………………… 78
9.4　单行文本框 ……………………………… 79
9.4.1　单行文本框简介 ………………… 79
9.4.2　单行文本框属性 ………………… 79
9.5　密码文本框 ……………………………… 81
9.5.1　密码文本框简介 ………………… 81
9.5.2　密码文本框属性 ………………… 82
9.6　单选框 …………………………………… 83
9.6.1　单选框简介 ……………………… 83
9.6.2　忽略点 …………………………… 84
9.7　复选框 …………………………………… 86
9.8　按钮 ……………………………………… 87
9.8.1　普通按钮button ………………… 88
9.8.2　提交按钮submit ………………… 89
9.8.3　重置按钮reset …………………… 89
9.8.4　button标签 ……………………… 91
9.9　文件上传 ………………………………… 91
9.10　多行文本框 ……………………………… 92
9.11　下拉列表 ………………………………… 93
9.11.1　下拉列表简介 …………………… 93
9.11.2　select标签属性 ………………… 94
9.11.3　option标签属性 ………………… 95
9.12　练习题 …………………………………… 97

第10章　框架

10.1　iframe标签 ……………………………… 99
10.2　练习题 …………………………………… 100

第二部分　CSS基础

第11章　CSS简介

11.1　CSS简介 ………………………………… 102
11.1.1　CSS是什么 ……………………… 102
11.1.2　CSS和CSS3 …………………… 102
11.2　教程简介 ………………………………… 103
11.3　CSS引入方式 …………………………… 103
11.3.1　外部样式表 ……………………… 103
11.3.2　内部样式表 ……………………… 104
11.3.3　行内样式表 ……………………… 105
11.4　练习题 …………………………………… 106

第12章　CSS选择器

12.1　元素的id和class ………………………… 107
12.1.1　id属性 …………………………… 107
12.1.2　class属性 ……………………… 108

12.2	选择器是什么	108
12.3	CSS选择器	109
12.3.1	元素选择器	110
12.3.2	id选择器	110
12.3.3	class选择器	111
12.3.4	后代选择器	113
12.3.5	群组选择器	114
12.4	练习题	116

第13章 字体样式

13.1	字体样式简介	118
13.2	字体类型（font-family）	119
13.3	字体大小（font-size）	120
13.3.1	px是什么	120
13.3.2	采用px为单位	121
13.4	字体粗细（font-weight）	122
13.5	字体风格（font-style）	123
13.6	字体颜色（color）	125
13.6.1	关键字	125
13.6.2	16进制RGB值	125
13.7	CSS注释	126
13.8	练习题	128

第14章 文本样式

14.1	文本样式简介	129
14.2	首行缩进（text-indent）	129
14.3	水平对齐（text-align）	130
14.4	文本修饰（text-decoration）	131
14.4.1	text-decoration属性	131
14.4.2	三种划线的用途分析	133
14.5	大小写（text-transform）	134
14.6	行高（line-height）	135
14.7	间距（letter-spacing和word-spacing）	136
14.7.1	字间距	136
14.7.2	词间距	136
14.8	练习题	137

第15章 边框样式

15.1	边框样式简介	139
15.2	整体样式	140
15.2.1	边框属性	140
15.2.2	简写形式	142
15.3	局部样式	142
15.4	练习题	145

第16章 列表样式

16.1	列表项符号（list-style-type）	146
16.1.1	定义列表项符号	146
16.1.2	去除列表项符号	148
16.2	列表项图片（list-style-image）	149
16.3	练习题	150

第17章 表格样式

17.1	表格标题位置（caption-side）	151
17.2	表格边框合并（border-collapse）	152
17.3	表格边框间距（border-spacing）	154
17.4	练习题	155

第18章 图片样式

18.1	图片大小	156
18.2	图片边框	157
18.3	图片对齐	158
18.3.1	水平对齐	158
18.3.2	垂直对齐	159
18.4	文字环绕——初识float	162
18.5	练习题	163

第19章 背景样式

19.1	背景样式简介	164
19.2	背景颜色（background-color）	164
19.3	背景图片样式（background-image）	166
19.4	背景图片重复（background-repeat）	167
19.5	背景图片位置（background-position）	169
19.5.1	像素值	169
19.5.2	关键字	170
19.6	背景图片固定（background-attachment）	172
19.7	练习题	173

第20章 超链接样式

20.1	超链接伪类	174
20.1.1	超链接伪类简介	174
20.1.2	深入了解超链接伪类	175
20.2	深入了解:hover	177
20.3	鼠标样式	178
20.3.1	浏览器鼠标样式	178
20.3.2	自定义鼠标样式	180
20.4	练习题	181

第21章 盒子模型

21.1	CSS盒子模型	182
21.2	宽和高（width和height）	184
21.3	边框（border）	187
21.4	内边距（padding）	188

21.4.1　padding局部样式 ……………… 188
21.4.2　padding简写形式 ……………… 189
21.5　外边距（margin）……………………… 191
21.5.1　margin局部样式 ………………… 191
21.5.2　margin简写形式 ………………… 194
21.5.3　浏览器审查元素 ………………… 195
21.6　练习题 ………………………………… 196

第22章　浮动布局

22.1　文档流简介 …………………………… 197
22.1.1　正常文档流 ……………………… 197
22.1.2　脱离文档流 ……………………… 198
22.2　浮动 …………………………………… 200
22.3　清除浮动 ……………………………… 202
22.4　练习题 ………………………………… 204

第23章　定位布局

23.1　定位布局简介 ………………………… 205
23.2　固定定位：fixed ……………………… 206
23.3　相对定位：relative …………………… 207
23.4　绝对定位：absolute ………………… 209
23.5　静态定位：static …………………… 211
23.6　练习题 ………………………………… 211

第三部分　JavaScript基础

第24章　JavaScript简介

24.1　JavaScript是什么 ……………………… 214
24.1.1　JavaScript简介 …………………… 214
24.1.2　教程介绍 ………………………… 215
24.2　JavaScript开发工具 …………………… 216
24.3　JavaScript引入方式 …………………… 217
24.3.1　外部JavaScript …………………… 218
24.3.2　内部JavaScript …………………… 219
24.3.3　元素属性JavaScript ……………… 220
24.4　一个简单的JavaScript程序 …………… 221
24.5　练习题 ………………………………… 222

第25章　语法基础

25.1　语法简介 ……………………………… 223
25.2　变量与常量 …………………………… 224
25.2.1　变量 ……………………………… 225
25.2.2　常量 ……………………………… 229
25.3　数据类型 ……………………………… 229
25.3.1　数字 ……………………………… 229
25.3.2　字符串 …………………………… 230
25.3.3　布尔值 …………………………… 232
25.3.4　未定义值 ………………………… 233
25.3.5　空值 ……………………………… 234
25.4　运算符 ………………………………… 234
25.4.1　算术运算符 ……………………… 235
25.4.2　赋值运算符 ……………………… 239
25.4.3　比较运算符 ……………………… 240
25.4.4　逻辑运算符 ……………………… 241
25.4.5　条件运算符 ……………………… 244
25.5　表达式与语句 ………………………… 245
25.6　类型转换 ……………………………… 245
25.6.1　"字符串"转换为"数字" ………… 245
25.6.2　"数字"转换为"字符串" ………… 248
25.7　转义字符 ……………………………… 249
25.8　注释 …………………………………… 251
25.8.1　单行注释 ………………………… 251
25.8.2　多行注释 ………………………… 252
25.9　练习题 ………………………………… 253

第26章　流程控制

26.1　流程控制简介 ………………………… 255
26.1.1　顺序结构 ………………………… 255
26.1.2　选择结构 ………………………… 256
26.1.3　循环结构 ………………………… 257
26.2　选择结构：if ………………………… 257
26.2.1　单向选择：if …………………… 257
26.2.2　双向选择：if…else …………… 259
26.2.3　多向选择：if…else if…else … 260
26.2.4　if语句的嵌套 …………………… 262
26.3　选择结构：switch …………………… 264
26.4　循环结构：while ……………………… 267
26.5　循环结构：do…while ………………… 270
26.6　循环结构：for ………………………… 271
26.7　判断整数或小数 ……………………… 274
26.8　找出"水仙花数" …………………… 275
26.9　练习题 ………………………………… 276

第27章　初识函数

27.1　函数是什么？ ………………………… 278
27.2　函数的定义 …………………………… 280
27.2.1　没有返回值的函数 ……………… 280
27.2.2　有返回值的函数 ………………… 282
27.2.3　全局变量与局部变量 …………… 283
27.3　函数的调用 …………………………… 285

27.3.1	直接调用	286
27.3.2	在表达式中调用	286
27.3.3	在超链接中调用	287
27.3.4	在事件中调用	288
27.4	嵌套函数	289
27.5	内置函数	290
27.6	判断某一年是否闰年	291
27.7	求出任意五个数最大值	292
27.8	练习题	292

第28章 字符串对象

28.1	内置对象简介	294
28.2	获取字符串长度	295
28.3	大小写转换	296
28.4	获取某一个字符	297
28.5	截取字符串	298
28.6	替换字符串	300
28.7	分割字符串	302
28.8	检索字符串的位置	304
28.9	统计某一个字符的个数	306
28.10	统计字符串中有多少个数字	307
28.11	练习题	308

第29章 数组对象

29.1	数组是什么	309
29.2	数组的创建	310
29.3	数组的获取	310
29.4	数组的赋值	311
29.5	获取数组长度	312
29.6	截取数组某部分	315
29.7	为数组添加元素	316
29.7.1	在数组开头添加元素：unshift()	316
29.7.2	在数组结尾添加元素：push()	318
29.8	删除数组元素	319
29.8.1	删除数组中第一个元素：shift()	319
29.8.2	删除数组最后一个元素：pop()	320
29.9	数组大小比较：sort()	322
29.10	数组颠倒顺序：reverse()	323
29.11	将数组元素连接成字符串：join()	323
29.12	数组与字符串的转换操作	326
29.13	计算面积与体积，返回一个数组	326
29.14	练习题	327

第30章 时间对象

30.1	日期对象简介	329
30.2	操作年、月、日	331
30.2.1	获取年、月、日	331
30.2.2	设置年、月、日	333
30.3	操作时、分、秒	334
30.3.1	获取时、分、秒	334
30.3.2	设置时、分、秒	335
30.4	获取星期几	336
30.5	练习题	338

第31章 数学对象

31.1	数学对象简介	339
31.2	Math对象的属性	339
31.3	Math对象的方法	341
31.4	最大值与最小值	341
31.5	取整运算	342
31.5.1	向下取整：floor()	342
31.5.2	向上取整：ceil()	343
31.6	三角函数	344
31.7	生成随机数	346
31.7.1	随机生成某个范围内的"任意数"	346
31.7.2	随机数生成某个范围内的"整数"	347
31.8	生成随机验证码	347
31.9	生成随机颜色值	348
31.10	练习题	349

第32章 DOM基础

32.1	核心技术简介	350
32.2	DOM是什么	351
32.2.1	DOM对象	351
32.2.2	DOM结构	351
32.3	节点类型	352
32.4	获取元素	353
32.4.1	getElementById()	353
32.4.2	getElementsByTagName()	355
32.4.3	getElementsByClassName()	359
32.4.4	querySelector()和querySelectorAll()	360
32.4.5	getElementsByName()	363
32.4.6	document.title和document.body	364
32.5	创建元素	365
32.6	插入元素	370
32.6.1	appendChild()	370
32.6.2	insertBefore()	372
32.7	删除元素	373
32.8	复制元素	376
32.9	替换元素	377
32.10	练习题	378

第33章 DOM进阶

- 33.1 HTML属性操作（对象属性） ……… 380
  - 33.1.1 获取HTML属性值 ……………… 380
  - 33.1.2 设置HTML属性值 ……………… 386
- 33.2 HTML属性操作（对象方法） ……… 388
  - 33.2.1 getAttribute() ……………………… 388
  - 33.2.2 setAttribute() ……………………… 390
  - 33.2.3 removeAttribute() ………………… 391
  - 33.2.4 hasAttribute() ……………………… 393
- 33.3 CSS属性操作 …………………………… 394
  - 33.3.1 获取CSS属性值 …………………… 394
  - 33.3.2 设置CSS属性值 …………………… 396
  - 33.3.3 最后一个问题 ……………………… 401
- 33.4 DOM遍历 ……………………………… 404
  - 33.4.1 查找父元素 ………………………… 404
  - 33.4.2 查找子元素 ………………………… 406
  - 33.4.3 查找兄弟元素 ……………………… 410
- 33.5 innerHTML和innerText …………… 411
- 33.6 练习题 …………………………………… 414

第34章 事件基础

- 34.1 事件是什么 …………………………… 415
- 34.2 事件调用方式 ………………………… 416
  - 34.2.1 在script标签中调用 ……………… 416
  - 34.2.2 在元素中调用事件 ………………… 417
- 34.3 鼠标事件 ……………………………… 418
  - 34.3.1 鼠标单击 …………………………… 419
  - 34.3.2 鼠标移入和鼠标移出 ……………… 421
  - 34.3.3 鼠标按下和鼠标松开 ……………… 422
- 34.4 键盘事件 ……………………………… 423
- 34.5 表单事件 ……………………………… 425
  - 34.5.1 onfocus和onblur ………………… 425
  - 34.5.2 onselect …………………………… 427
  - 34.5.3 onchange ………………………… 429
- 34.6 编辑事件 ……………………………… 432
  - 34.6.1 oncopy ……………………………… 432
  - 34.6.2 onselectstart ……………………… 433
  - 34.6.3 oncontextmenu …………………… 434
- 34.7 页面事件 ……………………………… 435
  - 34.7.1 onload ……………………………… 435
  - 34.7.2 onbeforeunload …………………… 437
- 34.8 练习题 …………………………………… 438

第35章 事件进阶

- 35.1 事件监听器 …………………………… 439
  - 35.1.1 事件处理器 ………………………… 439
  - 35.1.2 事件监听器 ………………………… 440
- 35.2 event对象 …………………………… 447
  - 35.2.1 type ………………………………… 448
  - 35.2.2 keyCode …………………………… 448
- 35.3 this ……………………………………… 451
- 35.4 练习题 …………………………………… 454

第36章 window对象

- 36.1 window对象简介 …………………… 455
- 36.2 窗口操作 ……………………………… 457
  - 36.2.1 打开窗口 …………………………… 457
  - 36.2.2 关闭窗口 …………………………… 462
- 36.3 对话框 ………………………………… 464
  - 36.3.1 alert() ……………………………… 464
  - 36.3.2 confirm() …………………………… 465
  - 36.3.3 prompt() …………………………… 466
- 36.4 定时器 ………………………………… 467
  - 36.4.1 setTimeout()和clearTimeout() …… 468
  - 36.4.2 setInterval()和clearInterval() …… 472
- 36.5 location对象 ………………………… 476
  - 36.5.1 window.location.href …………… 476
  - 36.5.2 window.location.search ………… 477
  - 13.5.3 window.location.hash …………… 478
- 36.6 navigator对象 ……………………… 479
- 36.7 练习题 …………………………………… 481

第37章 document对象

- 37.1 document对象简介 ………………… 482
- 37.2 document对象属性 ………………… 482
  - 37.2.1 document.URL …………………… 483
  - 37.2.2 document.referrer ……………… 484
- 37.3 document对象方法 ………………… 484
  - 37.3.1 document.write() ………………… 485
  - 37.3.2 document.writeln() ……………… 485
- 37.4 练习题 …………………………………… 487

后记

第一部分
HTML基础

第01章 HTML简介

1.1 前端技术简介

在学习 HTML 之前，我先来给小伙伴们讲一下网站开发的基础知识。了解这些知识，对于以后学习网站开发是非常重要的。同时，也能让你少走弯路。

1.1.1 从"网页制作"到"前端开发"

1. Web1.0时代的"网页制作"

网页制作是 Web1.0 时代（即 2005 年之前）的产物，那个时候的网页主要是静态页面。所谓的静态页面，指的是仅仅供用户浏览而没有跟服务器进行数据交互的页面，例如一篇博文网页。

在 Web1.0 时代，用户能够做的唯一一件事就是浏览这个网页中的文字和图片。这种网页仅仅供用户浏览，却不能像在现在大多数网页中那样进行评论交流（跟服务器进行数据交互）。当今，很多网站都具备评论功能，但是在 Web1.0 时代是做不到的。

估计很多小伙伴都听说过"网页三剑客"吧？其实，这个组合就是 Web1.0 时代的东西。网页三剑客，指的是 Dreamweaver、

图1-1 网页三剑客

Fireworks 和 Flash。

2. Web2.0时代的"前端开发"

现在常说的"前端开发"是从"网页制作"演变而来的。从 2005 年开始，互联网进入了 Web2.0 时代，仅仅由文字和图片组成的静态页面已经远远满足不了用户的需求了。在 Web2.0 时代，网页可以分为两种：一种是静态页面，另外一种是动态页面。

从上文中我们已经得知，静态页面仅仅供用户浏览，用户无法与服务器交互，而动态页面不仅可以供用户浏览，还可以让用户与服务器进行交互。换句话来说，动态页面是在静态页面的基础上增加了与服务器交互的功能。举个简单的例子，如果你想登录 QQ 邮箱，就得输入账号和密码，单击"登录"按钮后，服务器会对你的账号和密码进行验证，成功后才可以登录。

在 Web2.0 时代，如果仅仅用"网页三剑客"来开发的话，那是远远不能满足需求的。现在的页面开发无论是从开发难度还是开发方式上，都更接近传统的网站后台开发。因此我们不再叫"网页制作"，而是叫"前端开发"。对于处于 Web2.0 时代的你，如果要学习网站开发技术，就不要再相信所谓的"网页三剑客"了，因为这个组合已经是上一个互联网时代的产物了。此外，这个组合开发出来的网站也存在许多问题，例如代码冗余、可读性差、维护困难等。学到后面，小伙伴们就会知道为什么不用这个组合了。

1.1.2 从"前端开发"到"后端开发"

1. 前端开发

（1）前端核心技术

我们知道，所谓的"网页三剑客"已经满足不了现在的前端开发需求了。那么我们究竟要学习哪些技术呢？

对于前端开发来说，最核心的三个技术分别是：HTML、CSS 和 JavaScript，也叫"新三剑客"。

- HTML是什么？

HTML，全称 Hyper Text Markup Language（超文本标记语言）。HTML 是一门描述性语言，也是非常容易入门的语言。

图1-2　新三剑客

- CSS是什么？

CSS，全称 Cascading Style Sheet（层叠样式表），是用来控制网页外观的一种技术。

- JavaScript是什么？

JavaScript，就是我们通常所说的 JS，是一种嵌入到 HTML 页面中的脚本语言，由浏览器一边解释一边执行。

我们都知道前端最核心的三个技术是 HTML、CSS 和 JavaScript。不过有些初学的小伙伴就会问了，这三个有什么区别呢？

"HTML 是网页的结构，CSS 是网页的外观，而 JavaScript 是网页的行为。"

这不是等于没说吗？好吧，给大家打个比方。我们可以把"前端开发"看成是"建房子"，做一个网页就像盖一栋房子。建房子的时候，我们都是先把结构建好（HTML）。建好之后，再给房子装修（CSS），例如给窗户装上窗帘、给地板铺上瓷砖等。最后装修好了，当夜幕降临之时，我们要开灯（JavaScript）才能把屋子照亮。现在大家都懂了吧？

我们再回到实际例子中去，看一下绿叶学习网的导航条。"前端入门"这一栏目具有以下基本特点。

- 字体类型是"微软雅黑"。
- 字体大小是 14px。
- 背景颜色是淡绿色。
- 将鼠标移到上面，背景色变成蓝色。

小伙伴们可能会疑惑：这些效果是怎么做出来的呢？其实思路跟"建房子"是一样的。我们先用 HTML 来搭建网页的结构，此时默认字体类型、字体大小、背景颜色如图 1-3 所示。

然后，我们使用 CSS 来修饰一下，改变字体类型、字体大小、背景颜色，如图 1-4 所示。

最后，再使用 JavaScript 为鼠标定义一个行为。当鼠标移到上面时，背景颜色会变成蓝色，最终效果如图 1-5 所示。

图1-3　默认外观　　　　图1-4　加入CSS　　　　图1-5　加入JavaScript

到这里，大家应该都知道一个缤纷绚丽的网页是怎么做出来的了。理解这个过程，对于后续学习是非常重要的。

（2）其他前端技术

前端最核心的技术是 HTML、CSS 和 JavaScript。但是对于前端开发来说，哪怕你精通这三个，也称不上一位真正的前端工程师。除了这三个技术之外，我们还得学习一些其他技术，例如 jQuery、Vue.js、SEO、性能优化等。对于这些技术，我们可以先把 HTML、CSS 和 JavaScript 这三个学好了，再慢慢去接触。

2. 后端开发

如果只学习前端技术，其实也差不多可以开发一个属于自己的网站了。不过这个时候做出来的是一个静态网站，唯一的功能是供用户浏览而不能与服务器进行交互。在静态网站中，用户能做的事情是非常少的。因此，如果想开发一个用户体验更好、功能更强大的网站，我们就有必要去学习一些后端技术。

那后端技术又是怎样的一门技术呢？举个简单例子，很多网站都有注册功能，只有注册了之后才具有某些权限，如果你要使用 QQ 空间，就得注册一个 QQ 才能使用。这个注册登录功能就是用后端技术做的。再有，淘宝上面不是有很多商家吗？这些商家有各种各样的宝贝，背后庞大的数据只能依靠后端技术处理才能实现。

（1）PHP

PHP 是一种通用开源脚本语言，其语法吸收了 C 语言、Java 和 Perl 的特点，易于学习，使用广泛，主要适用于 Web 开发领域。

（2）JSP

JSP 技术有点类似 ASP 技术，它在传统的网页 HTML 文件中插入 Java 程序段（Scriptlet）和 JSP 标记（tag），从而形成 JSP 文件。用 JSP 开发的 Web 应用是跨平台的，既可以在 Windows 系统中运行，也能在其他操作系统（如 Linux）中运行。

（3）ASP.NET

ASP.NET 的前身就是我们常说的 ASP 技术，绿叶学习网就是使用 ASP.NET 开发的。

此外，很多人认为"网站就是很多网页的集合"，其实这个理解是不太恰当的。准确来说，网站是前端与后端的结合。

1.1.3 学习路线

图1-6 前端技术

Web技术实在是太多了，很多小伙伴完全不知道怎么入手，上网问别人，回答又五花八门。下面是我推荐的学习顺序。

```
HTML → CSS → JavaScript → jQuery → CSS3 → HTML5 → Vue.js
```

这是一条比较理想的前端开发学习路线。除了掌握这些技术，后期我们可能还需要学习一些前端构建工具的使用，例如 webpack、gulp、babel、express 等。学完之后才算一位真正意义上的前端工程师。

在 HTML 刚入门的时候，你不一定要把 HTML 学到精通了再去学 CSS（这也不可能），这是一种最笨也是最浪费时间的学习模式。对于初学者来说，千万别想着精通了一门技术，再去精通另一门技术。在 Web 领域，不少技术之间都有着交叉关系，只有"通"十行才可能做到"精"一行。

如果你走别的路线，可能会走很多的弯路。这条路线是我从初学前端，到开发了绿叶学习网、各种类型网站以及写了 10 多个在线技术教程和多本书籍的心血总结。当然，这条路线是一个建议，并非强制。

接下来，就让我们迈出前端开发的第一步——学习 HTML。

▶ 1.2 什么是HTML

HTML 全称是 Hyper Text Markup Language（超文本标记语言），它是网页的标准语言。HTML 并不是一门编程语言，而是一门描述性的标记语言。

语法

```
<标签符> 内容 </标签符>
```

说明

标签符一般都是成对出现的,有一个"开始符号"和一个"结束符号"。结束符号只是比开始符号多加上了一个斜杠"/"。当浏览器收到 HTML 文本后,就会解析里面的标签符,然后把标签符对应的功能表达出来。

举个例子,我们一般用"<em> 绿叶学习网 </em>"来定义文字为斜体。当浏览器遇到标签对时,就会把标签中的文字用斜体显示出来。

```
<em> 绿叶学习网 </em>
```

当浏览器遇到上面这行代码时,就会得到如图 1-7 所示的斜体文字效果。

那么学习 HTML 究竟要学些什么呢?用一句简单的话来说,就是记住各种标签,以便搭建网页的"骨架"。在 HTML 中,标签有很多种,如文字标签、图片标签、表单标签等。由于 HTML 是一门描述性的语言,就是用标签来说话。举个例子,如果你要在浏览器中显示一段文字,就应该使用段落标签 p;如果要在浏览器中显示一张图片,就应该使用图片标签 img。针对你想显示东西的不同,使用的标签也会不同。

图1-7 浏览器解析后的效果

总而言之,学习 HTML 就是学习各种各样的标签,然后针对你想显示什么东西,再相应地使用正确的标签,非常简单。

此外,很多时候我们也把"标签"说成"元素",例如将 p 标签说成 p 元素。标签和元素,其实说的是一个意思,仅仅是叫法不同罢了。不过"标签"的叫法更加形象地说明了 HTML 用来"标记"的,来标记这是一段文字还是一张图片,从而让浏览器将代码解释成页面效果来展示给用户看。

1.3 教程介绍

1.3.1 教程简介

前面我们学习了前端开发的一些必备知识(很重要喔),并且也了解到前端的学习路线大致如下。

```
HTML → CSS → JavaScript → jQuery → CSS3 → HTML5 → Vue.js
```

这本书是我多年开发经验的心血总结,在编写的时候甚至字斟句酌。从一开始接触 HTML,我就在记录自己遇到的各种问题,因此我很了解初学者的心态,也非常清楚怎样才能快速而无阻碍地学习。我是站在初学者的角度而不是站在已经学会的角度来编写这个教程的。有一句话说得好:"如果你已经站在山顶上了,当初在爬山时没有仔细体会的话,这个时候你就已经忘记了曾经作为攀岩者艰苦攀登的心情了。"

本系列教程中的每一句话,我都精心编写,反复审阅,尽量把精华呈现给大家。所以大家在学习的过程中,不要图速度快,尽量放慢一点,尽量把每一个概念都理解清楚,千万别指望什么"48 小时精通 HTML+CSS"。

有一种学习模式是值得推荐的:"学技术,泛读十本书不如精读一本书十遍。"这句话适用于任何领域的学习。挑一本最精华的书,把这本书当做主体,然后用其他书辅助从而来弥补这本书的缺陷。这本书源于我在绿叶学习网中分享的三个在线教程的升级版。相信本书会是你前端入门的最好选择之一。

小伙伴们在学习过程中遇到任何困难，都可以到绿叶学习网上面多多提问、交流。如果大家发现教程中有任何错漏，可以发邮件给我（lvyestudy@foxmail.com），以便笔者把教程做得更加完善。

1.3.2 初学者比较关心的问题

- HTML入门有门槛吗？

学习 HTML 不需要任何编程基础，小学生也可以学。当年我读大学的时候，计算机网络教授就说，他见过有些小学生都会做网页了！

后来自己接触了前端开发，学到一定程度才知道大学课程为什么不会涉及 HTML、CSS 这些内容，因为这些东西是非常简单易学的。不要抱怨自己学不会，那是你没有足够用心。

- 基本掌握HTML后，能达到什么程度？

可以把一个简单网页做出来，例如一篇博文。不过使用 HTML 做出来的页面很单调，我们还需要学习 CSS 以及 JavaScript 的知识。

图1-8　让人不得不服的《宝宝的网页设计》

- HTML入门，要花多少时间？

不多，即使没有基础，认真学的话，最多一周就可以了。当然仅仅学完这个教程，也只是入门程度。小伙伴们一定要去学习一下 HTML 进阶的内容，不然你是不具备实际开发能力的。

- 这本书每一章后面的习题有必要做吗？

这本书中每一章后面的练习题都是我跟其他几个前端工程师精心挑选出来的，许多问题直接跟真正的前端开发工作挂钩，甚至不少还是面试题。希望小伙伴们认真地把每一道题都做一遍。

- 现在都是HTML5的时代了，HTML不是被淘汰了吗，为什么还要学HTML呢？

HTML 是从 HTML4.01 升级到 HTML5 的。其中我们常说的 HTML 指的是 HTML4.01，而 HTML5 一般指的是相对于 HTML4.01 "新增加的内容"，并不是说 HTML4.01 被淘汰了。准确来说，你要学的 HTML 其实等于 HTML4.01 加上 HTML5。

之前好多小伙伴以为只要学 HTML5 就行了，没必要再去学 HTML。殊不知如果你没有 HTML 基础是学不来 HTML5 的。这种错误的认识曾经误导了大量的初学者。

第 2 章

开发工具

2.1 开发工具

目前前端开发工具非常多，例如 Dreamweaver、Sublime Text、Atom、HBuilder、Vscode 等。对于有经验的开发者来说，使用哪一款工具都无所谓。不过对于完全没有基础的小伙伴，我还是比较推荐使用 HBuilder。

这里有个现象有必要跟初学者说明一下。如果你选择了 Dreamweaver 作为开发工具，我们一定不要使用 Dreamweaver 那种传统的、使用界面操作的方式来开发网页。这种开发方式已经被摒弃很久了。我刚刚接触前端开发的时候，也是深受其害。当时跟着一个视频学，第一步点这里，第二步点那里……点点点，全部都是用鼠标来点，点到头都晕了。

大家不要觉得用鼠标"点点点"的方式来开发网页既简单又快速。等学了一段时间会发现，你学到的根本就不是知识，而只是操作步骤。还有，使用 Dreamweaver 鼠标操作的方式来开发，弊端极其之多！特别是冗余代码，一堆一堆的。这样开发出来的网站可读性和可维护性也非常差。可读性和可维护性，是 Web 开发中最重要的两个东西。相信我们学到后面，会有很深的理解。

当然，对于刚刚接触 HTML 的小伙伴来说，Dreamweaver 还是一款挺不错的开发工具，这里并非反对大家使用 Dreamweaver，而是反对大家使用 Dreamweaver 那种"鼠标点击"的界面操作方式来开发页面。我强烈建议大家一定要用"代码方式"去写页面，而不是用"鼠标点击"方式去写。

由于我也从事前端开发很多年了，对实际工作还是非常清楚的。在真正的开发中，现在很少有前端工程师会使用 Dreamweaver 作为开发工具，更多的是使用 HBuilder、Sublime Text、

2.2 使用HBuilder

Vscode 等。对于初学者来说，推荐大家使用 HBuilder，因为 HBuilder 上手最简单。后期的话，推荐 Vscode 或 Sublime Text，因为这两个更能满足真正的前端开发需求。

图2-1 Dreamweaver界面操作

2.2 使用HBuilder

不管你使用哪款开发工具，在开发的时候，我们都需要新建一个 HTML 页面，然后再在这个页面中编写代码。

HBuilder 是专为前端打造的开发工具，易上手，也是初学者的首选。HBuilder 的下载地址为：www.dcloud.io。这一节我们来介绍一下怎么在 HBuilder 中新建一个 HTML 页面。

① 新建 Web 项目：在 HBuilder 的左上方，依次点击"文件"→"新建"→"Web 项目"，如图 2-2 所示。

图2-2 第1步

② **选择文件路径以及命名文件夹**：在对话框中，给文件夹填写一个名字，并且选择文件夹路径（也就是存放文件的位置），其中文件名以及文件路径都可以自己写。然后点击"完成"按钮，如图2-3所示。

③ **新建 HTML 文件**：在 HBuilder 左侧的项目管理器中，右键单击 test 文件夹，然后在弹出菜单中依次选择"新建"→"HTML 文件"，如图2-4所示。

图2-3　第2步

图2-4　第3步

④ **选择文件路径以及给 HTML 文件命名**：在对话框中选择文件夹路径（也就是存放 HTML 文件的位置），并且给 HTML 文件填写一个名字（建议使用英文，不要用中文），然后单击"完成"按钮，如图2-5所示。

⑤ **预览页面**：在 HBuilder 上方的工具栏中找到"预览按钮"，然后点击，就可以在浏览器中查看页面效果了，如图2-6所示。

图2-5　第4步

图2-6　第5步

最后，对于 HBuilder 的使用，还有两点要跟大家说明一下。
- 对于站点、文件、HTML页面等的命名，一定不要使用中文，而应该使用英文。
- 我们可以在HBuilder上方的工具栏中，依次选择"帮助"→"HBuilder入门"，查看详细的使用教程。当然，你还可以百度搜索更多的使用技巧。小伙伴们自行摸索一下，很简单。

第 03 章 基本标签

3.1 HTML结构

图 3-1 所示为 HTML 的基本结构，我们从中可以看出，一个页面是由四个部分组成的。

- 一个文档声明：<!DOCTYPE html>
- 一个html标签对：<html></html>
- 一个head标签对：<head></head>
- 一个body标签对：<body></body>

现在小伙伴们都看到了吧，所谓的一个 HTML 页面，其实就是由一对对的标签组成的（当然也有例外）。接下来，我们简单介绍一下这四个部分的作用。

图3-1 HTML基本结构

1. 文档声明

<!DOCTYPE html> 是一个文档声明，表示这是一个 HTML 页面。

2. HTML标签

HTML 标签的作用是告诉浏览器，这个页面是从 <html> 开始，然后到 </html> 结束的。在实际开发中，我们可能会经常看到这样一行代码：

```
<html xmlns="http://www.w3.org/1999/xhtml">
```

这句代码的作用是告诉浏览器，当前页面使用的是 W3C 的 XHTML 标准。这里我们了解即可，不用深究。一般情况下，我们不需要加上 xmlns="http://www.w3.org/1999/xhtml" 这一句。

3. head标签

<head></head> 是网页的"头部"，用于定义一些特殊的内容，如页面标题、定时刷新、外部文件等。

4. body标签

<body></body> 是网页的"身体"。对于一个网页来说，大部分代码都是在这个标签对内部编写的。

此外，对于 HTML 结构，有以下两点要跟大家说明一下的。

- 对于HTML结构，虽然大多数开发工具都会自动生成，但是作为初学者，大家一定要能够默写出来，这是需要记忆的（其实也就那么一点东西啦，很简单）。
- 记忆标签时，有一个小技巧：根据英文意思来记忆。比如head标签表示"页头"，body标签表示"页身"。

下面我们使用 HBuilder 新建一个 HTML 页面，然后在里面输入以下代码：

```
<!DOCTYPE html>
<html>
<head>
    <title> 这是网页的标题 </title>
</head>
<body>
    <p> 这是网页的内容 </p>
</body>
</html>
```

浏览器预览效果如图 3-2 所示。

分析

title 标签是 head 标签的内部标签，其中 <title></title> 标签内定义的内容是页面的标题。这个标题不是文章的标题，而是在浏览器栏目中显示的那个标题。

<p></p> 是段落标签，用于定义一段文字。对于这些标题的具体用法，我们在后面章节会详细介绍，这里只需要简单了解就可以了。

图3-2　实际例子

疑问

在初学阶段，想要熟练掌握 HTML 和 CSS，是不是应该使用记事本来编写呢？

我的建议是：完全没有必要！使用开发工具来编写，虽然有代码提示，不过我们写得多了，对于那些 HTML 标签以及 CSS 属性，自然而然会记住的。

使用记事本纯粹浪费时间，因为学到后期，你编写的代码量足以让你牢牢记住 HTML 和 CSS 的。

3.2 head标签

在上一节我们学习了 HTML 页面的基本结构，从中可以知道 head 标签是比较特殊的。事实上，只有一些特殊的标签才能放在 head 标签内，其他大部分标签都是放在 body 标签内的。

这一节涉及的内容比较抽象，也缺乏实操性，因为这些标签都是实战开发才用得到，而练习中一般用不到。那么为什么要在教程初期就来给大家介绍 head 标签呢？其实，这也是为了让小伙伴们有一个清晰流畅的学习思路，先把"页头"学了，再来学"页身"，一步步踏实学习才能打牢基础。

在这一节的学习中，我们只需要了解 head 标签内部都有哪些子标签以及这些标签都有什么用就可以了。记不住没关系，至少有个大概的印象。等我们学到后面需要用到的时候，再回来翻一下。

在 HTML 中，一般来说，只有 6 个标签能放在 head 标签内。

- title 标签
- meta 标签
- link 标签
- style 标签
- script 标签
- base 标签

下面，我来给大家详细介绍一下。

3.2.1 title标签

在 HTML 中，title 标签唯一的作用就是定义网页的标题。

举例

```
<!DOCTYPE html>
<html>
<head>
    <title>绿叶学习网</title>
</head>
<body>
    <p>绿叶学习网，给你初恋般的前端教程。</p>
</body>
</html>
```

浏览器预览效果如图 3-3 所示。

分析

在这个页面中，网页标题就是"绿叶学习网"。在学习的过程中，为了方便，我们没必要在每一个页面中都写上 title。不过在实际开发中，是要求每一个页面的 title 都写上的。

图3-3 title标签

3.2.2 meta标签

在 HTML 中，meta 标签一般用于定义页面的特殊信息，例如页面关键字、页面描述等。这些信息不是提供给人看的，而是提供给搜索引擎蜘蛛（如百度蜘蛛、谷歌蜘蛛）看的。简单来说，meta 标签就是用来告诉"搜索蜘蛛"这个页面是干嘛的。

在 Web 技术中，我们一般形象地称搜索引擎为"搜索蜘蛛"或"搜索机器人"。

在 HTML 中，meta 标签有两个重要的属性：name 和 http-equiv。

1. name属性

我们先来看一个简单实例，代码如下：

```
<!DOCTYPE html>
<html>
<head>
    <!-- 网页关键字 -->
    <meta  name="keywords" content=" 绿叶学习网，前端开发，后端开发 "/>
    <!-- 网页描述 -->
    <meta  name="description" content=" 绿叶学习网是一个最富有活力的 Web 技术学习网站 "/>
    <!-- 本页作者 -->
    <meta  name="author" content="helicopter">
    <!-- 版权声明 -->
    <meta  name="copyright" content=" 本站所有教程均为原创，版权所有，禁止转载。否则必将追究法律责任。"/>
</head>
<body>
</body>
</html>
```

从上面这个简单的例子，我们来总结一下 meta 标签中 name 属性的几个取值，如表 3-1 所示。

表 3-1　　　　　　　　　　　　　　name 属性取值

属 性 值	说　　明
keywords	网页的关键字，可以是多个，而不仅仅是一个
description	网页的描述
author	网页的作者
copyright	版权信息

上面只是列举了最常用的几个属性值。在实际开发中，我们一般只会用到 keywords 和 description。也就是说记住这两个就可以了，其他的暂时都不用管。

2. http-equiv属性

在 HTML 中，meta 标签的 http-equiv 属性只有两个重要作用：定义网页所使用的编码；定义网页自动刷新跳转。

语法 定义网页所使用的编码

```
<meta http-equiv="Content-Type" content="text/html; charset=utf-8"/>
```

说明

这段代码告诉浏览器：该页面所使用的编码是 utf-8。不过在 HTML5 标准中，上面这句代码可以简写为：

```
<meta charset="utf-8"/>
```

如果你发现页面打开后是乱码，很可能就是没有加上这一句代码。在实际开发中，为了确保不出现乱码，我们必须要在每一个页面中加上这句代码。

语法 定义网页自动刷新跳转

```
<meta  http-equiv="refresh" content="6;url=http://www.baidu.com"/>
```

说明

这段代码表示当前页面在 6 秒后会自动跳转到 http://www.baidu.com 这个页面。

举例

```
<!DOCTYPE html>
<html >
<head>
    <meta  http-equiv="refresh" content="6;url=http://www.baidu.com"/>
</head>
<body>
    <p>这个页面在 6 秒之后自动跳转到百度首页</p>
</body>
</html>
```

分析

我们可以在 HBuilder 中输入这段代码，然后在浏览器中打开，过了 6 秒钟，页面就会跳转到百度首页。

3.2.3 style标签

在 HTML 中，style 标签用于定义元素的 CSS 样式，在 HTML 中不需要深入研究 style 标签，在 CSS 中我们再详细介绍。

语法

```
<!DOCTYPE html>
<html >
<head>
    <style type="text/css">
        /* 这里写 CSS 样式 */
    </style>
</head>
<body>
</body>
</html>
```

3.2.4 script标签

在 HTML 中，script 标签用于定义页面的 JavaScript 代码，也可以引入外部 JavaScript 文件。在 JavaScript 部分中我们会详细介绍，这里不需要深究。

语法

```
<!DOCTYPE html>
<html >
```

```
<head>
    <script>
        /* 这里写 JavaScript 代码 */
    </script>
</head>
<body>
</body>
</html>
```

3.2.5　link标签

在 HTML 中，link 标签用于引入外部样式文件（CSS 文件）。这也是属于 CSS 部分的内容，这里不需要深究。

语法

```
<!DOCTYPE html>
<html >
<head>
    <link type="text/css" rel="stylesheet" href="css/index.css">
</head>
<body>
</body>
```

3.2.6　base标签

这个标签一点意义都没有，可以直接忽略。知道有这么一个标签就行了，看到了直接忽略处理。

3.3　body标签

在 HTML 中，head 标签表示页面的"头部"，而 body 标签表示页面的"身体"。
在后面的章节中，我们学习的所有标签都是位于 body 标签内部的，这一点小伙伴们要清楚喔。
之前我们接触过了 body 标签，下面再来看一个简单例子。

举例

```
<!DOCTYPE html>
<html>
<head>
    <meta charset="utf-8" />
    <title>body 标签 </title>
</head>
<body>
    <h3> 静夜思 </h3>
    <p> 床前明月光，疑是地上霜。</p>
    <p> 举头望明月，低头思故乡。</p>
</body>
</html>
```

浏览器预览效果如图 3-4 所示。

分析

<meta charset="utf-8" /> 是为了防止页面出现乱码，以后在每一个 HTML 页面中我们都要为其添加上。此外，<meta charset="utf-8" /> 这一句必须放在 title 标签以及其他 meta 标签前面，这一点大家要记住了。

h3 标签是一个"第 3 级标题标签"，一般用于显示"标题内容"，在"4.2 标题标签"这一节中再给大家详细介绍。

> **静夜思**
>
> 床前明月光，疑是地上霜。
> 举头望明月，低头思故乡。

图3-4 body标签

3.4 HTML注释

在实际开发中，我们需要在一些关键的 HTML 代码旁边标明一下这段代码的含义，这个时候就要用到"HTML 注释"了。

在 HTML 中，对一些关键代码进行注释，好处有非常多，比如方便理解、方便查找以及方便同一个项目组的小伙伴快速理解你的代码，以便快速修改。

语法

```
<!-- 注释的内容 -->
```

说明

"<!---->"又叫做注释标签。"<!--"表示注释的开始，"-->"表示注释的结束。

举例

```
<!DOCTYPE html>
<html>
<head>
    <meta charset="utf-8" />
    <title>HTML 注释 </title>
</head>
<body>
    <h3> 静夜思 </h3>                   <!-- 标题标签 -->
    <p>床前明月光，疑是地上霜。</p>      <!-- 文本标签 -->
    <p>举头望明月，低头思故乡。</p>      <!-- 文本标签 -->
</body>
</html>
```

浏览器预览效果如图 3-5 所示。

分析

从上面我们可以看出，用"<!---->"注释的内容不会显示在浏览器中。在 HTML 中，浏览器遇到"HTML 标签"就会进行解释，然后显示 HTML 标签中的内容。但是浏览器遇到"注释标签"就会自动跳过，因此不会显示注释标签中的内容。或者我们可以这样理解，HTML 标签是给浏览器看的，注释标签是给我们看的。

> **静夜思**
>
> 床前明月光，疑是地上霜。
> 举头望明月，低头思故乡。

图3-5 HTML注释

对关键代码注释是一个良好的习惯。在实际开发中，对功能模块代码进行注释尤为重要。因为那个时候，一个页面的代码往往都是几百上千行的。如果你不对关键代码进行注释，当返回去看自己写的代码时，甚至还会看不懂。特别是在团队开发中，不注释代码的后果是，当其他队友来维护你的项目时，需要花大量时间来理解你的代码，这样就把人家给坑惨了。

此外有一点要说明一下，并不是每一行代码我们都要注释的。只有重要的、关键的代码才会去注释，这一点小伙伴们别误解了。

3.5 练习题

单选题

1. 下面哪一个标签不能放在 head 标签内？（   ）
   - A. title 标签
   - B. style 标签
   - C. body 标签
   - D. script 标签
2. 如果网页中出现乱码，我们一般使用（   ）来解决。
   - A. `<meta charset="utf-8" />`
   - B. `<style type="text/css"></style>`
   - C. `<script></script>`
   - D. `<link type="text/css" rel="stylesheet" href="css/index.css">`
3. 下面选项中，属于 HTML 正确的注释方式是（   ）。
   - A. // 注释内容
   - B. /* 注释内容 */
   - C. `<!-- 注释内容 -->`
   - D. // 注释内容 //

编程题

不借助开发工具代码提示，默写 HTML 基本结构。

第 04 章 文本

4.1 文本简介

4.1.1 页面组成元素

在 HTML 中，我们主要学习怎么来做一个静态页面。在前面我们已经介绍过静态页面和动态页面的区别了。忘了的小伙伴，记得回去翻一下。

从我们平常浏览网页的经历中就能知道，一个静态页面绝大部分由以下四种元素组成。

- 文字
- 图片
- 超链接
- 音频和视频

因此，如果小伙伴们要开发一个页面的话，就得认真学习用来展示这些内容的标签。

此外，我们还需要注意一点：不是"会动"的页面就叫动态页面，静态页面和动态页面的区别在于：**是否与服务器进行数据交互**。下面列出的五种情况都不一定是动态页面。

- 带有音频和视频
- 带有Flash动画
- 带有CSS动画
- 带有JavaScript特效

特别提醒大家一下，即使你在页面中用了 JavaScript，它也不是动态页面，除非你还用到了后端技术。

4.1.2 HTML文本

我们先来看一个纯文本的网页（如图 4-1 所示），然后通过分析这个网页，进而得出在这一章我们究竟要学什么内容。

图4-1　纯文本网页（没有加入分析）

通过对该网页进行分析，我们可以知道在这一章中至少要学习以下六个方面的内容。
- 标题标签
- 段落标签
- 换行标签
- 文本标签
- 水平线标签
- 特殊符号

图4-2　纯文本网页（加入分析）

在这一章的学习中，别忘了多多跟上面这个分析图对比一下，然后看看我们都学了哪些内容。

学完这一章,我们最基本的任务就是把这个纯文本网页做出来!

4.2 标题标签

图 4-3 所示为绿叶学习网的一个页面,我们从中可以看出:在一个 HTML 页面中,一般都包含着各种级别的标题。

图4-3 绿叶学习网的教程页面

在 HTML 中,共有六个级别的标题标签:h1、h2、h3、h4、h5、h6。其中 h 是 header 的缩写。这六个标题标签在页面的重要性是有区别的,其中 h1 标签的重要性最高,h6 标签的重要性最低。

这里要注意一下,一个页面一般只能有一个 h1 标签,而 h2 ~ h6 标签可以有多个。其中,h1 表示的是这个页面的大标题。就像写作文一样,你见过哪篇作文中有两个大标题吗?但是,一篇作文中却可以有多个小标题。

举例

```
<!DOCTYPE html>
<html>
<head>
    <meta charset="utf-8" />
    <title>标题标签</title>
</head>
<body>
    <h1>这是一级标题</h1>
    <h2>这是二级标题</h2>
    <h3>这是三级标题</h3>
    <h4>这是四级标题</h4>
    <h5>这是五级标题</h5>
    <h6>这是六级标题</h6>
```

```
</body>
</html>
```

浏览器预览效果如图 4-4 所示。

分析

从图 4-4 中可以看出，标题标签的级别越大，字体也越大。标题标签 h1 ～ h6 也是有一定顺序的，h1 用于大标题，h2 用于二级标题……以此类推。在一个 HTML 页面中，这六个标题标签不需要全部都用上，而是根据你的需要来决定。

h1 ～ h6 标题标签看起来很简单，但是在搜索引擎优化中却扮演着非常重要的角色。不过对于这些深入的内容，如果放在这里讲解，估计大家会看得一头雾水。因此，请大家参考《Web 前端开发精品课——HTML 与 CSS 进阶教程》。

疑问

有些初学者很容易将 title 标签和 h1 标签搞混，认为网页不是有 title 标签来定义标题吗？为什么还要用 h1 标签呢？

title 标签和 h1 标签是不一样的。title 标签用于显示地址栏的标题，而 h1 标签用于显示文章的标题，如图 4-5 所示。

图4-4　标题标签

图4-5　title标签和h1标签

4.3 段落标签

4.3.1 段落标签：<p></p>

在 HTML 中，我们可以使用 `<p></p>` 来显示一段文字。

语法

```
<p> 段落内容 </p>
```

举例

```
<!DOCTYPE html>
<html>
<head>
    <meta charset="utf-8" />
    <title> 段落标签 </title>
```

```
        </head>
        <body>
            <h3>爱莲说</h3>
            <p>水陆草木之花，可爱者甚蕃。晋陶渊明独爱菊。自李唐来，世人甚爱牡丹。予独爱莲之出淤泥而不染，濯清涟而不妖，中通外直，不蔓不枝，香远益清，亭亭净植，可远观而不可亵玩焉。</p>
            <p>予谓菊，花之隐逸者也；牡丹，花之富贵者也；莲，花之君子者也。噫！菊之爱，陶后鲜有闻；莲之爱，同予者何人？牡丹之爱，宜乎众矣。</p>
        </body>
    </html>
```

浏览器预览效果如图 4-6 所示。

图4-6　p标签效果

分析

从上面的预览效果可以看出，段落标签会自动换行，并且段落与段落之间有一定的间距。

到这里，可能有些小伙伴会问："如果想要改变文字的颜色和大小，该怎么做呢？"大家别忘了：**HTML 是网页的结构，CSS 是网页的外观**。文字的颜色和大小属于网页的外观，这些都是 CSS 的内容。学习 HTML 时，只需要关心用什么标签就行了。对于外观的控制，我们在 CSS 部分中再给大家详细介绍。

4.3.2　换行标签：

从上面我们知道，段落标签是会自动换行的。那么如果想要随意地对文字进行换行处理，那该怎么办呢？大家先来看一段代码：

举例

```
<!DOCTYPE html>
<html>
    <head>
        <meta charset="utf-8" />
        <title>换行标签</title>
    </head>
    <body>
        <h3>静夜思</h3>
        <p>床前明月光，疑是地上霜。举头望明月，低头思故乡。</p>
    </body>
</html>
```

浏览器预览效果如图 4-7 所示。

> 静夜思
>
> 床前明月光，疑是地上霜。举头望明月，低头思故乡。

图4-7 一段文本

分析

如果想对上面的诗句进行换行，有两种方法：使用两个 p 标签；使用 br 标签。

在 HTML 中，我们可以使用 br 标签来给文字进行换行。其中
 是自闭合标签，br 是 "break（换行）"的缩写。对于自闭合标签，我们在"4.7 自闭合标签"这一节再给大家详细介绍。

举例

使用两个 p 标签来换行，代码如下：

```html
<!DOCTYPE html>
<html>
<head>
    <meta charset="utf-8" />
    <title></title>
</head>
<body>
    <h3>静夜思</h3>
    <p>床前明月光，疑是地上霜。</p>
    <p>举头望明月，低头思故乡。</p>
</body>
</html>
```

浏览器预览效果如图 4-8 所示。

> 静夜思
>
> 床前明月光，疑是地上霜。
>
> 举头望明月，低头思故乡。

图4-8 p标签效果

举例

使用 br 标签换行，代码如下：

```html
<!DOCTYPE html>
<html>
<head>
    <meta charset="utf-8" />
    <title>换行标签</title>
</head>
<body>
    <h3>静夜思</h3>
    <p>床前明月光，疑是地上霜。<br/>举头望明月，低头思故乡。</p>
</body>
</html>
```

浏览器预览效果如图 4-9 所示。

图4-9 br标签效果

分析

从上面两个例子可以明显看出：使用 p 标签会导致段落与段落之间有一定的间隙，而使用 br 标签却不会。

br 标签是用来给文字"换行"的，而 p 标签是用来给文字"分段"的。如果你的内容是两段文字，则不需要使用 br 标签换行那么麻烦，而是直接用两个 p 标签就可以了。

4.4 文本标签

在 HTML 中，我们可以使用"文本标签"来对文字进行修饰，例如粗体、斜体、上标、下标等。常用的文本标签有以下八种。

- 粗体标签：strong、b
- 斜体标签：i、em、cite
- 上标标签：sup
- 下标标签：sub
- 中划线标签：s
- 下划线标签：u
- 大字号标签：big
- 小字号标签：small

4.4.1 粗体标签

在 HTML 中，我们可以使用 strong 标签或 b 标签来对文本进行加粗。

举例

```
<!DOCTYPE html>
<html>
<head>
    <meta charset="utf-8" />
    <title> 粗体标签 </title>
</head>
<body>
    <p> 这是普通文本 </p>
    <strong> 这是粗体文本 </strong><br/>
    <b> 这是粗体文本 </b>
</body>
</html>
```

浏览器预览效果如图 4-10 所示。

图4-10 粗体标签效果

分析

从预览图可以看出，strong 标签和 b 标签的加粗效果是一样的。不过在实际开发中，如果想要对文本实现加粗效果，尽量使用 strong 标签，而不要使用 b 标签。这是因为 strong 标签比 b 标签更具有语义性，具体原因我们在《Web 前端开发精品课——HTML 与 CSS 进阶教程》中会详细介绍。

此外，大家可以尝试把上面代码中的
 去掉，再看看预览效果是怎样的。

4.4.2 斜体标签

在 HTML 中，我们可以使用 i、em、cite 这三个标签来实现文本的斜体效果。

举例

```
<!DOCTYPE html>
<html>
<head>
    <meta charset="utf-8" />
    <title>斜体标签</title>
</head>
<body>
    <i>斜体文本</i><br/>
    <em>斜体文本</em><br/>
    <cite>斜体文本</cite>
</body>
</html>
```

浏览器预览效果如图 4-11 所示。

分析

在实际开发中，如果想要实现文本的斜体效果，尽量使用 em 标签，而不是 i 标签或 cite 标签。这也是因为 em 标签比其他两个标签语义性更好。

此外，大家可以尝试把上面代码中的
 去掉，再看看预览效果是怎样的。

图4-11 斜体标签效果

4.4.3 上标标签

在 HTML 中，我们可以使用 sup 标签来实现文本的上标效果。sup，是"superscripted（上标）"的缩写。

举例

```
<!DOCTYPE html>
<html>
```

```
<head>
    <meta charset="utf-8" />
    <title>上标标签</title>
</head>
<body>
    <p>(a+b)<sup>2</sup>=a<sup>2</sup>+b<sup>2</sup>+2ab</p>
</body>
</html>
```

浏览器预览效果如图 4-12 所示。

分析

如果你想要将某个数字或某些文字变成上标效果，只要把这个数字或文字放在 标签内就可以了。

图4-12　sup标签效果

4.4.4　下标标签

在 HTML 中，我们可以使用 sub 标签来实现文本的下标效果。sub，是 "subscripted（下标）" 的缩写。

举例

```
<!DOCTYPE html>
<html>
<head>
    <meta charset="utf-8" />
    <title>下标标签</title>
</head>
<body>
    <p>H<sub>2</sub>SO<sub>4</sub>指的是硫酸分子</p>
</body>
</html>
```

浏览器预览效果如图 4-13 所示。

分析

如果你想要将某个数字或某些文字变成下标效果，只要把这个数字或文字放在 标签内就可以了。

图4-13　sub标签效果

4.4.5　中划线标签

在 HTML 中，我们可以使用 s 标签来实现文本的中划线效果。

举例

```
<!DOCTYPE html>
<html>
<head>
    <meta charset="utf-8" />
    <title>删除线标签</title>
</head>
<body>
    <p>新鲜的新西兰奇异果</p>
```

```
        <p><s> 原价：￥6.50/kg</s></p>
        <p><strong> 现在仅售：￥4.00/kg</strong></p>
</body>
</html>
```

浏览器预览效果如图 4-14 所示。

分析

中划线效果一般用于显示那些不正确或者不相关的内容，常用于商品促销的标价。天天逛淘宝的小伙伴们肯定经常见到这种效果。

不过等学了 CSS 之后，对于删除线效果，一般用 CSS 来实现，几乎不会用 s 标签来实现。

新鲜的新西兰奇异果

~~原价：￥6.50/kg~~

现在仅售：￥4.00/kg

图4-14　s标签效果

4.4.6　下划线标签

在 HTML 中，我们可以使用 u 标签来实现文本的下划线效果。

举例

```
<!DOCTYPE html>
<html>
<head>
    <meta charset="utf-8" />
    <title> 下划线标签 </title>
</head>
<body>
    <p><u> 绿叶学习网 </u> 是互联网最精品的 Web 技术学习网站。</p>
</body>
</html>
```

浏览器预览效果如图 4-15 所示。

<u>绿叶学习网</u>是互联网最精品的Web技术学习网站。

图4-15　u标签效果

分析

等学了 CSS 之后，对于下划线效果，一般用 CSS 来实现，几乎不会用 u 标签来实现。

4.4.7　大字号标签和小字号标签

在 HTML 中，我们可以使用 big 标签来实现字体的变大，还可以使用 small 标签来实现字体的变小。

举例

```
<!DOCTYPE html>
<html>
<head>
    <meta charset="utf-8" />
    <title>big 标签和 small 标签 </title>
```

```
</head>
<body>
    <p>普通字体文本 </p>
    <big> 大字号文本 </big><br/>
    <small> 小字号文本 </small>
</body>
</html>
```

浏览器预览效果如图 4-16 所示。

分析

在实际开发中，对于字体大小的改变，我们几乎不会用 big 标签和 small 标签来实现，而是使用 CSS 来实现。因此我们只需要简单了解一下即可。

图4-16　big标签和small标签效果

在这一节的学习中，简单来说，我们只需要掌握以下几个重要标签就可以了，因为其他标签的效果完全可以使用 CSS 来实现，因此可以直接忽略。

表 4-1　　　　　　　　　　　　重要的文本标签

标　　签	语　　义	说　　明
strong	strong（强调）	粗体
em	emphasized（强调）	斜体
sup	superscripted（上标）	上标
sub	subscripted（下标）	下标

此外还要说一下，这些标签是要记忆的。小伙伴们可以根据标签的语义（也就是英文意思）来辅助记忆，这是最有效的记忆方法。

4.5　水平线标签

在 HTML 中，我们可以使用 hr 标签来实现一条水平线。hr，是 "horizon(水平线)" 的缩写。

举例

```
<!DOCTYPE html>
<html>
<head>
    <meta charset="utf-8" />
    <title>水平线标签</title>
</head>
<body>
    <h3> 静夜思 </h3>
    <p> 床前明月光，疑是地上霜。</p>
    <p> 举头望明月，低头思故乡。</p>
    <hr/>
    <h3> 春晓 </h3>
    <p> 春眠不觉晓，处处闻啼鸟。</p>
    <p> 夜来风雨声，花落知多少。</p>
</body>
</html>
```

浏览器预览效果如图4-17所示。

图4-17　hr标签效果

分析

在绿叶学习网中有不少的水平线效果，其实都是使用hr标签来实现的。

4.6 div标签

在HTML中，我们可以使用div标签来划分HTML结构，从而配合CSS来"整体"控制某一块的样式。

div，全称"division（分区）"，用来划分一个区域。div标签内部可以放入所有其他标签，例如p标签、strong标签、hr标签等。

举例

```
<!DOCTYPE html>
<html>
<head>
    <meta charset="utf-8" />
    <title>div标签</title>
</head>
<body>
    <!--这是第一首诗-->
    <h3>静夜思</h3>
    <p>床前明月光，疑是地上霜。</p>
    <p>举头望明月，低头思故乡。</p>
    <hr/>
    <!--这是第二首诗-->
    <h3>春晓</h3>
    <p>春眠不觉晓，处处闻啼鸟。</p>
    <p>夜来风雨声，花落知多少。</p>
</body>
</html>
```

浏览器预览效果如图4-18所示。

图4-18　没有加入div的效果

分析

对于上面这段代码，我们发现 HTML 代码结构比较凌乱。那么接下来，我们可以使用 div 标签来划分一下区域，代码如下：

```
<!DOCTYPE html>
<html>
<head>
    <meta charset="utf-8" />
    <title>div 标签 </title>
</head>
<body>
    <!-- 这是第一首诗 -->
    <div>
        <h3> 静夜思 </h3>
        <p> 床前明月光，疑是地上霜。</p>
        <p> 举头望明月，低头思故乡。</p>
    </div>
    <hr/>
    <!-- 这是第二首诗 -->
    <div>
        <h3> 春晓 </h3>
        <p> 春眠不觉晓，处处闻啼鸟。</p>
        <p> 夜来风雨声，花落知多少。</p>
    </div>
</body>
</html>
```

这两段代码的预览效果是一样的，不过实际代码却不一样。使用 div 标签来划分区域，使得代码更具有逻辑性。当然，div 标签最重要的用途是划分区域，然后结合 CSS 针对该区域进行样式控制，这一点我们学了 CSS 就会知道。

▶ 4.7　自闭合标签

在前面的学习中，我们接触的大部分标签都是成对出现的，这些标签都有一个"开始符号"和一个"结束符号"。不过细心的小伙伴也发现了，有些标签是没有结束符号的，例如
 和 <hr/>。

在 HTML 中，标签可以分为两种：一般标签和自闭合标签。那么这两种标签之间都有什么区别呢？我们先来看一个例子。

举例

```
<!DOCTYPE html>
<html>
<head>
    <meta charset="utf-8" />
    <title> 自闭合标签 </title>
</head>
<body>
    <div>
```

```
            <h3> 绿叶学习网 </h3>
            <hr/>
            <p>" 绿叶,给你初恋般的感觉。"</p>
        </div>
    </body>
</html>
```

浏览器预览效果如图 4-19 所示。

分析

从上面代码我们可以看出,div 标签的"开始符号"和"结束符号"之间是可以插入其他标签或文字的,但是 meta 标签和 hr 标签中是不能插入其他标签或文字的。

绿叶学习网

"绿叶,给你初恋般的感觉。"

图4-19 自闭合标签效果

现在我们来总结一下"一般标签"和"自闭合标签"的特点。

- **一般标签**:由于有开始符号和结束符号,因此可以在内部插入其他标签或文字。
- **自闭合标签**:由于只有开始符号而没有结束符号,因此不可以在内部插入标签或文字。所谓的"自闭合",指的是本来要用一个配对的结束符号来关闭,然而它却"自己"关闭了。

在 HTML 中,常见的自闭合标签如表 4-2 所示。

表 4-2 自闭合标签

标 签	说 明
<meta/>	定义网页的信息(供搜索引擎查看)
<link/>	引入外部 CSS 文件
 	换行标签
<hr/>	水平线标签
<img/>	图片标签
<input/>	表单标签

这里列举的这些标签,是为了方便小伙伴了解的,而不是让大家去记忆的。把 HTML 标签分为"一般标签"和"自闭合标签",可以让大家对 HTML 标签有更深入的了解。上表中有些标签还没学过,我们在后面会给大家详细介绍。

▶4.8 块元素和行内元素

块元素和行内元素,是 HTML 中极其重要的概念,同时也是 CSS 的重要基础。对于这一节的内容,小伙伴们要重点掌握,不要自己觉得好像没什么用就跳过了。

在之前的学习中,小伙伴可能会发现:在浏览器预览效果,有些元素是独占一行的,其他元素不能跟这个元素位于同一行,如 p、div、hr 等。而有些元素不是独占一行的,其他元素可以跟这个元素位于同一行,如 strong、em 等。特别注意一下,这里所谓的"独占一行",并不是在 HTML 代码里独占一行,而是在浏览器显示效果中独占一行。

标签,也叫"元素",例如 p 标签又叫 p 元素。虽然叫法不同,但是意思相同。这一节使用"元素"来称呼,也是让大家对这两种叫法都熟悉一下。

4.8 块元素和行内元素

在 HTML 中，根据元素的表现形式，一般可以分为两类（暂时不考虑 inline-block）。
- 块元素（block）。
- 行内元素（inline）。

4.8.1 块元素

在 HTML 中，块元素在浏览器显示状态下将占据一整行，并且排斥其他元素与其位于同一行。此外，一般情况下，块元素内部可以容纳其他块元素和行内元素。

表 4-3　　　　　　　　　　　HTML 常见块元素

块 元 素	说　　明
h1~h6	标题元素
p	段落元素
div	div 元素
hr	水平线
ol	有序列表
ul	无序列表

上表列举的是 HTML 入门阶段常见的块元素，而并不是全部。光说不练假把式，咱们还是先来看一个例子。

举例

```html
<!DOCTYPE html>
<html>
<head>
    <meta charset="utf-8" />
    <title> 块元素和行内元素 </title>
</head>
<body>
    <div>
        <h3> 绿叶学习网 </h3>
        <p>" 绿叶，给你初恋般的感觉。"</p>
        <strong> 绿叶学习网 </strong>
        <em>" 绿叶，给你初恋般的感觉。"</em>
    </div>
</body>
</html>
```

浏览器预览效果如图 4-20 所示。

绿叶学习网

"绿叶，给你初恋般的感觉。"

绿叶学习网　　*"绿叶，给你初恋般的感觉。"*

图4-20　块元素和行内元素效果

图4-21 分析图

分析

上图为每一个元素加入虚线框来分析它们的结构。

- h3和p是块元素，它们的显示效果都是独占一行的，并且排斥任何元素跟它们位于同一行；strong和em是行内元素，即使代码不是位于同一行，它们的显示效果也是位于同一行的（显示效果跟代码是否位于同一行没有关系）。
- h3、p、strong和em这四个元素都是在div元素内部的，也就是说，块元素内部可以容纳其他块元素和行内元素。

由此，我们可以总结出块元素具有以下两个特点。

- 块元素独占一行，排斥其他元素（包括块元素和行内元素）与其位于同一行。
- 块元素内部可以容纳其他块元素和行内元素。

4.8.2 行内元素

在HTML中，行内元素跟块元素恰恰相反，行内元素是可以与其他行内元素位于同一行的。此外，行内元素内部（标签内部）只可以容纳其他行内元素，不可以容纳块元素。

表 4-4　　　　　　　　　　　HTML 常见行内元素

行内元素	说明
strong	粗体元素
em	斜体元素
a	超链接
span	常用行内元素，结合 CSS 定义样式

学完 CSS 之后，建议再回头看一下这一节，相信大家会对块元素和行内元素有非常深的了解。

对于行内元素效果，可以看块元素那个例子，从这个例子中我们可以总结出行内元素具有以下两个特点。

- 行内元素可以与其他行内元素位于同一行。
- 行内元素内部可以容纳其他行内元素，但不可以容纳块元素。

这一节主要注重理解一个概念，而不是去记忆块元素有哪些、行内元素有哪些？块元素和行内元素非常复杂，为了有一个循序渐进的学习过程，对于高级部分内容，我们在《Web 前端开发精品课——HTML 与 CSS 进阶教程》中再给小伙伴们详细介绍。

4.9 特殊符号

4.9.1 网页中的"空格"

在网页排版中,为了让段落美观一些,我们都会让每一个段落首行缩进两个字符。不过在默认情况下,p 标签的段落文字"首行"是不会缩进的,先来看一个例子。

举例

```
<!DOCTYPE html>
<html>
<head>
    <meta charset="utf-8" />
    <title> 网页中的 " 空格 "</title>
</head>
<body>
    <h3> 爱莲说 </h3>
    <p> 水陆草木之花,可爱者甚蕃。晋陶渊明独爱菊。自李唐来,世人甚爱牡丹。予独爱莲之出淤泥而不染,濯清涟而不妖,中通外直,不蔓不枝,香远益清,亭亭净植,可远观而不可亵玩焉。</p>
    <p> 予谓菊,花之隐逸者也;牡丹,花之富贵者也;莲,花之君子者也。噫!菊之爱,陶后鲜有闻;莲之爱,同予者何人？牡丹之爱,宜乎众矣。</p>
</body>
</html>
```

浏览器预览效果如图 4-22 所示。

图4-22　段落效果

分析

如果想要让每一个段落首行都缩进两个字符的距离,我们可能会想到在代码中按下空格键来实现。事实上,这是无效的做法。在 HTML 中,空格也是需要用代码来实现的。其中,空格的代码是 。

举例

```
<!DOCTYPE html>
<html>
<head>
    <meta charset="utf-8" />
    <title> 网页中的 " 空格 "</title>
</head>
<body>
    <h3> 爱莲说 </h3>
```

```
                <p>  水陆草木之花,可爱者甚蕃。晋陶渊明独爱菊。自李唐来,世人甚爱牡丹。予独爱莲之出淤泥而不染,
濯清涟而不妖,中通外直,不蔓不枝,香远益清,亭亭净植,可远观而不可亵玩焉。</p>
                <p>  予谓菊,花之隐逸者也;牡丹,花之富贵者也;莲,花之君子者也。噫!菊之爱,陶
后鲜有闻;莲之爱,同予者何人?牡丹之爱,宜乎众矣。</p>
        </body>
</html>
```

浏览器预览效果如图 4-23 所示。

图4-23　加入 的效果

分析

平常要往 p 标签内加入两个空格,一般就是"往 p 标签内加入两个 "。这样,小伙伴们都记住了吧。

4.9.2　网页中的"特殊符号"

经常使用 Word 的小伙伴都知道,当没法使用输入法来输入某些字符(如欧元符号€、英镑符号£等)时,我们可以通过 Word 内部提供的特殊字符来辅助插入。不过对于一个网页来说,就完全不是这么一回事了。

在 HTML 中,如果想要显示一个特殊符号,也是需要通过输入代码来实现。这些特殊符号对应的代码,都是以 & 开头、并且以;(英文分号)结尾。对于这些特殊符号,我们可以分为两类。

- 容易通过输入法输入的,不必使用代码实现,如表4-5所示。
- 难以通过输入法输入的,需要使用代码实现,如表4-6所示。

表 4-5　　　　　　　　　　　　HTML 特殊符号(易输入)

特 殊 符 号	说　　明	代　　码
"	双引号(英文)	&quot;
'	左单引号	&lsquo;
'	右单引号	&rsquo;
×	乘号	&times;
÷	除号	&divide;
>	大于号	&lt;
<	小于号	&gt;
&	"与"符号	&amp;
—	长破折号	&mdash;
|	竖线	|

4.9 特殊符号

表 4-6　　　　　　　　　　HTML 特殊符号（难输入）

特 殊 符 号	说　　明	代　　码
§	分节符	&sect;
©	版权符	&copy;
®	注册商标	&reg;
™	商标	&trade;
€	欧元	&euro;
£	英镑	&pound;
¥	日元	&yen;
°	度	&deg;

实际上，空格   也是一个特殊符号。

举例

```
<!DOCTYPE html>
<html>
<head>
    <meta charset="utf-8" />
    <title>特殊符号</title>
</head>
<body>
    <p>欧元符号：&euro;</p>
    <p>英镑符号：&pound;</p>
</body>
</html>
```

浏览器预览效果如图 4-24 所示。

欧元符号：€

英镑符号：£

图4-24　特殊符号效果

分析

其实这个例子的特殊符号效果，使用下面代码同样能够实现，浏览器预览效果是一样的：

```
<!DOCTYPE html>
<html>
<head>
    <meta charset="utf-8" />
    <title>特殊符号</title>
</head>
<body>
    <p>欧元符号：€</p>
    <p>英镑符号：£</p>
</body>
</html>
```

对于这一节，我们只需要记忆   这一个特殊符号就行了，其他特殊符号不需要记忆，等需要时再回这里查一下就可以了。

4.10 练习题

单选题

1. 你认为最合理的定义标题的方法是（　　）。
   A. <div> 文章标题 </div>
   B. <p><b> 文章标题 </b></p>
   C. <h1> 文章标题 </h1>
   D. <strong> 文章标题 </strong>
2. 如果想要实现粗体效果，我们可以使用（　　）标签来实现。
   A. <strong></strong>
   B. <em></em>
   C. <sup></sup>
   D. <sub></sub>
3. 下面有关自闭合标签说法不正确的是（　　）。
   A. 自闭合标签只有开始符号没有结束符号
   B. 可以在自闭合标签内部插入文本或图片
   C. meta 标签是自闭合标签
   D. hr 标签是自闭合标签
4. 在浏览器默认情况下，下面有关块元素和行内元素说法不正确的是（　　）。
   A. 块元素独占一行
   B. 块元素内部可以容纳块元素
   C. 块元素内部可以容纳行内元素
   D. 行内元素可以容纳块元素
5. 下面标签中，哪一个不是块元素？（　　）
   A. strong
   B. p
   C. div
   D. hr

编程题

使用这一章学到的各种文本标签，把图 4-25 所示的网页效果做出来。

图4-25　网页效果

第05章 列表

5.1 列表简介

列表是网页中最常用的一种数据排列方式,我们在浏览网页时经常可以看到列表的身影,如图 5-1、图 5-2 所示。

图5-1 绿叶学习网的文字列表　　　　图5-2 绿叶学习网的图片列表

在 HTML 中,列表共分为三种:有序列表、无序列表和定义列表。

在有序列表中,列表项之间有先后顺序之分。在无序列表中,列表项之间是没有先后顺序之分的。而定义列表是一组带有特殊含义的列表,一个列表项中包含"条件"和"列表"两部分。

第05章 列表

有些书还提到"目录列表 dir"和"菜单列表 menu"。事实上,这两种列表在 HTML5 标准中已经被废除了,现在都是用无序列表 ul 来代替,因此我们不会浪费篇幅来介绍。

5.2 有序列表

5.2.1 有序列表简介

在 HTML 中,有序列表中的各个列表项是有顺序的。有序列表从 <ol> 开始,到 </ol> 结束。有序列表一般采用数字或字母作为顺序,默认是采用数字顺序。

语法

```
<ol>
    <li> 列表项 </li>
    <li> 列表项 </li>
    <li> 列表项 </li>
</ol>
```

说明

ol,即 ordered list(有序列表)。li,即 list(列表项)。理解标签的语义更有利于记忆。

在该语法中,<ol> 和 </ol> 标志着有序列表的开始和结束,而 <li> 和 </li> 标签表示这是一个列表项。一个有序列表可以包含多个列表项。

注意,ol 标签和 li 标签是配合一起使用的,不可以单独使用,而且 <ol> 标签的子标签只能是 li 标签,不能是其他标签。

举例

```
<!DOCTYPE html>
<html>
<head>
    <meta charset="utf-8" />
    <title> 有序列表 </title>
</head>
<body>
    <ol>
        <li>HTML</li>
        <li>CSS</li>
        <li>JavaScript</li>
        <li>jQuery</li>
        <li>Vue.js</li>
    </ol>
</body>
</html>
```

浏览器预览效果如图 5-3 所示。

分析

有些初学的小伙伴会问,是不是只能使用数字来表示列表项的顺序呢?能不能用 a、b、c 这种英文字母的形式来表示顺序呢?当然可以!这就需要用到下面介绍的 type 属性了。

```
1. HTML
2. CSS
3. JavaScript
4. jQuery
5. Vue.js
```

图5-3 有序列表效果

5.2.2 type属性

在 HTML 中，我们可以使用 type 属性来改变列表项符号。默认情况下，有序列表使用数字作为列表项符号。

语法

```
<ol type=" 属性值 ">
    <li> 列表项 </li>
    <li> 列表项 </li>
    <li> 列表项 </li>
</ol>
```

说明

在有序列表中，type 属性的取值如表 5-1 所示。

表 5-1　　　　　　　　　　　　type 属性取值

属　性　值	列表项符号
1	阿拉伯数字：1、2、3……
a	小写英文字母：a、b、c……
A	大写英文字母：A、B、C……
i	小写罗马数字：i、ii、iii……
I	大写罗马数字：I、II、III……

对于有序列表的列表项符号，等学了 CSS 之后，我们可以放弃 type 属性，而使用 list-style-type 属性来取代。

举例

```
<!DOCTYPE html>
<html>
<head>
    <meta charset="utf-8" />
    <title>type 属性 </title>
</head>
<body>
    <ol type="a">
        <li>HTML</li>
        <li>CSS</li>
        <li>JavaScript</li>
        <li>jQuery</li>
        <li>Vue.js</li>
    </ol>
</body>
</html>
```

浏览器预览效果如图 5-4 所示。

```
a. HTML
b. CSS
c. JavaScript
d. jQuery
e. Vue.js
```

图5-4　有序列表type属性效果

5.3 无序列表

5.3.1 无序列表简介

无序列表，很好理解，有序列表的列表项是有一定顺序的，而无序列表的列表项是没有顺序的。默认情况下，无序列表的列表项符号是●，不过可以通过 type 属性来改变。

语法

```html
<ul>
    <li>列表项</li>
    <li>列表项</li>
    <li>列表项</li>
</ul>
```

说明

ul，即 unordered list（无序列表）。li，即 list（列表项）。理解标签的语义更有利于你记忆。

在该语法中，使用 <ul></ul> 标签表示一个无序列表的开始和结束，<li> 表示这是一个列表项。一个无序列表可以包含多个列表项。

注意，ul 标签和 li 标签也是配合一起使用，不可以单独使用，而且 ul 标签的子标签也只能是 li 标签，不能是其他标签。这一点与有序列表是一样的。

举例

```html
<!DOCTYPE html>
<html>
<head>
    <meta charset="utf-8" />
    <title>无序列表</title>
</head>
<body>
    <ul>
        <li>HTML</li>
        <li>CSS</li>
        <li>JavaScript</li>
        <li>jQuery</li>
        <li>Vue.js</li>
    </ul>
</body>
</html>
```

浏览器预览效果如图 5-5 所示。

```
• HTML
• CSS
• JavaScript
• jQuery
• Vue.js
```

图5-5　无序列表效果

5.3.2　type属性

跟有序列表一样，我们也可以使用 type 属性来定义列表项符号。

语法

```
<ul type=" 属性值 ">
    <li> 列表项 </li>
    <li> 列表项 </li>
    <li> 列表项 </li>
</ul>
```

说明

在无序列表中，type 属性的取值如表 5-2 所示。

表 5-2　　　　　　　　　　　　type 属性取值

属　性　值	列表项符号
disc	实心圆●（默认值）
circle	空心圆〇
square	正方形■

有序列表一样，对于无序列表的列表项符号，等学了 CSS 之后，我们可以放弃 type 属性，而使用 list-style-type 属性来取代。

举例

```
<!DOCTYPE html>
<html>
<head>
    <meta charset="utf-8" />
    <title>type 属性 </title>
</head>
<body>
    <ul type="circle">
        <li>HTML</li>
        <li>CSS</li>
        <li>JavaScript</li>
        <li>jQuery</li>
        <li>Vue.js</li>
    </ul>
</body>
</html>
```

浏览器预览效果如图 5-6 所示。

图5-6　无序列表type属性效果

5.3.3　深入无序列表

在真正的前端开发中，无序列表比有序列表更为实用。更准确点说，我们一般都是使用无序列表，几乎用不到有序列表。不说别的，就拿绿叶学习网来说，主导航、工具栏、动态栏等地方都用到了无序列表。凡是需要显示列表数据的地方都用到了，可谓无处不在！

图5-7　绿叶学习网中的无序列表效果

下面我们再来看看大型网站在哪些地方用到了无序列表，如图 5-8、图 5-9、图 5-10 所示。

图5-8　百度

图5-9　淘宝

图5-10　腾讯

5.3 无序列表

可能很多人都会疑惑：这些效果是怎样用无序列表做出来的呢？网页外观嘛，当然都是用 CSS 来实现的啊！

此外，对于无序列表来说，还有以下两点要注意。
- ul 元素的子元素只能是 li，不能是其他元素。
- ul 元素内部的文本，只能在 li 元素内部添加，不能在 li 元素外部添加。

举例 ul 的子元素只能是 li，不能是其他元素

```
<!DOCTYPE html>
<html>
<head>
    <meta charset="utf-8" />
    <title></title>
</head>
<body>
    <ul>
        <div>前端最核心 3 个技术：</div>
        <li>HTML</li>
        <li>CSS</li>
        <li>JavaScript</li>
    </ul>
</body>
</html>
```

浏览器预览效果如图 5-11 所示。

图5-11　ul内直接插入div的效果

分析

上面的代码是错误的，因为 ul 元素的子元素只能是 li 元素，不能是其他元素。正确做法如下所示。

```
<div>前端最核心 3 个技术：</div>
<ul>
    <li>HTML</li>
    <li>CSS</li>
    <li>JavaScript</li>
</ul>
```

举例 文本不能直接放在 ul 元素内

```
<!DOCTYPE html>
<html>
<head>
    <meta charset="utf-8" />
    <title></title>
</head>
<body>
    <ul>
```

```
            前端最核心 3 个技术：
            <li>HTML</li>
            <li>CSS</li>
            <li>JavaScript</li>
        </ul>
    </body>
</html>
```

浏览器预览效果如图 5-12 所示。

```
前端最核心3个技术：
• HTML
• CSS
• JavaScript
```

图5-12 ul内直接插入文本的效果

分析

上面的代码是错误的，因为文本不能直接放在 ul 元素内。

5.4 定义列表

在 HTML 中，定义列表由两部分组成：名词和描述。

语法

```
<dl>
    <dt> 名词 </dt>
    <dd> 描述 </dd>
    ……
</dl>
```

说明

dl 即 definition list（定义列表），dt 即 definition term（定义名词），而 dd 即 definition description（定义描述）。

在该语法中，<dl> 标记和 </dl> 标记分别定义了定义列表的开始和结束；dt 标签用于添加要解释的名词；而 dd 标签用于添加该名词的具体解释。

举例

```
<!DOCTYPE html>
<html>
<head>
    <meta charset="utf-8" />
    <title>定义列表</title>
</head>
<body>
    <dl>
        <dt>HTML</dt>
        <dd>制作网页的标准语言，控制网页的结构</dd>
        <dt>CSS</dt>
        <dd>层叠样式表，控制网页的样式</dd>
```

```
        <dt>JavaScript</dt>
        <dd> 脚本语言，控制网页的行为 </dd>
    </dl>
</body>
</html>
```

浏览器预览效果如图 5-13 所示。

分析

在实际开发中，定义列表虽然用得比较少，但是在某些高级效果（如自定义表单）中也会用到。在 HTML 入门阶段，我们了解一下就行。

```
HTML
    制作网页的标准语言，控制网页的结构
CSS
    层叠样式表，控制网页的样式
JavaScript
    脚本语言，控制网页的行为
```

图5-13 定义列表效果

5.5 HTML语义化

前面我们学习了不少标签，很多人由于不熟悉标签的语义，常常用某一个标签来代替另一个标签，从而实现相同的效果。举个很简单的例子，如果想要实现有序列表的效果，可能有些小伙伴会使用下面的代码来实现。

举例

```
<!DOCTYPE html>
<html>
<head>
    <meta charset="utf-8" />
    <title></title>
</head>
<body>
    <div>1.HTML</div>
    <div>2.CSS</div>
    <div>3.JavaScript</div>
    <div>4.jQuery</div>
    <div>5.Vue.js</div>
</body>
</html>
```

浏览器预览效果如图 5-14 所示。

分析

乍一看，代码不同，但是与使用 ul 和 li 实现的效果差不多咧！然后在心里暗暗窃喜："哎呀，这方法太棒了，估计也就只有我能想得出来！"曾经我也这样自诩过，实在惭愧。

```
1. HTML
2. CSS
3. JavaScript
4. jQuery
5. Vue.js
```

图5-14 使用div实现的列表

用某一个标签来代替另外一个标签实现相同的效果，这是大多数初学者都会遇到的问题。正是这种错误的思想，导致很多人在学习 HTML 时，没有认真地把每一个标签的语义理解清楚，糊里糊涂就学过去了。能用某一个学过的标签来代替，就懒得认真学新的标签。这就是 HTML 学习中最大的误区。

不少人可能会问："对于大多数标签实现的效果，使用 div 和 span 这两个就可以做到了，干嘛那么费心费力去学习那么多标签呢？"这个问题刚好戳中了 HTML 的精髓。说得一点都没错，你可以用 div 来代替 p，也可以使用 p 来代替 h1。但是这样你就违背了 HTML 这门语言的初衷。

HTML 的精髓就在于标签的语义。在 HTML 中，大部分标签都有它自身的语义。例如 p 标签，表示的是 paragraph，标记的是一个段落；h1 标签，表示 header1，标记的是一个最高级标题……而 div 和 span 是无语义的标签，我们应该优先使用其他有语义的标签。

语义化，是非常重要的一个思想。在整站开发中，代码量往往都是成千上万行，这是你现在的几行代码无法相提并论的。如果全部使用 div 和 span 来实现，我相信你看得头都晕。要是某一行代码出错了怎么办？你怎么快速地找到那一行代码呢？除了可读性，语义化对于搜索引擎优化（即 SEO）来说，也是极其重要的。

HTML 很简单，因此很多初学者往往忽略了它的目的和重要性。我们学习 HTML 并不是看自己学了多少标签，更重要的是在你需要的地方能否用到恰当的语义化标签。把标签用在对的地方，这才是学习 HTML 的目的所在。

5.6 练习题

单选题

1. 在下面几种列表形式中，哪一种在 HTML5 中已经被废弃了。（   ）
   A. 有序列表 ol   B. 无序列表 ul
   C. 定义列表 dl   D. 目录列表 dir
2. 下面哪种列表在实际开发中用得最多？（   ）
   A. 有序列表 ol   B. 无序列表 ul
   C. 定义列表 dl   D. 目录列表 dir
3. 下面有关 ul 元素说法不正确的是（   ）。
   A. ul 元素的子元素只能是 li，不能是其他元素
   B. ul 元素内部的文本，只能在 li 元素内部添加，不能在 li 元素外部添加
   C. 绝大多数列表都是使用 ul 元素来实现，而不是 ol 元素
   D. 可以在 ul 元素中直接插入 div 元素
4. 下面有关 HTML 语义化不正确的是（   ）。
   A. 对于大多数标签实现的效果，完全可以使用 div 和 span 来代替实现
   B. 学习 HTML 目的在于：在需要的地方，用恰当的标签
   C. 语义化对于搜索引擎优化来说是非常重要的
   D. 语义化目的在于提高可读性和可维护性

编程题

图 5-15 所示为一个问卷调查网页，请制作出来。要求：大标题用 h1 标签；小题目用 h3 标签；前两个问题使用有序列表；最后一个问题使用无序列表。

图5-15　问卷调查网页

第06章 表格

6.1 表格简介

在过去的 Web 1.0 时代，表格常用于网页布局。但是在 Web 2.0 中，这种方式已经被抛弃了，网页布局都是使用 CSS 来实现的（学了 CSS 就会知道）。但是这并不说明表格就一无是处了。表格在实际开发中是用得非常多的，因为使用表格可以更清晰地排列数据。其中，很多网页都用到表格，如图 6-1 所示。

前端开发核心技术	
技术	说明
HTML	网页的结构
CSS	网页的外观
JavaScript	网页的行为

图6-1 绿叶学习网中的表格

6.2 基本结构

在 HTML 中，一个表格一般会由以下三个部分组成。
- 表格：table标签
- 行：tr标签
- 单元格：td标签

第06章 表格

语法

```
<table>
    <tr>
        <td>单元格 1</td>
        <td>单元格 2</td>
    </tr>
    <tr>
        <td>单元格 3</td>
        <td>单元格 4</td>
    </tr>
</table>
```

说明

tr，指的是 table row（表格行）。td，指的是 table data cell（表格单元格）。

<table> 和 </table> 表示整个表格的开始和结束，<tr> 和 </tr> 表示行的开始和结束，而 <td> 和 </td> 表示单元格的开始和结束。

在表格中，有多少组 <tr></tr>，就表示有多少行。

举例

```
<!DOCTYPE html>
<html>
<head>
    <meta charset="utf-8" />
    <title>表格基本结构</title>
    <!-- 这里使用 CSS 为表格加上边框 -->
    <style type="text/css">
        table,tr,td{border:1px solid silver;}
    </style>
</head>
<body>
    <table>
        <tr>
            <td>HTML</td>
            <td>CSS</td>
        </tr>
        <tr>
            <td>JavaScript</td>
            <td>jQuery</td>
        </tr>
    </table>
</body>
</html>
```

浏览器预览效果如图 6-2 所示。

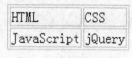

图6-2 表格基本结构

分析

默认情况下，表格是没有边框的。在这个例子中，我们使用 CSS 加入边框是想让大家更清楚地看到一个表格的结构。对于表格的边框、颜色、大小等，我们在 CSS 中会学到，这里不需要理解那一句 CSS 代码。

在 HTML 的学习中，我们只需要知道表格需要用什么标签就行了。记住，HTML 只关注结构，CSS 才关注样式。

6.3 完整结构

上一节介绍了表格的基本结构，但是一个表格的完整结构不仅仅只有 table、tr、td 这三个部分，还包括 caption、th 等。

6.3.1 表格标题：caption

在 HTML 中，表格一般都会有一个标题，我们可以使用 caption 标签来实现。

语法

```
<table>
    <caption> 表格标题 </caption>
    <tr>
        <td> 单元格 1</td>
        <td> 单元格 2</td>
    </tr>
    <tr>
        <td> 单元格 3</td>
        <td> 单元格 4</td>
    </tr>
</table>
```

说明

一个表格只能有一个标题，也就是只能有一个 caption 标签。在默认情况下，标题都是位于整个表格内的第一行。

举例

```
<!DOCTYPE html>
<html>
<head>
    <meta charset="utf-8" />
    <title> 表格标题 </title>
    <!-- 这里使用 CSS 为表格加上边框 -->
    <style type="text/css">
        table,tr,td{border:1px solid silver;}
    </style>
</head>
<body>
    <table>
        <caption> 考试成绩表 </caption>
        <tr>
            <td> 小明 </td>
            <td>80</td>
            <td>80</td>
            <td>80</td>
        </tr>
        <tr>
            <td> 小红 </td>
```

```
                <td>90</td>
                <td>90</td>
                <td>90</td>
            </tr>
            <tr>
                <td> 小杰 </td>
                <td>100</td>
                <td>100</td>
                <td>100</td>
            </tr>
        </table>
    </body>
</html>
```

浏览器预览效果如图 6-3 所示。

分析

默认情况下，表格是没有边框的。在这个例子中，我们使用 CSS 加入边框是想让大家更清楚地看到一个表格结构。

图6-3 表格标题

6.3.2 表头单元格：th

在 HTML 中，单元格其实有两种：表头单元格，使用 th 标签；表行单元格，使用 td 标签。th，指的是 table header cell（表头单元格）。td，指的是 table data cell（表行单元格）。

语法

```
<table>
    <caption>表格标题 </caption>
    <tr>
        <th> 表头单元格 1</th>
        <th> 表头单元格 2</th>
    </tr>
    <tr>
        <td> 表行单元格 1</td>
        <td> 表行单元格 2</td>
    </tr>
    <tr>
        <td> 表行单元格 3</td>
        <td> 表行单元格 4</td>
    </tr>
</table>
```

说明

th 和 td 在本质上都是单元格，但是并不代表两者可以互换，它们之间具有以下两种区别。
- 显示上：浏览器会以"粗体"和"居中"来显示th标签中的内容，但是td标签不会。
- 语义上：th标签用于表头，而td标签用于表行。

当然，对于表头单元格，我们可能会使用 td 来代替 th，但是不建议这样做。因为在"5.5 HTML 语义化"这一节我们已经明确说过了：学习 HTML 的目的就是，在需要的地方使用恰当的标签（也就是语义化）。

6.3 完整结构

举例

```html
<!DOCTYPE html>
<html>
<head>
    <meta charset="utf-8" />
    <title>表头单元格</title>
    <!-- 这里使用CSS为表格加上边框 -->
    <style type="text/css">
        table,tr,td{border:1px solid silver;}
    </style>
</head>
<body>
    <table>
        <caption>考试成绩表</caption>
        <tr>
            <th>姓名</th>
            <th>语文</th>
            <th>英语</th>
            <th>数学</th>
        </tr>
        <tr>
            <td>小明</td>
            <td>80</td>
            <td>80</td>
            <td>80</td>
        </tr>
        <tr>
            <td>小红</td>
            <td>90</td>
            <td>90</td>
            <td>90</td>
        </tr>
        <tr>
            <td>小杰</td>
            <td>100</td>
            <td>100</td>
            <td>100</td>
        </tr>
    </table>
</body>
</html>
```

浏览器预览效果如图6-4所示。

分析

默认情况下，表格是没有边框的。在这个例子中，我们使用CSS加入边框是想让大家更清楚地看到一个表格结构。

考试成绩表

姓名	语文	英语	数学
小明	80	80	80
小红	90	90	90
小杰	100	100	100

图6-4 表头单元格

6.4 语义化

一个完整的表格包含：table、caption、tr、th、td。为了更深入地对表格进行语义化，HTML 引入了 thead、tbody 和 tfoot 这三个标签。

thead、tbody 和 tfoot 把表格划分为三部分：表头、表身、表脚。有了这三个标签，表格语义更加良好，结构更清晰，也更具有可读性和可维护性。

语法

```
<table>
    <caption> 表格标题 </caption>
    <!-- 表头 -->
    <thead>
        <tr>
            <th>表头单元格 1</th>
            <th>表头单元格 2</th>
        </tr>
    </thead>
    <!-- 表身 -->
    <tbody>
        <tr>
            <td>表行单元格 1</td>
            <td>表行单元格 2</td>
        </tr>
        <tr>
            <td>表行单元格 3</td>
            <td>表行单元格 4</td>
        </tr>
    </tbody>
    <!-- 表脚 -->
    <tfoot>
        <tr>
            <td>标准单元格 5</td>
            <td>标准单元格 6</td>
        </tr>
    </tfoot>
</table>
```

举例

```
<!DOCTYPE html>
<html>
<head>
    <meta charset="utf-8" />
    <title> 表格语义化 </title>
    <!-- 这里使用 CSS 为表格加上边框 -->
    <style type="text/css">
        table,tr,td{border:1px solid silver;}
    </style>
```

```html
        </head>
<body>
    <table>
        <caption> 考试成绩表 </caption>
        <thead>
            <tr>
                <th> 姓名 </th>
                <th> 语文 </th>
                <th> 英语 </th>
                <th> 数学 </th>
            <tr>
        </thead>
        <tbody>
            <tr>
                <td> 小明 </td>
                <td>80</td>
                <td>80</td>
                <td>80</td>
            </tr>
            <tr>
                <td> 小红 </td>
                <td>90</td>
                <td>90</td>
                <td>90</td>
            </tr>
            <tr>
                <td> 小杰 </td>
                <td>100</td>
                <td>100</td>
                <td>100</td>
            </tr>
        </tbody>
        <tfoot>
            <tr>
                <td> 平均 </td>
                <td>90</td>
                <td>90</td>
                <td>90</td>
            </tr>
        </tfoot>
    </table>
</body>
</html>
```

浏览器预览效果如图 6-5 所示。

分析

表脚（tfoot）往往用于统计数据。对于 thead、tbody 和 tfoot 这三个标签，不一定全部都用上，例如 tfoot 就很少用。一般情况下，我们都是根据实际需要来使用这三个标签。

thead、tbody 和 tfoot 这三个标签也是表格中非常重要的标签，

图6-5 表格语义化

它从语义上区分了表头、表身和表脚，很多人容易忽略这三个标签。

此外，thead、tbody 和 tfoot 除了使得代码更具有语义之外，还有另外一个重要作用：方便分块来控制表格的 CSS 样式。

疑问

对于表格的显示效果来说，thead、tbody 和 tfoot 这三个标签加了跟没加是一样的啊，为什么还要用呢？

单纯从显示效果来说，确实如此。曾经作为初学者时，我也有过这样的疑问。但是加了之后，会让你的代码更具有逻辑性，并且还可以很好地结合 CSS 来分块控制样式。

6.5 合并行：rowspan

在设计表格时，有时我们需要将"横向的 N 个单元格"或者"纵向的 N 个单元格"合并成一个单元格 (类似 Word 中的表格合并)，这个时候就需要用到"合并行"或"合并列"。这一节，我们先来介绍一下合并行。

在 HTML 中，我们可以使用 rowspan 属性来合并行。所谓的合并行，指的是将"纵向的 N 个单元格"合并。

语法

```
<td rowspan = " 跨越的行数 "></td>
```

举例

```
<!DOCTYPE html>
<html>
<head>
    <meta charset="utf-8" />
    <title>rowspan 属性 </title>
    <style type="text/css">
        table,tr,td{border:1px solid silver;}
    </style>
</head>
<body>
    <table>
        <tr>
            <td> 姓名 :</td>
            <td> 小明 </td>
        </tr>
        <tr>
            <td rowspan="2"> 喜欢水果 :</td>
            <td> 苹果 </td>
        </tr>
        <tr>
            <td> 香蕉 </td>
        </tr>
    </table>
</body>
</html>
```

浏览器预览效果如图 6-6 所示。

分析

这里为了简化例子就不直接用标准语义来写了，但是小伙伴们在实际开发中要关注语义化。在这个例子中，如果我们将 rowspan="2" 删除后，此时预览效果如图 6-7 所示。

图6-6　合并行效果　　　　图6-7　删除rowspan="2"的效果

所谓的合并行，其实就是将表格相邻的 N 个行合并。在这个例子中，rowspan="2" 实际上是让加上 rowspan 属性的这个 td 标签跨越两行。

6.6　合并列：colspan

在 HTML 中，我们可以使用 colspan 属性来合并列。所谓的合并列，指的是将"横向的 N 个单元格"合并。

语法

```
<td colspan = " 跨越的列数 "></td>
```

举例

```html
<!DOCTYPE html>
<html>
<head>
    <meta charset="utf-8" />
    <title>colspan 属性 </title>
    <style type="text/css">
        table,tr,td{border:1px solid silver;}
    </style>
</head>
<body>
    <table>
        <tr>
            <td colspan="2"> 前端开发技术 </td>
        </tr>
        <tr>
            <td>HTML</td>
            <td>CSS</td>
        </tr>
        <tr>
            <td>JavaScript</td>
            <td>jQuery</td>
        </tr>
    </table>
```

```
</body>
</html>
```

浏览器预览效果如图 6-8 所示。

分析

如果我们 colspan="2" 删除后，此时预览效果就如图 6-9 所示。

图6-8　合并列效果　　　　图6-9　删除colspan="2"的效果

小伙伴们好好琢磨一下上面这个例子，尝试自己写一下。在实际开发中，合并行与合并列用得很少，如果忘了，等需要的时候回来这里查一下即可。

此外，对于 rowspan 和 colspan，我们可以从英文意思上来记忆。其中，rowspan 表示 row span，colspan 表示 column span。

6.7　练习题

单选题

下面有关表格的说法正确的是（　　）。

A. 表格已经被抛弃了，现在没必要学
B. 我们可以使用表格来布局
C. 表格一般用于展示数据
D. 表格最基本的三个标签是：tr、th 和 td

编程题

利用这一章学到的知识，制作如图 6-10 所示的表格效果，并且要求代码语义化。

图6-10　表格效果

第 07 章

图片

7.1 图片标签

任何网页都少不了图片,一个图文并茂的页面,会使得用户体验更好。如果你的网站想要获得更多的流量,也需要从"图文并茂"这个角度来挖掘。

在 HTML 中,我们可以使用 img 标签来显示一张图片。对于 img 标签,我们只需要掌握它的三个属性:src、alt 和 title。

```
<img src="" alt="" title="" />
```

7.1.1 src 属性

src 用于指定图片所在的路径,这个路径可以是相对路径,也可以是绝对路径。对于路径,我们会在下一节详细介绍。

语法

```
<img src="图片路径" />
```

说明

所谓的图片路径,指的就是图片地址,这两个叫法是一样的意思。任何一个图片必须指定 src 属性才可以显示。也就是说,src 属性是 img 标签必不可少的属性。

举例

```
<!DOCTYPE html>
<html>
<head>
    <meta charset="utf-8" />
    <title></title>
</head>
<body>
    <img src="img/haizei.png">
</body>
</html>
```

浏览器预览效果如图 7-1 所示。

图7-1　src属性

分析

"img/haizei.png"就是这个图片的路径，小伙伴们暂时不懂没关系，下一节我们就会给大家介绍。

在这个例子中，当我们把"img/haizei.png"去掉后，此时图片就无法显示出来了。

7.1.2　alt属性和title属性

alt 和 title 属性都是用于指定图片的提示文字。一般情况下，alt 和 title 属性的值是相同的。不过两者也有很大的不同。

- alt属性用于描述图片，这个描述文字是给搜索引擎看的，并且当图片无法显示时，页面会显示alt中的文字。
- title属性也用于描述图片，不过这个描述文字是给用户看的，并且当鼠标指针移到图片上时，会显示title中的文字。

举例 alt 属性

```
<!DOCTYPE html>
<html>
<head>
    <meta charset="utf-8" />
    <title></title>
</head>
```

```
<body>
    <img src="img/haizei.png" alt="海贼王之索隆" />
</body>
</html>
```

浏览器预览效果如图 7-2 所示。

分析

咦，乍看上去，加上 alt 属性跟没加上的效果是一样的。实际上，当我们把 "img/haizei.png" 去掉（也就是图片无法显示）后，此时可以看到浏览器会显示 alt 属性的提示文字，如图 7-3 所示。如果没有加上 alt 属性值，图片无法显示时，就不会有提示文字。

图7-2　alt属性效果

图7-3　alt属性的提示文字

举例 title 属性

```
<!DOCTYPE html>
<html>
<head>
    <meta charset="utf-8" />
    <title></title>
</head>
<body>
    <img src="img/haizei.png" title="海贼王之索隆">
</body>
</html>
```

浏览器预览效果如图 7-4 所示。

图7-4　title属性效果

分析

当我们把鼠标移到图片上时，就会显示 title 属性中的提示文字，如图 7-5 所示。

图7-5　title属性的提示文字

在实际开发中，对于 img 标签，src 和 alt 这两个是必选属性，一定要添加；而 title 是可选属性，可加可不加。

7.2　图片路径

从上一节中我们知道，如果想要显示一张图片，就必须设置该图片的路径（即图片地址）。也就是说，我们必须要设置 img 标签的 src 属性。道理很简单，就像你找一个文件，也得知道它在哪里才能找得着，对吧？

路径，往往是初学者最困惑的知识之一。在 HTML 中，路径分为两种：绝对路径和相对路径。

首先我们使用 HBuilder 在 D 盘目录下建立一个网站，网站名为"website"，其目录结构如图 7-6 所示。如果小伙伴们还不会用 HBuilder，可以从网上搜索和学习，很简单。

图7-6　网站目录

接下来，我们用 page1.html 和 page2.html 这两个页面分别去引用 img 文件夹中的图片 haizei.png，从而多方面地认识相对路径和绝对路径的区别。

7.2.1　page1.html引用图片

1. 绝对路径

```
<img src="D:/website/img/haizei.png" />
```

绝对路径，指的是图片在你的电脑中的完整路径。平常我们用电脑都知道，文件夹上方会有一个路径，这个就是绝对路径，如图 7-7 所示。

7.2 图片路径

图7-7 电脑中的绝对路径

2. 相对路径

```
<img src="img/haizei.png" />
```

所谓相对路径，指的是图片相对当前页面的位置（好好琢磨这句话）。

从图 7-6 中可以知道，page1.html 与 img 文件夹位于同一层目录中，也就是说两者是兄弟关系。haizei.png 位于 img 文件夹目录下，这两个是父子关系。因此，正确的相对路径应该是：img/haizei.png。

有些小伙伴就会问了，在图 7-8 中，如果 page1.html 想要引用 haizei.png 这张图片，那么相对路径该怎么写呢？

正确的写法如下所示。这是因为此时 page1.html 与 haizei.png 位于同一级目录中，也就是兄弟关系。

图7-8 网站目录

```
<img src="haizei.png" />
```

7.2.2 page2.html引用图片

1. 绝对路径

```
<img src="D:/website/img/haizei.png" />
```

我们回到图 7-6，其中 page1.html 引用 haizei.png，以及 page2.html 引用 haizei.png，两者的绝对路径写法一样。实际上，只要你的图片没有移动到其他地方，所有页面引用该图片的绝对路径都是一样的。

2. 相对路径

```
<img src="../img/haizei.png" />
```

从图 7-6 可以知道，page2.html 位于 test 文件夹下，haizei.png 位于 img 文件夹下，而 test 文件夹与 img 文件夹处于同一层目录（兄弟关系）。也就是说，haizei.png 位于 page2.html 的上一级目录中的 img 文件夹下，因此 src 为 "../img/haizei.png"。其中 "../" 表示上一级目录，我们要记住这种写法。

63

那么在图 7-9 中，如果 page2.html 想要引用 haizei.png 这张图片，相对路径该怎么写呢？

图7-9 网站目录

正确的写法如下所示。这是因为此时 haizei.png 与 test 文件夹位于同一级目录中，我们只需要找到 page2.html 的上一级，就可以找到 haizei.png 了。

```
<img src="../haizei.png" />
```

至此，两种路径方式差不多介绍完了。最后还有最重要的一点要跟大家说明一下：在实际开发中，站内文件不管是图片还是超链接等，我们都使用相对路径，几乎不会用绝对路径。

这是因为如果采用绝对路径，网站文件一旦移动，则绝大多数路径都会失效。因此，小伙伴们只需要掌握相对路径，而绝对路径了解一下就行。

疑问

1．为什么我使用绝对路径时，图片不能显示出来？

当我们使用绝对路径时，编辑器往往都不能把图片的路径解析出来，因此图片无法在网页中显示出来。在真正的网站开发中，对于图片或者引用文件的路径，我们肯定都是使用相对路径的。因此，大家不必纠结绝对路径问题，只需要掌握相对路径的写法即可。

2．对于图片或文件，可以使用中文名吗？

不建议使用中文，因为很多服务器是英文操作系统的，不能对中文文件名提供很好的支持。所以不管是图片还是文件夹，我们都建议使用英文名字。

3．作为初学者，我老是忘了路径怎么写，该怎么办呢？

选中想要的图片，HBuilder 就会自动帮我们填上正确的路径，如图 7-10 所示。初学时可以使用 HBuilder 自动提示，但是后面我们一定要慢慢熟悉这些路径是怎么写的。

图7-10 HBuilder自动提示

7.3 图片格式

在网页中，图片格式有两种：一种是"位图"，另外一种是"矢量图"。下面我们来简单介绍一下。

7.3.1 位图

位图，又叫"像素图"，它是由像素组成的图片。将位图放大后，图片会失真；缩小图片后，位图同样也会失真。

在实际开发中，最常见位图的图片格式有三种（可以从图片后缀名看出来）：.jpg（或 .jpeg）、.png 和 .gif。深入理解这三种图片适合在哪种情况下使用，是非常重要的。

.jpg 格式可以很好地处理大面积色调的图片，适合存储颜色丰富的复杂图片，如照片、高清图片等。此外，.jpg 体积较大，并且不支持透明。

.png 是一种无损格式，可以无损压缩以保证页面打开速度。此外，.png 体积较小，并且支持透明，不过不适合存储颜色丰富的图片。

.gif 图片效果最差，不过它适合制作动画。实际上，小伙伴们经常在 QQ 发的动图都是 .gif 格式的。

也就是说，如果想要展示色彩丰富而高品质图片，可以使用 .jpg 格式；如果是一般图片，为了减少体积或者想要透明效果，可以使用 .png 格式；如果是动画图片，可以使用 .gif 格式。

对于位图，我们可以使用 Photoshop 这款软件来处理。

举例

```html
<!DOCTYPE html>
<html>
<head>
    <meta charset="utf-8" />
    <title>jpg、png 与 gif</title>
    <style type="text/css">
        body{background-color:hotpink;}
    </style>
</head>
<body>
    <img src="img/1.jpg" alt=""/><br/>
    <img src="img/2.png" alt=""/><br/>
    <img src="img/3.gif" alt=""/>
</body>
</html>
```

浏览器预览效果如图 7-11 所示。

图7-11 .jpg、.png与.gif格式的图片

分析

通过这个例子，我们可以很直观地看出来：.jpg 格式不支持透明，.png 格式支持透明，而 .gif 格式可以做动画。

7.3.2 矢量图

矢量图，又叫"向量图"，它是用计算机图形学中点、直线或多边形等表示出来的几何图像。

矢量图是以一种数学描述的方式来记录内容的图片格式。举个例子，我们可以使用 y=kx 来绘制一条直线，当 k 取不同值时就会绘制不同角度的直线，这就是矢量图的构图原理。

矢量图最大的优点是：图片无论放大、缩小或旋转等都不会失真。最大的缺点是：难以表现色彩丰富的图片效果（非常差）。

图7-12 人物矢量图

图7-13 风景矢量图

图7-14 动画矢量图

矢量图常见格式有：.ai、.cdf、.fh、.swf。其中 .swf 格式比较常见，它指的是 Flash 动画，其他几种格式的矢量图比较少见，可以忽略。对于矢量图，我们可以使用 Illustrator 或者 CorelDRAW 这两款软件来处理。

在网页中，很少用到矢量图，除非是一些字体图标（iconfont）。作为初学者，我们简单了解一下即可。

对于位图和矢量图的区别，我们总结有以下四点。
- 位图适用于展示色彩丰富的图片，而矢量图不适用于展示色彩丰富的图片。
- 位图的组成单位是"像素"，而矢量图组成单位是"数学向量"。
- 位图受分辨率影响，当图片放大时会失真；而矢量图不受分辨率影响，当图片放大时不会失真。

- 网页中的图片绝大多数都是位图，而不是矢量图。

疑问

1. 现在的前端开发工作，还需要用到切图吗？

在 Web1.0 时代，切图是一种形象的说法，它指的是使用 Photoshop 把设计图切成一块一块的，然后再用 Dreamweaver 拼接起来，从而合成一个网页。

到了 Web2.0 时代，我们依旧有切图一说，只不过这种切图不再是以前那种方式。现在所说的切图不是将图片切片，而是一种设计思路。现在的切图，指的是我们前端工程师拿到 UI 设计师的图稿时，应该分析页面的布局，哪些用 CSS 实现，哪些用图片实现，而哪些用 CSS Spirit 实现，等等。

在 Web2.0 时代，我们仍然需要掌握 Photoshop 的一些基本操作。不过我们在开发页面时，就不应该使用 Web1.0 时代的"拼图"方式了。

2. 如果我从事前端开发工作，对于 Photoshop 要掌握到什么程度呢？

一个真正的前端工程师，都得会用 Photoshop 来进行基本的图片处理，例如图片切片、图片压缩、格式转换等。不过我们不必太过于深入，掌握基本操作就完全够了。

7.4 练习题

单选题

1. 在 img 标签中，（　　）属性的内容是提供给搜索引擎看的。
   A. src   B. alt
   C. title   D. class

2. 下面说法，正确的是（　　）。
   A. 当鼠标移到图片上时，就会显示 img 标签 alt 属性中的文字。
   B. src 是 img 标签必不可少的属性，只有定义它之后，图片才可以显示出来。
   C. 在实际开发中，我们常用的是绝对路径，很少用到相对路径。
   D. 如果想要显示一张动画图片，可以使用 .png 格式来实现。

3. 在图 7-15 所示的目录结构中，blog 与 img 这两个文件位于同一层级，如果我们想要在 page1.html 中显示 haizei.png 这张图片，正确的路径写法是（　　）。
   A. <img src="../../img/haizei.png" alt=""/>
   B. <img src="../img/haizei.png" alt=""/>
   C. <img src="img/haizei.png" alt=""/>
   D. <img src="../blog/img/haizei.png" alt=""/>

编程题

尝试在一个页面显示三种格式（jpg、png、gif）的图片，并且注意路径的书写。

图7-15　网站目录

第08章 超链接

8.1 超链接简介

超链接随处可见，可以说是网页中最常见的元素了。例如绿叶学习网的导航、图片列表等都用到了超链接。只要我们轻轻一点鼠标，就会跳转到其他页面。

图8-1 绿叶学习网

超链接，英文名是hyperlink。每一个网站都是由非常多的网页组成，而页面之间通常都是通过超链接来相互关联的。超链接能够让用户在各个独立的页面之间方便地跳转。

8.1.1 a标签

在 HTML 中，我们可以使用 a 标签来实现超链接。

语法

```
<a href="链接地址">文本或图片</a>
```

说明

href 表示你想要跳转到那个页面的路径（也就是地址），可以是相对路径，也可以是绝对路径。对于路径，如果忘了的小伙伴，记得回去翻一下"7.2 图片路径"这一节。

超链接的范围非常广，我们可以将文本设置为超链接，这个叫"文本超链接"。也可以将图片设置为超链接，这个叫"图片超链接"。

举例 文本超链接

```
<!DOCTYPE html>
<html>
<head>
    <meta charset="utf-8" />
    <title></title>
</head>
<body>
    <a href="http://www.lvyestudy.com">绿叶学习网</a>
</body>
</html>
```

浏览器预览效果如图 8-2 所示。

分析

当我们点击"绿叶学习网"这个文字，就会跳转到绿叶首页。

图8-2　文本超链接效果

举例 图片超链接

```
<!DOCTYPE html>
<html>
<head>
    <meta charset="utf-8" />
    <title></title>
</head>
<body>
    <a href="http://www.lvyestudy.com"><img src="img/lvye.png" alt="绿叶学习网"/></a>
</body>
</html>
```

浏览器预览效果如图 8-3 所示。

分析

当我们点击图片后，就会跳转到绿叶首页。不管是哪种超链接，我们都是把文字或图片放到 a 标签内部来实现的。

图8-3　图片超链接效果

8.1.2 target属性

默认情况下,超链接都是在当前浏览器窗口打开新页面的。在 HTML 中,我们可以使用 target 属性来定义超链接打开窗口的方式。

语法

```
<a href=" 链接地址 " target=" 打开方式 "></a>
```

说明

a 标签的 target 属性取值有四种,如表 8-1 所示。

表 8-1　　　　　　　　　　　　　target 属性取值

属 性 值	说　　明
_self	默认值,在原来窗口打开链接
_blank	在新窗口打开链接
_parent	在父窗口打开链接
_top	在顶层窗口打开超链接

一般情况下,我们只会用到 _blank 这一个值,其他三个值我们不需要去深究。

举例

```
<!DOCTYPE html>
<html>
<head>
    <meta charset="utf-8" />
    <title></title>
</head>
<body>
    <a href="http://www.lvyestudy.com" target="_blank">绿叶学习网 </a>
</body>
</html>
```

浏览器预览效果如图 8-4 所示。

分析

这个例子与之前那个例子在浏览器效果上看不出什么区别,不过当我们点击超链接后,就会发现它们的窗口打开方式是不一样的,小伙伴们先自己试一下。

图8-4　target属性效果

最后有一点要特别注意的,_blank 属性是以下划线(_)开头,而不是中划线 -。

8.2　内部链接

在 HTML 中,超链接有两种,一种是"外部链接",另外一种是"内部链接"。外部链接指向的是"外部网站的页面",而内部链接指向的是"自身网站的页面"。上一节我们接触的就是外部链接,这一节我们来学习一下内部链接。

8.2 内部链接

首先，我们建立一个网站，网站名为 website2，其目录结构如图 8-5 所示。

图8-5 网站目录

对于上图中的三个页面，如果我们在其中 page1.html 点击超链接跳转到 page2.html 或者 page3.html，其实这就是内部链接。这是因为三个页面都是位于同一个网站根目录下的。

然后我们在 HBuilder 中按照上图建立三个页面，代码分别如下所示：

page1.html：
```
<!DOCTYPE html>
<html>
<head>
    <meta charset="utf-8" />
    <title></title>
</head>
<body>
    <a href="page2.html">跳转到页面 2</a>
    <a href="test/page3.html">跳转到页面 3</a>
</body>
</html>
```

page2.html：
```
<!DOCTYPE html>
<html>
<head>
    <meta charset="utf-8" />
    <title></title>
</head>
<body>
    <h1>这是页面 2</h1>
</body>
</html>
```

page3.html：
```
<!DOCTYPE html>
<html>
<head>
    <meta charset="utf-8" />
    <title></title>
</head>
<body>
    <h1>这是页面 3</h1>
</body>
</html>
```

小伙伴们在 HBuilder 中实践一下，就知道内部链接是怎样一回事了。此外，内部链接使用的都是相对路径，而不是绝对路径，这个跟图片路径是一样的。

8.3 锚点链接

有些页面内容比较多，导致页面过长，用户需要不停拖动浏览器上的滚动条才可以查看内容。为了方便用户操作，我们可以使用锚点链接来优化用户体验。

在 HTML 中，锚点链接其实是内部链接的一种，它链接地址（也就是 href）指向的是当前页面的某个部分。所谓的锚点链接，简单来说，就是点击某一个超链接，然后它就会跳到"当前页面"的某一部分。

举例

```
<!DOCTYPE html>
<html>
<head>
    <meta charset="utf-8" />
    <title></title>
</head>
<body>
    <div>
        <a href="#article"> 推荐文章 </a><br />
        <a href="#music"> 推荐音乐 </a><br />
        <a href="#movie"> 推荐电影 </a><br />
    </div>
    ……<br />
    ……<br />
    ……<br />
    ……<br />
    ……<br />
    ……<br />
    ……<br />
    ……<br />
    <div id="article">
        <h3> 推荐文章 </h3>
        <ul>
            <li> 朱自清 - 荷塘月色 </li>
            <li> 余光中 - 乡愁 </li>
            <li> 鲁迅 - 阿 Q 正传 </li>
        </ul>
    </div>
    ……<br />
    ……<br />
    ……<br />
    ……<br />
    ……<br />
    ……<br />
    ……<br />
    ……<br />
    <div id="music">
        <h3> 推荐音乐 </h3>
        <ul>
            <li> 林俊杰 - 被风吹过的夏天 </li>
            <li> 曲婉婷 - 在我的歌声里 </li>
```

8.3 锚点链接

```
            <li> 许嵩 - 灰色头像 </li>
        </ul>
    </div>
......<br />
......<br />
......<br />
......<br />
......<br />
......<br />
......<br />
......<br />
    <div id="movie">
        <h3> 推荐电影 </h3>
        <ul>
            <li> 蜘蛛侠系列 </li>
            <li> 钢铁侠系统 </li>
            <li> 复仇者联盟 </li>
        </ul>
    </div>
</body>
</html>
```

浏览器预览效果如图 8-6 所示。

图8-6　锚点链接

分析

当我们点击"推荐文章""推荐音乐""推荐电影"这三个超链接后，滚动条就会自动滚动到相应的部分。

小伙伴们仔细观察这个例子就可以知道，想要实现锚点链接，需要定义两个。

- 目标元素的id。
- a标签的href属性指向该id。

其中，id属性就是元素的名称，这个id名是随便起的（一般是英文）。不过在同一个页面中，id是唯一的，也就是说一个页面中不允许出现相同的id。

8.4 练习题

单选题

1. 想要使得超链接以新窗口的方式打开网页，需要定义target属性值为（　　）。
    A. _self   B. _blank
    C. _parent   D. _top
2. 我们可以使用（　　）快速定位到当前页面的某一部分。
    A. 外部链接   B. 锚点链接
    C. 特殊链接   D. target属性
3. 下面有关超链接的说法中，正确的是（　　）。
    A. 不仅文本可以设置超链接，图片也可以设置超链接
    B. 锚点链接属于外部链接的其中一种
    C. 可以使用src属性指定超链接的跳转地址
    D. 可以使用target="-blank";指定超链接在新窗口打开

编程题

制作如图8-7所示的网页，要求点击图片或者文字都可以跳转到新的页面，并且设置在新窗口打开。

图8-7　页面效果

第09章 表单

9.1 表单简介

9.1.1 表单是什么

在前面的章节中,我们学习了各种各样的标签。不过使用这些标签做出来的都是静态页面,没办法实现动态页面。如果想要做出一个动态页面,我们就需要借助表单来实现。

对于表单,相信小伙伴们接触不少了,像注册登录、话费充值、发表评论等都用到了,如图9-1、图9-2和图9-3所示。其中文本框、按钮、下拉菜单等就是我们常见的表单元素。

图9-1 注册登录

图9-2 话费充值

图9-3 评论交流

在"4.1 文本简介"这一节我们已经详细探讨了什么是静态页面以及什么是动态页面。简单来说,如果一个页面仅仅供用户浏览，那就是静态页面。如果这个页面还能实现与服务器进行数据交互（像注册登录、话费充值、评论交流），那就是动态页面。

表单是我们接触动态页面的第一步。其中表单最重要的作用就是：在浏览器端收集用户的信息，然后将数据提交给服务器来处理。

可能有些初学的小伙伴就会问了："我用表单做了一个用户登录功能，怎么在服务器中判断账号和密码是否正确呢？"大家不要着急嘛，我们在学习 HTML 时要做的仅仅是把登录注册、话费充值这些表单的"**页面效果**"做出来就可以了。至于怎么在服务器处理这些信息，那就不是 HTML 的范畴了，而是属于神秘的后端技术。这个等大家学了 PHP、JSP 或 ASP.NET 等后端技术，自然就会知道了。

总而言之一句话：**学习 HTML 只需要把效果做出来就可以，不需要管数据处理。**

9.1.2 表单标签

在 HTML 中，表单标签有五种：form、input、textarea、select 和 option。图 9-4 所示的这个表单，已经把这五种表单标签都用上了。在这一章的学习中，最基本的要求就是把这个表单做出来。

从外观上来划分，表单可以分为以下八种。

- 单行文本框
- 密码文本框
- 单选框
- 复选框
- 按钮
- 文件上传
- 多行文本框
- 下拉列表

图9-4　表单效果

9.2 form标签

9.2.1 form标签简介

在 HTML 中，我们都知道表格的行（tr）、单元格（th、td）等都必须放在 table 标签内部。其实创建一个表单，就像创建一个表格，我们也必须要把所有表单标签放在 form 标签内部。

表单与表格，这是两个完全不一样的概念，不过还是有不少初学者分不清。记住，我们常说的表单，指的是文本框、按钮、单选框、复选框、下拉列表等的统称。

语法

```
<form>
    // 各种表单标签
</form>
```

举例

```
<!DOCTYPE html>
<html>
```

```
<head>
    <meta charset="utf-8"/>
    <title></title>
</head>
<body>
    <form>
        <input type="text" value=" 这是一个单行文本框 "/><br/>
        <textarea> 这是一个多行文本框 </textarea><br/>
        <select>
            <option>HTML</option>
            <option>CSS</option>
            <option>JavaScript</option>
        </select>
    </form>
</body>
</html>
```

浏览器预览效果如图 9-5 所示。

图9-5 form标签效果

分析

input、textarea、select、option 都是表单标签,我们必须要放在 form 标签内部。对于这些表单标签,后面会慢慢学到,暂时不需要深入。

9.2.2 form标签属性

在 HTML 中,form 属性常用属性如表 9-1 所示。

表 9-1　　　　　　　　　　　form 标签属性

属 性 值	说　　明
name	表单名称
method	提交方式
action	提交地址
target	打开方式
enctype	编码方式

form 标签这几个属性,跟 head 标签中的几个标签一样,对于刚接触 HTML 的小伙伴来说,缺乏操作性且比较抽象。不过没关系,我们简单看一下就行,等学了后端技术自然就会有真正的理解。

1. name属性

在一个页面中,表单可能不止一个,每一个 form 标签就是一个表单。为了区分这些表单,我们可以使用 name 属性来给表单进行命名。

举例

```
<form name="myForm"></form>
```

2. method属性

在 form 标签中,method 属性用于指定表单数据使用哪一种 http 提交方法。method 属性取值有两个,一个是 get,另外一个是 post。

get 在安全性较差,而 post 安全性较好。所以在实际开发中,我们都是使用 post。

举例

```
<form method="post"></form>
```

3. action属性

在 form 标签中,action 属性用于指定表单数据提交到哪一个地址进行处理。

举例

```
<form action="index.php"></form>
```

4. target属性

在 form 标签中,target 属性与 a 标签的 target 属性是一样的,都是用来指定窗口的打开方式。一般情况下,我们只会用到 _blank 这一个属性值。

举例

```
<form target="_blank"></form>
```

5. enctype属性

在 form 标签中,enctype 属性用于指定表单数据提交的编码方式。一般情况下,我们不需要设置,除非你用到上传文件功能。

9.3 input标签

在 HTML 中,大多数表单都是使用 input 标签来实现的。

语法

```
<input type="表单类型" />
```

说明

input 是自闭合标签,它是没有结束符号的。其中 type 属性取值如表 9-2 所示。

表 9-2　　　　　　　　　input 标签的 type 属性取值

属 性 值	浏览器效果	说　　明
text	helicopter	单行文本框
password	●●●●●●●●●●	密码文本框
radio	性别:○男○女	单选框
checkbox	兴趣:□旅游□摄影□运动	多选框
button 或 submit 或 reset	按钮	按钮
file	选择文件　未选择任何文件	文件上传

在接下来几个小节中,我们仅仅用到 input 标签,这些表单类型的不同都是由 type 属性值的不同决定的。了解这个,可以让我们的学习思路更为清晰。

9.4 单行文本框

9.4.1 单行文本框简介

在 HTML 中，单行文本框是使用 input 标签来实现的，其中 type 属性取值为 text。单行文本框常见于注册登录功能。

语法

```html
<input type="text" />
```

举例

```html
<!DOCTYPE html>
<html>
<head>
    <meta charset="utf-8" />
    <title></title>
</head>
<body>
    <form method="post">
        姓名：<input type="text" />
    </form>
</body>
</html>
```

浏览器预览效果如图 9-6 所示。

图9-6　单行文本框效果

9.4.2 单行文本框属性

在 HTML 中，单行文本框常用属性如表 9-3 所示。

表 9-3　　单行文本框常用属性

属性	说明
value	设置文本框的默认值，也就是默认情况下文本框显示的文字
size	设置文本框的长度
maxlength	设置文本框中最多可以输入的字符数

对于元素属性的定义，是没有先后顺序的，你可以将 value 定义在前面，也可以定义在后面，都无所谓。

举例 value 属性

```html
<!DOCTYPE html>
<html>
```

```
<head>
    <meta charset="utf-8" />
    <title></title>
</head>
<body>
    <form method="post">
        姓名:<input type="text" /><br />
        姓名:<input type="text" value="helicopter"/>
    </form>
</body>
</html>
```

浏览器预览效果如图 9-7 所示。

分析

value 属性用于设置单行文本框中默认的文本,如果没有设置,就是空白。

图9-7 value属性效果

举例 size 属性

```
<!DOCTYPE html>
<html>
<head>
    <meta charset="utf-8" />
    <title></title>
</head>
<body>
    <form method="post">
        姓名:<input type="text" size="20"/><br />
        姓名:<input type="text" size="10"/>
    </form>
</body>
</html>
```

浏览器预览效果如图 9-8 所示。

分析

size 属性可以用来设置单行文本框的长度,不过在实际开发中,我们一般不会用到这个属性,而是使用 CSS 来控制。

图9-8 size属性效果

举例 maxlength 属性

```
<!DOCTYPE html>
<html>
<head>
    <meta charset="utf-8" />
    <title></title>
</head>
<body>
    <form method="post">
        姓名:<input type="text" />
        姓名:<input type="text" maxlength="5"/>
    </form>
```

```
        </body>
</html>
```

浏览器预览效果如图 9-9 所示。

分析

从外观上看不出加不加 maxlength 有什么区别，不过当我们输入内容后，会发现设置 maxlength="5" 的单行文本框最多只能输入 5 个字符，如图 9-10 所示。

图9-9　maxlength属性效果　　　图9-10　加与不加maxlength的区别

9.5　密码文本框

9.5.1　密码文本框简介

密码文本框在外观上与单行文本框相似，两者也拥有相同的属性（value、size、maxlength 等）。不过两者也有着本质上的区别：**在单行文本框中输入的字符可见，而在密码文本框中输入的字符不可见。**

我们可以把密码文本框看成是一种特殊的单行文本框。对于两者的区别，从图 9-11 中就可以很清晰地看出来了。

图9-11　单行文本框与密码文本框

语法

```
<input type="password" />
```

举例

```
<!DOCTYPE html>
<html>
<head>
    <meta charset="utf-8" />
    <title></title>
```

```
</head>
<body>
    <form method="post">
        账号:<input type="text" /><br />
        密码:<input type="password" />
    </form>
</body>
</html>
```

浏览器预览效果如图 9-12 所示。

分析

密码文本框与单行文本框在外观上是一样的,但是当我们输入内容后,就会看出两者的区别,如图 9-13 所示。

图9-12 密码文本框

图9-13 输入内容后的效果

9.5.2 密码文本框属性

密码文本框可以看成是一种特殊的单行文本框,它拥有和单行文本框一样的属性,如表 9-4 所示。

表 9-4 　　　　　　　　　　密码文本框常用属性

属　　性	说　　明
value	设置文本框的默认值,也就是默认情况下文本框显示的文字
size	设置文本框的长度
maxlength	设置文本框中最多可以输入的字符数

举例

```
<!DOCTYPE html>
<html>
<head>
    <meta charset="utf-8" />
    <title></title>
</head>
<body>
    <form method="post">
        账号:<input type="text" size="15" maxlength="10" /><br />
        密码:<input type="password" size="15" maxlength="10" />
    </form>
</body>
</html>
```

浏览器预览效果如图 9-14 所示。

分析

这个例子的预览效果跟前一个例子的差不多，不过事实上，文本框的长度（size）和可输入字符数（maxlength）已经改变了。当我们输入内容后，效果如图 9-15 所示。

图9-14　密码文本框效果　　　　图9-15　输入内容后的效果

密码文本框仅仅使周围的人看不见你输入的内容是什么，实际上它并不能保证数据的安全。为了保证数据安全，我们需要在浏览器与服务器之间建立一个安全连接，不过这个是属于后端技术做的事情，这里了解一下就行。

9.6　单选框

9.6.1　单选框简介

在 HTML 中，单选框也是使用 input 标签来实现的，其中 type 属性取值为 radio。

语法

```
<input type="radio" name="组名" value="取值" />
```

说明

name 属性表示单选按钮所在的组名，而 value 表示单选按钮的取值，这两个属性必须要设置。

举例

```
<!DOCTYPE html>
<html>
<head>
    <meta charset="utf-8" />
    <title></title>
</head>
<body>
    <form method="post">
        性别：
        <input type="radio" name="gender" value="男" />男
        <input type="radio" name="gender" value="女" />女
    </form>
</body>
</html>
```

浏览器预览效果如图 9-16 所示。

分析

我们可以发现，对于这一组单选按钮，只能选中其中一项，而不能同时选中两项。这就是所谓的"单选框"。

图9-16　单选框

可能小伙伴会问：如果想要在默认情况下，选中第一个单选框，该怎么做呢？这个时候可以使用 checked 属性来实现。

举例

```html
<!DOCTYPE html>
<html>
<head>
    <meta charset="utf-8" />
    <title></title>
</head>
<body>
    <form method="post">
        性别：
        <input type="radio" name="gender" value="男" checked />男
        <input type="radio" name="gender" value="女" />女
    </form>
</body>
</html>
```

浏览器预览效果如图 9-17 所示。

分析

我们可能看到 checked 属性没有属性值，其实这是 HTML5 的最新写法。下面两句代码其实是等价的，不过一般都是采用缩写形式。

图9-17　checked属性效果

```html
<input type="radio" name="gender" value="男" checked />男
<input type="radio" name="gender" value="男" checked="checked" />男
```

9.6.2 忽略点

很多小伙伴没有深入了解单选框，在平常开发时经常忘记加上 name 属性，或者随便写。我们接着来讲解一下单选框常见的忽略点。

举例 没有加上 name 属性

```html
<!DOCTYPE html>
<html>
<head>
    <meta charset="utf-8" />
    <title></title>
</head>
<body>
    <form method="post">
        性别：
        <input type="radio" value="男" />男
        <input type="radio" value="女" />女
    </form>
</body>
</html>
```

浏览器预览效果如图 9-18 所示。

分析

没有加上 name 属性，预览效果好像没有变化。但是当我们选取的时候，会发现居然可以同时选中两个选项，如图 9-19 所示。

图9-18 没有加上name属性　　图9-19 两个选项同时被选中

这就跟预期效果完全不符合了，因此我们必须要加上 name 属性。有小伙伴就会问了：在同一组单选框中，name 属性取值能否不一样的呢？下面先来看一个例子。

举例 name 取值不一样

```
<!DOCTYPE html>
<html>
<head>
    <meta charset="utf-8" />
    <title></title>
</head>
<body>
    <form method="post">
        性别：
        <input type="radio" name="gender1" value="男" />男
        <input type="radio" name="gender2" value="女" />女
    </form>
</body>
</html>
```

浏览器预览效果如图 9-20 所示。

分析

在这个例子中，我们会发现两个选项还是可以被同时选取。

图9-20 name取值不一样的效果

因此在实际开发中，对于"同一组"的单选框，必须要设置一个相同的 name，这样才会把这些选项归为同一个组上面。对于这一点，我们再举一个复杂点的例子，小伙伴们就会明白了。

举例 正确的写法

```
<!DOCTYPE html>
<html>
<head>
    <meta charset="utf-8" />
    <title></title>
</head>
<body>
    <form method="post">
        性别：
        <input type="radio" name="gender" value="男" />男
        <input type="radio" name="gender" value="女" />女 <br />
        年龄：
        <input type="radio" name="age" value="80后" />80后
        <input type="radio" name="age" value="90后" />90后
        <input type="radio" name="age" value="00后" />00后
```

```
        </form>
    </body>
</html>
```

浏览器预览效果如图 9-21 所示。

分析

这里定义了两组单选框，在每一组中，选项之间都是互斥的。也就是说，在同一组中，只能选中其中一项。

最后有一点要说明一下，为了得到更好的语义化，表单元素与后面的文本一般都需要借助 label 标签关联起来。

```
<input type="radio" name="gender" value="男" />男
<input type="radio" name="gender" value="女" />女
```

像上面这段代码，应该写成这样：

```
<label><input type="radio" name="gender" value="男" />男</label>
<label><input type="radio" name="gender" value="女" />女</label>
```

图9-21 单选框实例

为了减轻初学者的负担，对于这种规范写法，暂时不用管，在《Web 前端开发精品课——HTML 与 CSS 进阶教程》中，我们再给大家系统介绍一下。

疑问

对于单选框，加不加 value 好像没啥区别啊？为啥还加上呢？

value 属性取值一般跟后面的文本相同，之所以加上 value 属性，是为了方便 JavaScript 或者服务器操作数据。所有表单元素的 value 属性的作用都是一样的。

对于表单这一章，初学者肯定会有很多疑惑的地方，但是这些地方只有我们学到后面才能理解。所以小伙伴们现在按部就班地学着，哪些地方该加什么就加什么，以便养成一个良好的代码编写习惯。

9.7 复选框

在 HTML 中，复选框也是使用 input 标签来实现的，其中 type 属性取值为 checkbox。单选框只能选择一项，而复选框可以选择多项。

语法

```
<input type="checkbox" name="组名" value="取值" />
```

说明

name 属性表示复选框所在的组名，而 value 表示复选框的取值。单选框一样，这两个属性也必须要设置。

举例

```
<!DOCTYPE html>
<html>
<head>
    <meta charset="utf-8" />
    <title></title>
</head>
```

```
<body>
    <form method="post">
        你喜欢的水果：<br/>
        <input type="checkbox" name="fruit" value=" 苹果 "/> 苹果
        <input type="checkbox" name="fruit" value=" 香蕉 "/> 香蕉
        <input type="checkbox" name="fruit" value=" 西瓜 "/> 西瓜
        <input type="checkbox" name="fruit" value=" 李子 "/> 李子
    </form>
</body>
</html>
```

浏览器预览效果如图 9-22 所示。

分析

复选框中的 name 跟单选框中的 name 都是用来设置"组名"的，表示该选项位于哪一组中。

图9-22 复选框效果

两者都设置 name 属性，为什么单选框只能选中一项，而复选框可以选择多项呢？其实这是因为浏览器会自动识别这是"单选框组"还是"复选框组"（其实就是根据 type 属性取值来识别）。如果是单选框组，就只能选择一项；如果是复选框组，就可以选择多项。

如果想在默认情况下，让复选框某几项选中，我们也可以使用 checked 属性来实现。这一点跟单选框是一样的，如下所示。

举例 checked 属性

```
<!DOCTYPE html>
<html>
<head>
    <meta charset="utf-8" />
    <title></title>
</head>
<body>
    <form method="post">
        你喜欢的水果：<br/>
        <input type="checkbox" name="fruit" value=" 苹果 " checked/> 苹果
        <input type="checkbox" name="fruit" value=" 香蕉 "/> 香蕉
        <input type="checkbox" name="fruit" value=" 西瓜 " checked/> 西瓜
        <input type="checkbox" name="fruit" value=" 李子 "/> 李子
    </form>
</body>
</html>
```

浏览器预览效果如图 9-23 所示。

图9-23 checked属性效果

单选框与复选框有很多地方都是相似的。我们多对比理解一下，这样更能加深印象。

9.8 按钮

在 HTML 中，常见的按钮有三种：普通按钮 button、提交按钮 submit 和重置按钮 reset。

9.8.1 普通按钮button

在 HTML 中，普通按钮一般情况下都是配合 JavaScript 来进行各种操作的。

语法

```
<input type="button" value=" 取值 " />
```

说明

value 取值就是按钮上的文字。

举例

```html
<!DOCTYPE html>
<html>
<head>
    <meta charset="utf-8" />
    <title></title>
    <script>
        window.onload = function ()
        {
            var oBtn = document.getElementsByTagName("input");
            oBtn[0].onclick = function ()
            {
                alert("I ♥ HTML！");
            };
        }
    </script>
</head>
<body>
    <form method="post">
        <input type="button" value=" 表白 "/>
    </form>
</body>
</html>
```

浏览器预览效果如图 9-24 所示。

分析

对于这段功能代码，我们不需要理解，学到 JavaScript 部分自然就知道。当我们点击按钮后，会弹出对话框，如图 9-25 所示。

图9-24 普通按钮

图9-25 对话框

9.8.2 提交按钮submit

在 HTML 中，提交按钮一般用来给服务器提交数据。我们可以把提交按钮看成是一种特殊功能的普通按钮。

语法

```
<input type="submit" value=" 取值 " />
```

说明

value 取值就是按钮上的文字。

举例

```
<!DOCTYPE html>
<html>
<head>
    <meta charset="utf-8" />
    <title></title>
</head>
<body>
    <form method="post">
        <input type="button" value=" 普通按钮 "/>
        <input type="submit" value=" 提交按钮 "/>
    </form>
</body>
</html>
```

浏览器预览效果如图 9-26 所示。

分析

提交按钮与普通按钮在外观上是没有什么不同的，两者的区别在于功能。对于初学者来说，暂时了解一下就行。

图9-26 提交按钮

9.8.3 重置按钮reset

在 HTML 中，重置按钮一般用来清除用户在表单中输入的内容。重置按钮也可以看成是具有特殊功能的普通按钮。

语法

```
<input type="reset" value=" 取值 " />
```

说明

value 取值就是按钮上的文字。

举例

```
<!DOCTYPE html>
<html>
<head>
```

```
        <meta charset="utf-8" />
        <title></title>
    </head>
    <body>
        <form method="post">
            账号:<input type="text" /><br />
            密码:<input type="password" /><br />
            <input type="reset" value="重置" />
        </form>
    </body>
</html>
```

浏览器预览效果如图 9-27 所示。

分析

当我们在文本框中输入内容,然后按下重置按钮,会发现内容被清空了!其实,这就是重置按钮的功能。

不过我们要注意一点:重置按钮只能清空它所在 form 标签内表单中的内容,对于当前所在 form 标签之外的表单清除无效。

图9-27 重置按钮

举例

```
<!DOCTYPE html>
<html>
<head>
    <meta charset="utf-8" />
    <title></title>
</head>
<body>
    <form method="post">
        账号:<input type="text" /><br />
        密码:<input type="password" /><br />
        <input type="reset" value="重置" /><br />
    </form>
    昵称:<input type="text" />
</body>
</html>
```

浏览器预览效果如图 9-28 所示。

分析

当我们在所有文本框中输入内容,然后点击重置按钮,会发现只会清除这个重置按钮所在 form 标签内的表单。这里顺便提一下,提交按钮也是针对当前所在 form 标签而言的。

图9-28 重置按钮忽略点

举例

```
<!DOCTYPE html>
<html>
<head>
    <meta charset="utf-8" />
    <title></title>
```

```
        </head>
        <body>
            <form method="post">
                <input type="button" value=" 按钮 " />
                <input type="submit" value=" 按钮 " />
                <input type="reset" value=" 按钮 " />
            </form>
        </body>
</html>
```

浏览器预览效果如图 9-29 所示。

分析

图9-29 三种按钮

三种按钮虽然从外观上看起来是一样的,但是实际功能却是不一样的。最后,我们总结一下普通按钮、提交按钮以及重置按钮的区别。

- 普通按钮一般情况下都是配合 JavaScript 来进行各种操作的。
- 提交按钮一般都是用来给服务器提交数据的;
- 重置按钮一般用来清除用户在表单中输入的内容。

9.8.4 button标签

从上面我们知道,普通按钮、提交按钮以及重置按钮这三种按钮都是使用 input 标签来实现的。其实还有一种按钮是使用 button 标签来实现的。

语法

```
<button></button>
```

说明

不过在实际开发中,基本不会用到 button 标签,可以直接舍弃。

9.9 文件上传

我们经常用到文件上传功能,例如百度网盘、QQ 邮箱等都涉及。文件上传功能的实现需要用到后端技术,不过在 HTML 的学习中,我们只需要关心把页面效果做出来就行了,功能实现不需要去深究。

在 HTML 中,文件上传也是使用 input 标签来实现的,其中 type 属性取值为 file。

图9-30 邮箱中的"文件上传"功能

语法

```
<input type="file" />
```

举例

```
<!DOCTYPE html>
<html>
<head>
    <meta charset="utf-8" />
    <title></title>
</head>
<body>
    <form method="post">
        <input type="file"/>
    </form>
</body>
</html>
```

浏览器预览效果如图 9-31 所示。

分析

当我们点击"选择文件"按钮后会发现，怎么不能上传文件呢？其实这个需要学习后端技术之后才知道怎么实现，小伙伴们好好加油哈。

图9-31　文件上传效果

9.10　多行文本框

单行文本框只能输入一行文本，而多行文本框却可以输入多行文本。在 HTML 中，多行文本框使用的是 textarea 标签，而不是 input 标签。

语法

```
<textarea rows="行数" cols="列数" value="取值">默认内容</textarea>
```

说明

多行文本框的默认显示文本是在标签对内部设置，而不是在 value 属性中设置的。一般情况下，不需要设置默认显示文本。

举例

```
<!DOCTYPE html>
<html>
<head>
    <meta charset="utf-8" />
    <title></title>
</head>
<body>
    <form method="post">
        个人简介：<br/>
```

```
            <textarea rows="5" cols="20">请介绍一下你自己</textarea>
        </form>
    </body>
</html>
```

浏览器预览效果如图 9-32 所示。

分析

对于文本框，现在我们可以总结一下，有以下两点。

- HTML有三种文本框：单行文本框、密码文本框、多行文本框。
- 单行文本框和密码文本框使用的都是input标签，多行文本框使用的是textarea标签。

图9-32　多行文本框

9.11　下拉列表

9.11.1　下拉列表简介

在 HTML 中，下拉列表由 select 和 option 这两个标签配合使用来表示的。这一点与无序列表很像，其中无序列表是由 ul 和 li 这两个标签配合使用来表示。为了更好地理解，我们可以把下拉列表看成是一种特殊的无序列表。

语法

```
<select>
    <option>选项内容</option>
    ……
    <option>选项内容</option>
</select>
```

举例

```
<!DOCTYPE html>
<html>
<head>
    <meta charset="utf-8" />
    <title></title>
</head>
<body>
    <form method="post">
        <select>
            <option>HTML</option>
            <option>CSS</option>
            <option>jQuery</option>
            <option>JavaScript</option>
            <option>Vue.js</option>
        </select>
    </form>
```

```
        </body>
</html>
```

浏览器预览效果如图 9-33 所示。

分析

下拉列表是一种最节省页面空间的方式，因为它在默认情况下只显示一个选项，只有点击后才会看到全部选项。

当我们点击下拉列表后，全部选项就会显示出来，预览效果如图 9-34 所示。

图9-33 默认的下拉列表　　　　图9-34 展开后的下拉列表

9.11.2 select标签属性

在 HTML 中，select 标签常用属性有两个，如表 9-5 所示。

表 9-5　　　　　　　　　　select 标签常用属性

属性	说明
multiple	设置下拉列表可以选择多项
size	设置下拉列表显示几个列表项，取值为整数

举例 multiple 属性

```
<!DOCTYPE html>
<html>
<head>
    <meta charset="utf-8" />
    <title></title>
</head>
<body>
    <form method="post">
        <select multiple>
            <option>HTML</option>
            <option>CSS</option>
            <option>jQuery</option>
            <option>JavaScript</option>
            <option>Vue.js</option>
            <option>HTML5</option>
            <option>CSS3</option>
        </select>
    </form>
```

```
        </body>
</html>
```

浏览器预览效果如图 9-35 所示。

分析

默认情况下，下拉列表只能选择一项，我们可以通过 multiple 属性设置下拉列表可以选择多项。想要选取多项，可以使用"Ctrl+ 鼠标左键"来选取。

下拉列表的 multiple 属性没有属性值，这是 HTML5 的最新写法，这个与单选框中的 checked 属性是一样的。

图9-35　multiple属性

举例 size 属性

```
<!DOCTYPE html>
<html>
<head>
    <meta charset="utf-8" />
    <title></title>
</head>
<body>
    <form method="post">
        <select size="5">
            <option>HTML</option>
            <option>CSS</option>
            <option>jQuery</option>
            <option>JavaScript</option>
            <option>Vue.js</option>
            <option>HTML5</option>
            <option>CSS3</option>
        </select>
    </form>
</body>
</html>
```

浏览器预览效果如图 9-36 所示。

分析

有些小伙伴将 size 取值为 1、2、3 时，会发现在 Chrome 浏览器中无效。这是因为 Chrome 浏览器最低是 4 个选项，我们只能选取 4 及以上数字。

图9-36　size属性

9.11.3　option标签属性

在 HTML 中，option 标签的常用属性有两个，如表 9-6 所示。

表 9-6　　　　　　　　　　　　option 标签常用属性

属　　性	说　　明
selected	是否选中
value	选项值

对于 value 属性，就不用多说了，几乎所有表单元素都有 value 属性，这个属性是配合 JavaScript 以及服务器进行操作的。

举例 selected 属性

```
<!DOCTYPE html>
<html>
<head>
    <meta charset="utf-8" />
    <title></title>
</head>
<body>
    <form method="post">
        <select size="5">
            <option>HTML</option>
            <option>CSS</option>
            <option selected>jQuery</option>
            <option>JavaScript</option>
            <option>Vue.js</option>
            <option>HTML5</option>
            <option>CSS3</option>
        </select>
    </form>
</body>
</html>
```

浏览器预览效果如图 9-37 所示。

分析

selected 属性表示列表项是否被选中，它是没有属性值的，这也是 HTML5 的最新写法，这个跟单选框中的 checked 属性是一样的。

如果我们把 size="5" 去掉，此时预览效果如图 9-38 所示。

图9-37　selected属性效果　　图9-38　去掉size="5"的效果

举例 value 属性

```
<!DOCTYPE html>
<html>
<head>
    <meta charset="utf-8" />
    <title></title>
</head>
<body>
    <form method="post">
```

```
        <select size="5">
            <option value="HTML">HTML</option>
            <option value="CSS">CSS</option>
            <option value="jQuery">jQuery</option>
            <option value="JavaScript">JavaScript</option>
            <option value="vue.js">Vue.js</option>
            <option value="HTML5">HTML5</option>
            <option value="CSS3">CSS3</option>
        </select>
    </form>
</body>
</html>
```

浏览器预览效果如图 9-39 所示。

图9-39　value属性效果

9.12　练习题

单选题

1. 大多数表单元素都是使用（　　）标签，然后通过 type 属性指定表单类型。
   A. input   B. textarea
   C. select   D. option
2. 下面表单元素中，有 value 属性的是（　　）。
   A. 单选框   B. 复选框
   C. 下拉列表   D. 以上都是
3. 单行文本框使用（　　）实现，密码文本框使用（　　）实现，多行文本框使用（　　）实现。
   A. <textarea></textarea>   B. <input type="texarea" />
   C. <input type="text" />   D. <input type="password" />
4. 如果想要定义单选框默认选中效果，可以使用（　　）属性来实现。
   A. checked   B. selected
   C. type   D. 以上都不是
5. 在表单中，input 元素的 type 属性取值为（　　）时，用于创建重置按钮。
   A. reset   B. set
   C. button   D. submit
6. 下面有关表单的说法，正确的是（　　）。
   A. 表单其实就是表格，两者是一样的

B. 下拉列表不属于表单，而是属于列表的一种
C. 在表单中，group 属性一般用于单选框和复选框分组
D. 在表单中，value 属性一般是为了方便 JavaScript 或服务器操作数据用的

7. 下面对于按钮的说法，不正确的是（   ）。
   A. 普通按钮一般情况下都是配合 JavaScript 来进行各种操作的
   B. 提交按钮一般都是用来给服务器提交数据的
   C. 重置按钮一般用来清除用户在表单中输入的内容
   D. 表单中的按钮更多的是使用 button 标签来实现

编程题

使用这一章学到的表单标签，制作如图 9-40 所示的表单页面。

图9-40　表单页面

第10章 框架

10.1 iframe标签

在 HTML 中,我们可以使用 iframe 标签来实现一个内嵌框架。内嵌框架,说白了,就是在当前页面再嵌入另外一个网页。

语法

```
<iframe src="链接地址" width="数值" height="数值"></iframe>
```

举例

src 是必选的,用于定义链接页面的地址。width 和 height 这两个属性是可选的,分别用于定义框架的宽度和高度。

举例 嵌入一个页面

```
<!DOCTYPE html>
<html>
<head>
    <meta charset="utf-8" />
    <title></title>
</head>
<body>
    <iframe src="http://www.lvyestudy.com" width="200" height="150"> </iframe>
</body>
</html>
```

浏览器预览效果如图 10-1 所示。

图10-1　iframe标签

分析

iframe 实际上就是在当前页面嵌入另外一个页面，我们也可以同时嵌入多个页面。

举例 嵌入多个页面

```
<!DOCTYPE html>
<html>
<head>
    <meta charset="utf-8" />
    <title></title>
</head>
<body>
    <iframe src="http://www.lvyestudy.com" width="200" height="150"> </iframe>
    <iframe src="http://sina.com" width="200" height="150"></iframe>
</body>
</html>
```

浏览器预览效果如图 10-2 所示。

图10-2　嵌入多个页面

可能有些小伙伴在其他书上看到还有什么 frameset、frame 标签，事实上这几个标签在 HTML5 标准中已经被废弃了。对于框架，我们只需要掌握 iframe 这一个标签就可以了。

10.2　练习题

单选题

下面有关框架的说法中，正确的是（　　）。
A. 我们一般使用 frameset 标签来实现在一个页面中嵌入另外一个页面
B. 一般使用 href 属性来定义 iframe 的链接地址
C. 可以使用 width 和 height 来分别定义 iframe 的宽度和高度
D. iframe 标签在 HTML5 标准中已经被废弃了，现在使用的都是 frame 标签

第二部分
CSS基础

第 11 章 CSS简介

11.1 CSS简介

11.1.1 CSS是什么

CSS，指的是 Cascading Style Sheet（层叠样式表），它是用来控制网页外观的一门技术。我们都知道，前端最核心的三个技术是：HTML、CSS 和 JavaScript。三者的关系如下：

"HTML 控制网页的结构，CSS 控制网页的外观，JavaScript 控制网页的行为。"

在互联网早期，是没有 CSS 的。那个时候的网页仅仅是使用 HTML 标签来制作，这样做出来的页面可想而知很单调。为了改造 HTML 标签的默认外观，使得页面变得更加美观，后来就引入了 CSS。或者你可以这样理解，**CSS 的出现就是为了改变色彩单调的网页外观。**

11.1.2 CSS和CSS3

CSS 是从 CSS1.0、CSS2.0、CSS2.1 以及 CSS3.0 这四个版本一路升级而来的。其中，CSS2.1 是 CSS2.0 的修订版，CSS3.0 是 CSS 的最新版本。

很多初学者都有一个疑问："现在都是 CSS3 的时代了，CSS2 不是被淘汰了吗，为什么还要学 CSS2 呢？"这个误区非常严重，曾经误导了许多初学者。其实，我们现在所说的 CSS3，一般指的是相对于 CSS2 新增加的内容，并不是说 CSS2 被淘汰了。准确来说，你要学的 CSS 其实等于 CSS2 加上 CSS3。

图11-1 CSS3

11.2 教程简介

曾经作为初学者的我，也跟大家一样，简单来说就是为了学习前端开发，走了很多弯路，有时候都不知道该学什么。例如学到一定程度了，都不知道自己的瓶颈在哪里，更不知道怎么提升自己的水平。有时候一个知识点不懂，上网找，去图书馆找，学到的知识都是东拼西凑，一点都不系统，这些知识还要自己整理。

在这里，我们为小伙伴们量身定做了一个完整的前端开发系列教程。当然，这本书仅仅是HTML、CSS 和 JavaScript 入门部分。对于 CSS 的学习，有几个重点要跟小伙伴们说明一下。

- 每一章的总结非常重要，它可以告诉你哪些是重点，哪些是次要，这样可以大大减轻你的记忆负担。对于章节总结，可以到异步社区（www.epubit.com.cn/）找到本书并下载。
- 在学习中，我们只需要做出基本的CSS效果就可以了。如果你要想达到真正前端工程师的水平，必须学习CSS进阶部分。
- CSS学起来很简单，但是很多人一到了真正开发就不会了。因此学完之后，我们一定要尝试做几个真正的页面，这样才可以检验自己学到了什么程度。
- 为了让大家有一个循序渐进的学习过程，我把高级知识以及开发技巧放在了《Web前端开发精品课——HTML与CSS进阶教程》中。

11.3 CSS引入方式

想要在一个页面引入 CSS，共有以下三种方式。
- 外部样式表
- 内部样式表
- 行内样式表

11.3.1 外部样式表

外部样式表是最理想的 CSS 引入方式。在实际开发中，为了提升网站的性能和可维护性，一般都是使用外部样式表。所谓的外部样式表，指的是把 CSS 代码和 HTML 代码单独放在不同的文件中，然后在 HTML 文档中使用 link 标签来引用 CSS 样式表。

当样式需要被应用到多个页面时，外部样式表是最理想的选择。使用外部样式表，你就可以通过更改一个 CSS 文件来改变整个网站的外观。

使用 HBuilder 创建一个 CSS 文件很简单，操作就像创建 HTML 文件一样。如果不知道怎么创建的，自己摸索一下或者搜索一下。

外部样式表在单独文件中定义，然后在 HTML 文件的 <head></head> 标签对中使用 link 标签来引用。

语法

```
<link rel="stylesheet" type="text/css" href=" 文件路径 " />
```

说明

rel 即 relative 的缩写，它的取值是固定的，即 stylesheet, 表示引入的是一个样式表文件

（即 CSS 文件）。

type 属性取值也是固定的，即 "text/css"，表示这是标准的 CSS。

href 属性表示 CSS 文件的路径。对于路径，相信小伙伴们已经很熟悉了。

其实，我们记不住这一句代码也没关系，因为 HBuilder 会有非常强大的代码提示，如图 11-2 所示。

图11-2　HBuilder代码提示

举例

```
<!DOCTYPE html>
<html>
<head>
    <meta charset="utf-8" />
    <title></title>
    <link rel="stylesheet" type="text/css" href="css/index.css" />
</head>
<body>
</body>
</html>
```

分析

如果你使用外部样式表，必须使用 link 标签来引入，而 link 标签是放在 head 标签内的。

11.3.2　内部样式表

内部样式表，指的是把 HTML 代码和 CSS 代码放到同一个 HTML 文件中。其中，CSS 代码放在 style 标签内，并且 style 标签是放在 head 标签内部的。

语法

```
<style type="text/css">
……
</style>
```

说明

type="text/css" 是必须添加的，表示这是标准的 CSS。

11.3 CSS引入方式

举例

```html
<!DOCTYPE html>
<html>
<head>
    <meta charset="utf-8"/>
    <title></title>
    <style type="text/css">
        div{color:red;}
    </style>
</head>
<body>
    <div>绿叶，给你初恋般的感觉。</div>
    <div>绿叶，给你初恋般的感觉。</div>
    <div>绿叶，给你初恋般的感觉。</div>
</body>
</html>
```

浏览器预览效果如图 11-3 所示。

分析

如果使用内部样式表，CSS 样式必须在 style 标签内定义，而 style 标签是放在 head 标签内的。

图11-3　内部样式表效果

11.3.3　行内样式表

行内样式表跟内部样式表类似，也是把 HTML 代码和 CSS 代码放到同一个 HTML 文件中。但是两者有着本质的区别：内部样式表的 CSS 是在"style 标签"内定义的，而行内样式表的 CSS 是在"标签的 style 属性"中定义的。

举例

```html
<!DOCTYPE html>
<html>
<head>
    <meta charset="utf-8"/>
    <title></title>
</head>
<body>
    <div style="color:red;">绿叶，给你初恋般的感觉。</div>
    <div style="color:red;">绿叶，给你初恋般的感觉。</div>
    <div style="color:red;">绿叶，给你初恋般的感觉。</div>
</body>
</html>
```

浏览器预览效果如图 11-4 所示。

分析

大家将这个例子和前面一个例子对比一下，就知道两段代码实现的效果是一样的。两段代码都是定义三个 div 元素的颜色为红色。如果使用内部样式表，样式只需要写一遍；但是如

图11-4　行内样式表

105

果使用行内样式，每个元素则必须单独写一遍。

行内样式是在每一个元素内部定义的，冗余代码非常多，并且每次改动 CSS 的时候都必须到元素中一个个去改，这样会导致网站的可读性和可维护性非常差。为什么我一直强烈不推荐使用 Dreamweaver 那种鼠标点击的界面操作方式来开发页面？其实就是因为这种方式产生的页面代码中，所有的 CSS 样式都是使用行内样式的。

对于这三种样式表，在实际开发中，一般都是使用外部样式表。不过在本书中，为了讲解方便，我们采用的都是内部样式表。

疑问

不是说 CSS 有四种引入方式吗？还有一种是 @import 方式。

@import 方式跟外部样式表很相似。不过在实际开发中，我们极少使用 @import 方式，而更倾向于使用 link 方式（外部样式）。原因在于 @import 方式会先加载 HTML 后加载 CSS，而 link 是先加载 CSS 后加载 HTML。如果 HTML 在 CSS 之前加载，页面用户体验就会非常差。因此对于 @import 这种方式，我们不需要去了解。

11.4 练习题

单选题

下面说法中，正确的是（　　）。

A. 现在已经是 CSS3 时代了，CSS2 没必要再去学
B. 一般使用 script 标签来引用外部样式表
C. 在实际开发中，一般使用外部样式表的多
D. 内部样式表和行内样式表在实际开发中一点用处都没有

第12章 CSS选择器

12.1 元素的id和class

id和class是元素最基本的两个属性。一般情况下，id和class都是用来选择元素，以便进行CSS操作或者JavaScript操作的。

12.1.1 id属性

id属性具有唯一性，也就是说在一个页面中相同的id只能出现一次。如果出现了多个相同的id，那么CSS或者JavaScript就无法识别这个id对应的是哪一个元素。

举例

```
<!DOCTYPE html>
<html>
<head>
    <meta charset="utf-8"/>
    <title></title>
</head>
<body>
    <div id="content">存在即合理</div>
    <p id="content">存在即合理</p>
</body>
</html>
```

浏览器预览效果如图 12-1 所示。

分析

上面这段代码是不正确的，因为在同一个页面中，不允许出现两个相同 id 的元素。不过，在不同页面中，可以出现两个 id 相同的元素。

图12-1　id属性效果

12.1.2　class属性

class，顾名思义，就是"类"。其思想跟 C++、Java 等编程语言的"类"相似。我们可以为同一个页面的相同元素或者不同元素设置相同的 class，然后使得具有相同 class 的元素具有相同的 CSS 样式。

举例

```
<!DOCTYPE html>
<html>
<head>
    <meta charset="utf-8"/>
    <title></title>
</head>
<body>
    <div class="content">存在即合理</div>
    <p class="content">存在即合理</p>
</body>
</html>
```

浏览器预览效果如图 12-2 所示。

分析

上面这段代码是正确的，因为在同一个页面中，允许出现两个相同 class 的元素。这样可以使得我们对具有相同 class 的多个元素定义相同的 CSS 样式。

图12-2　class属性效果

对于 id 和 class，我们可以这样理解：id 就像你的身份证号，而 class 就像你的名字。身份证号是全国唯一的，但是两个人的名字就有可能是一样的。

12.2　选择器是什么

很多书一上来就开始讲："一个样式的语法是由 3 部分组成：选择器、属性和属性值……"，然后接着滔滔不绝地介绍选择器的语法啊、类型啊。小伙伴们几乎把选择器这一章看完了，都不知道选择器究竟是什么东西？！

为了避免这种人间悲剧再次重演，在介绍选择器的语法之前，有必要先给大家详细介绍一下选择器究竟是怎么一回事。下面先来看一段代码：

```
<!DOCTYPE html>
<html>
<head>
    <meta charset="utf-8"/>
    <title></title>
```

```
        </head>
        <body>
            <div> 绿叶学习网 </div>
            <div> 绿叶学习网 </div>
            <div> 绿叶学习网 </div>
        </body>
</html>
```

浏览器预览效果如图 12-3 所示。

分析

对于这个例子，如果我们只想要让第二个 div 文本颜色变为红色，该怎么实现呢？我们肯定要通过一种方式来"选中"第二个 div（因为其他的 div 不能选中），只有选中了才可以为其改变颜色。

图12-3　选择器效果　　　　　图12-4　选中第二个div

像上面这种选中你想要的元素的方式，我们称之为"选择器"。选择器，说白了就是用一种方式把你想要的那个元素选中！只有把它选中了，你才可以为这个元素添加 CSS 样式。这样理解，够简单了吧？

在 CSS 中，有很多可以把你想要元素选中的方式，这些不同的方式其实就是不同的选择器。选择器的不同，在于选择方式不同，但是它们的最终目的是相同的，那就是把你想要的元素选中，然后才可以定义该元素 CSS 样式。当然，你也有可能会用某一种选择器来代替另外一种选择器，这仅仅是选择方式不同罢了，但目的还是一样的。

12.3　CSS选择器

CSS 选择器非常多，但这本书是针对 CSS 初学者的，因此我们只会讲解最实用的五种选择器。
- 元素选择器
- id 选择器
- class 选择器
- 后代选择器
- 群组选择器

从上一节我们知道，CSS 选择器的功能就是把所想要的元素选中，然后使得我们可以操作该元素的 CSS 样式。其中，CSS 选择器的格式如下：

```
选择器
{
    属性1 : 取值1;
    ……
    属性n : 取值n;
}
```

12.3.1 元素选择器

元素选择器,就是"选中"相同的元素,然后给相同的元素定义同一个 CSS 样式。

语法

图12-5 元素选择器

举例

```
<!DOCTYPE html>
<html>
<head>
    <meta charset="utf-8"/>
    <title></title>
    <style>
        div{color:red;}
    </style>
</head>
<body>
    <div> 绿叶学习网 </div>
    <p> 绿叶学习网 </p>
    <span> 绿叶学习网 </span>
    <div> 绿叶学习网 </div>
</body>
</html>
```

浏览器预览效果如图 12-6 所示。

分析

div{color:red;} 表示把页面中所有的 div 元素选中,然后定义它们的文本颜色为红色。

元素选择器就是选择指定的相同的元素,而不会选择其他元素。上面例子中的 p 元素和 span 元素就没有被选中,因此这两个元素文本颜色就没有变红。

图12-6 元素选择器实例

12.3.2 id选择器

我们可以为元素设置一个 id 属性,然后针对设置了这个 id 的元素定义 CSS 样式,这就是 id

选择器。不过要注意一点，在同一个页面中，是不允许出现两个相同的 id 的。这个与 "没有两个人的身份证号相同" 是一样的道理。

语法

图12-7 id选择器

说明

对于 id 选择器，id 名前面必须要加上前缀 #，否则该选择器无法生效。在 id 名前面加上 #，表示这是一个 id 选择器。

举例

```html
<!DOCTYPE html>
<html>
<head>
    <meta charset="utf-8" />
    <title></title>
    <style type="text/css">
        #lvye{color:red;}
    </style>
</head>
<body>
    <div> 绿叶学习网 </div>
    <div id="lvye"> 绿叶学习网 </div>
    <div> 绿叶学习网 </div>
</body>
</html>
```

浏览器预览效果如图 12-8 所示。

分析

#lvye{color:red;} 表示选中 id 为 lvye 的元素，然后定义它们的文本颜色为红色。

选择器为我们提供了一种选择方式。如果我们不使用选择器，就没办法把第二个 div 选中。

图12-8 id选择器实例

12.3.3 class选择器

class 选择器，也就是 "类选择器"。我们可以对 "相同的元素" 或者 "不同的元素" 定义相同的 class 属性，然后针对拥有同一个 class 的元素进行 CSS 样式操作。

语法

图12-9　class选择器

说明

class 名前面必须要加上前缀 .（英文点号），否则该选择器无法生效。在类名前面加上 .，表明这是一个 class 选择器。

举例 为相同的元素定义 class

```
<!DOCTYPE html>
<html>
<head>
    <meta charset="utf-8" />
    <title></title>
    <style type="text/css">
        .lv{color:red;}
    </style>
</head>
<body>
    <div> 绿叶学习网 </div>
    <div class="lv"> 绿叶学习网 </div>
    <div class="lv"> 绿叶学习网 </div>
</body>
</html>
```

浏览器预览效果如图 12-10 所示。

分析

.lv{color:red;} 表示选中 class 为 lv 的所有元素，然后定义它们的文本颜色为红色。

虽然这个页面有三个 div，不过我们为后两个 div 设置同一个 class，从而可以同时操作它们的 CSS 样式。此外，第一个 div 文本颜色不会变红，因为它没有定义 class="lv"，也就是没有被选中。

图12-10　为相同的元素定义class

举例 为不同的元素定义 class

```
<!DOCTYPE html>
<html>
<head>
```

```
        <meta charset="utf-8" />
        <title></title>
        <style type="text/css">
            .lv{color:red;}
        </style>
    </head>
    <body>
        <div> 绿叶学习网 </div>
        <p class="lv"> 绿叶学习网 </p>
        <span class="lv"> 绿叶学习网 </span>
        <div> 绿叶学习网 </div>
    </body>
</html>
```

浏览器预览效果如图 12-11 所示。

分析

p 和 span 是两个不同的元素，但是我们为这两个不同的元素设置相同的 class，这样就可以同时为 p 和 span 定义相同的 CSS 样式了。

如果你要为两个或多个元素定义相同的样式，建议使用 class 选择器，因为这样可以减少大量重复代码。

图 12-11　为不同的元素定义 class

12.3.4　后代选择器

后代选择器，就是选择元素内部中所有的某一种元素，包括子元素和其他后代元素（如孙元素）。

语法

图 12-12　后代选择器

说明

父元素和后代元素必须要用空格隔开，从而表示选中某个元素内部的后代元素。

举例

```
<!DOCTYPE html>
<html>
<head>
    <meta charset="utf-8" />
    <title></title>
```

```
            <style type="text/css">
                #father1 div {color:red;}
                #father2 span{color:blue;}
            </style>
        </head>
        <body>
            <div id="father1">
                <div> 绿叶学习网 </div>
                <div> 绿叶学习网 </div>
            </div>
            <div id="father2">
                <p> 绿叶学习网 </p>
                <p> 绿叶学习网 </p>
                <span> 绿叶学习网 </span>
            </div>
        </body>
    </html>
```

浏览器预览效果如图 12-13 所示。

分析

#father1 div {color:red;} 表示选中 id 为 father1 的元素下的所有 div 元素，然后定义它们的文本颜色为红色

#father2 span{ color:blue;} 表示选中 id 为 father2 的元素下的所有 span 元素，然后定义它们文本颜色为蓝色。

图12-13 后代选择器实例

12.3.5 群组选择器

群组选择器，指的是同时对几个选择器进行相同的操作。

语法

图12-14 群组选择器

说明

对于群组选择器，两个选择器之间必须要用英文逗号（,）隔开，不然群组选择器就无法生效。

举例

```
<!DOCTYPE html>
<html>
```

12.3 CSS选择器

```
<head>
    <meta charset="utf-8" />
    <title></title>
    <style type="text/css">
        h3, div, p, span {color:red;}
    </style>
</head>
<body>
    <h3> 绿叶学习网 </h3>
    <div> 绿叶学习网 </div>
    <p> 绿叶学习网 </p>
    <span> 绿叶学习网 </span>
</body>
</html>
```

浏览器预览效果如图 12-15 所示。

图12-15　群组选择器实例（1）

分析

h3,div,p,span{……} 表示选中所有的 h3 元素、div 元素、p 元素和 span 元素

```
<style type="text/css">
    h3,div,p,span{color:red;}
</style>
```

上面这段代码等价于以下代码：

```
<style type="text/css">
    h3{color:red;}
    div{color:red;}
    p{color:red;}
    span{color:red;}
</style>
```

举例

```
<!DOCTYPE html>
<html>
<head>
    <meta charset="utf-8" />
    <title></title>
    <style type="text/css">
        #lvye,.lv,span{color:red;}
    </style>
</head>
<body>
```

```
            <div id="lvye">绿叶学习网 </div>
            <div>绿叶学习网 </div>
            <p>绿叶学习网 </p>
            <p class="lv">绿叶学习网 </p>
            <span>绿叶学习网 </span>
    </body>
</html>
```

浏览器预览效果如图 12-16 所示。

图12-16 群组选择器实例（2）

分析

#lvye,.lv,span{……} 表示选中 id 为 lvye、class 为 lv 的元素以及所有的 span 元素

```
<style type="text/css">
    #lvye,.lv,span{color:red;}
</style>
```

上面这段代码等价于以下代码：

```
<style type="text/css">
    #lvye{color:red;}
    .lv{color:red;}
    span{color:red;}
</style>
```

通过上面两个例子，我们可以看到群组选择器的效率究竟有多高了吧！

这一节介绍的五种选择器使用频率占所有选择器的 80% 以上，对于初学者来说已经完全够用了。小伙伴们现在先不要急着去学习其他选择器，否则容易产生混淆。对于其他选择器的语法以及技巧，我们在《Web 前端开发精品课——HTML 与 CSS 进阶教程》中再给大家详细介绍。

12.4 练习题

单选题

1. 每一个样式声明之后，要用（　　）表示一个声明的结束。
   A. 逗号　　　　　　　　　　　　B. 分号
   C. 句号　　　　　　　　　　　　D. 顿号
2. 下面哪一项是 CSS 正确的语法结构？（　　）
   A. body:color=black　　　　　　B. {body;color:black}
   C. {body:color=black;}　　　　　D. body{color:black;}

3. 下面有关 id 和 class 的说法中，正确的是（   ）。
   A. id 是唯一的，不同页面中不允许出现相同的 id
   B. id 就像你的名字，class 就像你的身份证号
   C. 同一个页面中，不允许出现两个相同的 class
   D. 可以为不同的元素设置相同的 class 来为它们定义相同的 CSS 样式
4. 下面有关选择器的说法中，不正确的是（   ）。
   A. 在 class 选择器中，我们只能对相同的元素定义相同的 class 属性
   B. 后代选择器选择的不仅是子元素，还包括它的其他后代元素（如孙元素）
   C. 群组选择器可以对几个选择器进行相同的操作
   D. 想要为某一个元素定义样式，我们可以使用不同的选择器来实现

编程题

下面有一段代码，如果我们想要选中所有的 div 和 p，请用至少两种不同的选择器方式来实现，并且选出最简单的一种。

```html
<!DOCTYPE html>
<html>
<head>
    <meta charset="utf-8" />
    <title></title>
</head>
<body>
    <div></div>
    <p></p>
    <p></p>
    <strong></strong>
    <span></span>
</body>
</html>
```

第13章 字体样式

13.1 字体样式简介

在学习字体样式之前,我们先来看一下在最常用的 Word 软件中,对字体的样式都有哪些设置,如图 13-1 所示。

图13-1 word中的字体样式

从图中可以很直观地看到,在这一章中究竟要学习哪些 CSS 属性了,如表 13-1 所示。

表 13-1 字体样式属性

属　　性	说　　明
font-family	字体类型
font-size	字体大小

续表

属　性	说　明
font-weight	字体粗细
font-style	字体风格
color	字体颜色

除了字体颜色，其他字体属性都是以 font 前缀开头的。其中，font 就是字体的意思。

根据属性的英文意思去理解，可以让我们的学习效率更高。例如字体大小就是 font-size，字体粗细就是 font-weight，等等。这样去记忆，是不是感到非常简单呢？

13.2 字体类型（font-family）

在 Word 软件中，我们往往会使用不同的字体，例如宋体、微软雅黑等。在 CSS 中，我们可以使用 font-family 属性来定义字体类型。

语法

```
font-family: 字体1, 字体2, ... , 字体N;
```

说明

font-family 可以指定多种字体。使用多个字体时，将按从左到右的顺序排列，并且以英文逗号（,）隔开。如果我们不定义 font-family，浏览器默认字体类型一般是"宋体"。

举例 设置一种字体

```
<!DOCTYPE html>
<html>
<head>
    <meta charset="utf-8" />
    <title></title>
    <style type="text/css">
        #div1 {font-family:Arial;}
        #div2 {font-family: "Times New Roman";}
        #div3 {font-family: " 微软雅黑 ";}
    </style>
</head>
<body>
    <div id="div1">Arial</div>
    <div id="div2">Times New Roman</div>
    <div id="div3"> 微软雅黑 </div>
</body>
</html>
```

浏览器预览效果如图 13-2 所示。

分析

对于 font-family 属性，如果字体类型只有一个英文单词，则不需要加上双引号；如果字体类型是多个英文单词或者是中文，则需要加上双引号。注意，这里的双引号是英文双引号，而不是中文双引号。

图13-2　设置一种字体

举例 设置多种字体

```
<!DOCTYPE html>
<html>
<head>
    <meta charset="utf-8" />
    <title></title>
    <style type="text/css">
        p{font-family:Arial,Verdana,Georgia;}
    </style>
</head>
<body>
    <p>Rome was't not built in a day.</p>
</body>
</html>
```

浏览器预览效果如图 13-3 所示。

分析

对于 p{font-family:Arial,Verdana,Georgia;} 这句代码，小伙伴们可能会觉得很疑惑：为什么要为元素定义多个字体类型呢？

图13-3　设置多种字体

其实原因是这样的：每个人的电脑装的字体都不一样，有些字体安装了，但也有些字体没有安装。p{font-family:Arial,Verdana,Georgia;} 这一句的意思是：p 元素优先使用 Aria 字体来显示，如果你的电脑没有装 Arial 字体，那就接着考虑 Verdana 字体。如果你的电脑还是没有装 Verdana 字体，那就接着考虑 Georgia 字体……以此类推。如果 Arial、Verdana、Georgia 这三种字体都没有安装，那么 p 元素就会以默认字体（即宋体）来显示。

在实际开发中，比较美观的中文字体有微软雅黑、宋体，英文字体有 Times New Roman、Arial、Verdana（这个技巧对你实际开发很重要）。

13.3　字体大小（font-size）

在 CSS 中，我们可以使用 font-size 属性来定义字体大小。

语法

```
font-size:像素值；
```

说明

实际上，font-size 属性取值有两种，一种是"关键字"，如 small、medium、large 等。另外一种是"像素值"，如 10px、16px、21px 等。

不过在实际开发中，关键字这种方式基本不会用，因此我们只需要掌握像素值方式即可。

13.3.1　px是什么

px，全称 pixel（像素），它就是一张图片中最小的点，或者是计算机屏幕上最小的点。

举个例子，图 13-4 所示为一个新浪图标。将这个图标放大 n 倍后，就会变成如图 13-5 所示。

我们会发现，原来一张图片是由很多的小方点组成的。其中，每一个小方点就是一个像素（px）。

13.3 字体大小（font-size）

图13-4　新浪图标（原图）　　图13-5　放大后的新浪图标

一台计算机的分辨率是800px×600px，指的就是：计算机宽是800个小方点，高是600个小方点。

严格来说，px也是属于相对单位，因为屏幕分辨率的不同，1px的大小也是不同的。例如Windows系统的分辨率为每英寸96px，OS系统的分辨率为每英寸72px。如果不考虑屏幕分辨率，我们也可以把px当成绝对单位来看待，这也是为什么很多地方说px是绝对单位的原因。

对于初学者来说，1px可以看成一个小点，多少px就可以看成由多少个小点组成。

13.3.2　采用px为单位

国内主流的网站，如百度、新浪、网易等，大多使用px作为单位。

稍微了解过CSS的小伙伴都知道，font-size的取值单位不仅仅有px，还有em、百分比等。不过在CSS入门中，我们只需要掌握px这一个就可以了。对于其他CSS单位，我们在《Web前端开发精品课——HTML与CSS进阶教程》中有详细介绍。

举例

```
<!DOCTYPE html>
<html>
<head>
    <meta charset="utf-8" />
    <title></title>
    <style type="text/css">
        #p1 {font-size: 10px;}
        #p2 {font-size: 15px;}
        #p3 {font-size: 20px;}
    </style>
</head>
<body>
    <p id="p1">字体大小为10px</p>
    <p id="p2">字体大小为15px</p>
    <p id="p3">字体大小为20px</p>
</body>
</html>
```

浏览器预览效果如图13-6所示。

图13-6　font-size效果

121

13.4 字体粗细（font-weight）

在 CSS 中，我们可以使用 font-weight 属性来定义字体粗细。注意，字体粗细（font-weight）跟字体大小（font-size）是不一样的。粗细指的是字体的"肥瘦"，而大小指的是字体的"宽高"。

语法

```
font-weight: 取值;
```

说明

font-weight 属性取值有两种：一种是 100 ~ 900 的"数值"；另外一种是"关键字"。其中，关键字取值如表 13-2 所示。

表 13-2　　　　　　　　　　　font-weight 属性取值

属 性 值	说　　明
normal	正常（默认值）
lighter	较细
bold	较粗
bolder	很粗（其实效果跟 bold 差不多）

对于实际开发来说，一般我们只会用到 bold 这一个属性值，其他的几乎用不上，这一点大家要记住。

举例 font-weight 取值为"数值"

```html
<!DOCTYPE html>
<html>
<head>
    <meta charset="utf-8" />
    <title></title>
    <style type="text/css">
        #p1 {font-weight: 100;}
        #p2 {font-weight: 400;}
        #p3 {font-weight: 700;}
        #p4 {font-weight: 900;}
    </style>
</head>
<body>
    <p id="p1">字体粗细为:100（lighter）</p>
    <p id="p2">字体粗细为:400（normal）</p>
    <p id="p3">字体粗细为:700（bold）</p>
    <p id="p4">字体粗细为:900（bolder）</p>
</body>
</html>
```

浏览器预览效果如图 13-7 所示。

```
字体粗细为:100 (lighter)
字体粗细为:400 (normal)
字体粗细为:700 (bold)
字体粗细为:900 (bolder)
```

图13-7　font-weight取值为"数值"

分析

　　font-weight 属性可以取 100、200、…、900 这九个值。其中 100 相当于 lighter，400 相当于 normal，700 相当于 bold，而 900 相当于 bolder。

　　不过在实际开发中，不建议使用使用数值作为 font-weight 的属性取值。因此这里我们只需要简单了解一下就行。

举例 font-weight 取值为"关键字"

```html
<!DOCTYPE html>
<html>
<head>
    <meta charset="utf-8" />
    <title></title>
    <style type="text/css">
        #p1{font-weight:lighter;}
        #p2{font-weight:normal;}
        #p3{font-weight:bold;}
        #p4{font-weight:bolder;}
    </style>
</head>
<body>
    <p id="p1">字体粗细为 :lighter</p>
    <p id="p2">字体粗细为 :normal</p>
    <p id="p3">字体粗细为 :bold</p>
    <p id="p4">字体粗细为 :bolder </p>
</body>
</html>
```

　　浏览器预览效果如图 13-8 所示。

```
字体粗细为:lighter
字体粗细为:normal
字体粗细为:bold
字体粗细为:bolder
```

图13-8　font-weight取值为"关键字"

分析

　　在实际开发中，一般只会用到 bold 这一个。

13.5　字体风格（font-style）

　　在 CSS 中，我们可以使用 font-style 属性来定义斜体效果。

语法

```
font-style:取值;
```

说明

font-style 属性取值如表 13-3 所示。

表 13-3　　　　　　　　　　font-style 属性取值

属 性 值	说　　明
normal	正常（默认值）
italic	斜体
oblique	斜体

举例

```
<!DOCTYPE html>
<html>
<head>
    <meta charset="utf-8" />
    <title></title>
    <style type="text/css">
        #p1{font-style:normal;}
        #p2{font-style:italic;}
        #p3{font-style:oblique;}
    </style>
</head>
<body>
    <p id="p1">字体样式为normal</p>
    <p id="p2">字体样式为 italic </p>
    <p id="p3">字体样式为 oblique</p>
</body>
</html>
```

浏览器预览效果如图 13-9 所示。

分析

从预览效果可以看出，font-style 属性值为 italic 或 oblique 时，页面效果居然是一样的！那这两者究竟有什么区别呢？

图13-9　font-style效果

其实 italic 是字体的一个属性，但是并非所有的字体都有这个 italic 属性。对于有 italic 属性的字体，我们可以使用 font-style:italic; 来实现斜体效果。但是对于没有 italic 属性的字体，我们只能另外想个法子，也就是使用 font-style:oblique; 来实现。

我们可以这样理解：**有些字体有斜体 italic 属性，但有些字体却没有 italic 属性。oblique 是让没有 italic 属性的字体也能够有斜体效果。**

不过在实际开发中，font-style 属性很少用到，大家简单了解一下即可。

13.6 字体颜色（color）

在 CSS 中，我们可以使用 color 属性来定义字体颜色。

语法

```
color:颜色值；
```

说明

color 属性取值有两种：一种是"关键字"，另外一种是"16 进制 RGB 值"。除了这两种，其实还有 RGBA、HSL 等，不过那些我们暂时不用了解。

13.6.1 关键字

关键字，指的就是颜色的英文名称，如 red、blue、green 等。在 HBuilder 中，会有代码提示，很方便。

举例

```html
<!DOCTYPE html>
<html>
<head>
    <meta charset="utf-8" />
    <title></title>
    <style type="text/css">
        #p1{color:gray;}
        #p2{color:orange;}
        #p3{color:red;}
    </style>
</head>
<body>
    <p id="p1"> 字体颜色为灰色 </p>
    <p id="p2"> 字体颜色为橙色 </p>
    <p id="p3"> 字体颜色为红色 </p>
</body>
</html>
```

浏览器预览效果如图 13-10 所示。

字体颜色为灰色
字体颜色为橙色
字体颜色为红色

图13-10　color取值为"关键字"

13.6.2 16进制RGB值

单纯靠"关键字"，满足不了实际开发需求，因此我们还引入了"16 进制 RGB 值"。所谓的

16 进制 RGB 值，指的是类似 #FBF9D0 形式的值。经常使用 Photoshop 的小伙伴对此不会陌生。

那我们就会问了，这种 16 进制 RGB 值是怎么获取得来的呢？还有，怎么才能取到我们想要的颜色值？常用的有两种方法。

- 在线工具：在线调色板是一个很不错的在线工具，无需安装，使用起来也非常简单。
- Color Picker：Color Picker 是一款轻巧的软件，虽然体积较小，但功能非常强大。

此外，对于 16 进制颜色值，有两个色值是需要我们记住的：#000000 是黑色，#FFFFFF 是白色。

举例

```
<!DOCTYPE html>
<html>
<head>
    <meta charset="utf-8" />
    <title></title>
    <style type="text/css">
        #p1{color: #03FCA1;}
        #p2{color: #048C02;}
        #p3{color: #CE0592;}
    </style>
</head>
<body>
    <p id="p1">字体颜色为 #03FCA1</p>
    <p id="p2">字体颜色为 #048C02</p>
    <p id="p3">字体颜色为 #CE0592</p>
</body>
</html>
```

浏览器预览效果如图 13-11 所示。

字体颜色为#03FCA1
字体颜色为#048C02
字体颜色为#CE0592

图13-11　color取值为16进制RGB值

13.7　CSS注释

跟 HTML 一样，为了提高代码的可读性和可维护性，方便自己修改以及团队开发，我们也经常需要对 CSS 中的关键代码进行注释。

语法

```
/* 注释的内容 */
```

说明

/* 表示注释的开始，*/ 表示注释的结束。需要特别注意的是，CSS 注释与 HTML 注释的语法是不一样的，大家不要搞混了。

举例

```html
<!DOCTYPE html>
<html>
<head>
    <meta charset="utf-8" />
    <title></title>
    <style type="text/css">
        /* 这是CSS注释 */
        p{color:pink;}
    </style>
</head>
<body>
    <!-- 这是HTML注释 -->
    <p>记忆之所以美，是因为有现实的参照。</p>
</body>
</html>
```

浏览器预览效果如图 13-12 所示。

图13-12　HTML注释与CSS注释的效果

举例

```html
<!DOCTYPE html>
<html>
<head>
    <meta charset="utf-8" />
    <title></title>
    <style type="text/css">
        /* 使用元素选择器，定义所有p元素样式 */
        p
        {
            font-family:微软雅黑;        /* 字体类型为微软雅黑 */
            font-size:14px;              /* 字体大小为14px*/
            font-weight:bold;            /* 字体粗细为bold*/
            color:red;                   /* 字体颜色为red*/
        }
        /* 使用id选择器，定义个别样式 */
        #p2
        {
            color:blue;                  /* 字体颜色为blue*/
        }
    </style>
</head>
<body>
    <p id="p1">HTML控制网页的结构</p>
    <p id="p2">CSS控制网页的外观</p>
    <p id="p3">JavaScript控制网页的行为</p>
```

```
</body>
</html>
```

浏览器预览效果如图 13-13 所示。

> HTML控制网页的结构
> CSS控制网页的外观
> JavaScript控制网页的行为

图13-13　CSS注释

分析

在这个例子中，我们使用了元素选择器和 id 选择器。元素选择器能把所有相同元素选中然后定义 CSS 样式，而 id 选择器能针对某一个元素定义 CSS 样式。

这里给大家介绍一个小技巧：浏览器解析 CSS 是有一定顺序的，在这个例子中，第二个 p 元素一开始就使用元素选择器定义了一次 color:red;，然后用 id 选择器定义了一次 color:blue;。因此后面的会覆盖前面的，最终显示为蓝色。

在本书中，对于难以独立成章节的小技巧，我会穿插到各个章节中。这些小技巧很棒，在其他书上可能没办法学得到，小伙伴们别忘了积累一下喔。

13.8　练习题

单选题

1. CSS 中可以使用（　　）属性来定义字体粗细。
    A. font-family　　　　　　　　B. font-size
    C. font-weight　　　　　　　　D. font-style
2. 如果想要实现字体颜色为白色，可以使用定义 color 属性值为（　　）。
    A. #000000　　　　　　　　　B. #FFFFFF
    C. wheat　　　　　　　　　　D. black
3. 下面有关字体样式，说法正确的是（　　）。
    A. font-family 属性只能指定一种字体类型
    B. font-family 属性可以指定多种字体类型，并且浏览器是按照从右到左的顺序选择
    C. 在实际开发中，font-size 很少取"关键字"作为属性值
    D. 在实际开发中，font-weight 属性一般取 100~900 的数值
4. 下面选项中，属于 CSS 正确注释方式是（　　）。
    A. // 注释内容　　　　　　　　B. /* 注释内容 */
    C. <!-- 注释内容 -->　　　　　D.// 注释内容 //

编程题

为下面这段文字定义字体样式，要求字体类型指定多种、大小为 14px、粗细为粗体、颜色为蓝色。

"有规划的人生叫蓝图，没规划的人生叫拼图。"

第14章 文本样式

14.1 文本样式简介

在上一章中，我们把字体样式属性学完了，这一章再来学习一下文本样式。那么为什么要把文本样式和字体样式区分开呢？

实际上，字体样式针对的是"文字本身"的型体效果，而文本样式针对的是"整个段落"的排版效果。字体样式注重个体，文本样式注重整体。因此在 CSS 中，特意使用了 font 和 text 两个前缀来区分这两类样式。如果清楚这一点，以后写 CSS 时，就很容易想起哪些属性是字体样式，哪些属性是文本样式了。

在 CSS 中，常见的文本样式如表 14-1 所示。

表 14-1　　　　　　　　　　　　　文本样式属性

属　　性	说　　明
text-indent	首行缩进
text-align	水平对齐
text-decoration	文本修饰
text-transform	大小写
line-height	行高
letter-spacing、word-spacing	字母间距、词间距

14.2 首行缩进（text-indent）

p 元素的首行是不会自动缩进的，因此我们在 HTML 中往往使用 4 个   来实现首行缩进两个字符的空格。但是这种方式冗余代码很多。那么有没有更好的解决方法呢？

在 CSS 中，我们可以使用 text-indent 属性来定义 p 元素的首行缩进。

语法

```
text-indent:像素值;
```

说明

初学 CSS，建议大家使用像素（px）作为单位，然后在 CSS 进阶中再去学习更多的 CSS 单位。

举例

```
<!DOCTYPE html>
<html>
<head>
    <meta charset="utf-8" />
    <title></title>
    <style type="text/css">
        p
        {
            font-size:14px;
            text-indent:28px;
        }
    </style>
</head>
<body>
    <h3>爱莲说</h3>
    <p>水陆草木之花，可爱者甚蕃。晋陶渊明独爱菊。自李唐来，世人甚爱牡丹。予独爱莲之出淤泥而不染，濯清涟而不妖，中通外直，不蔓不枝，香远益清，亭亭净植，可远观而不可亵玩焉。</p>
    <p>予谓菊，花之隐逸者也；牡丹，花之富贵者也；莲，花之君子者也。噫！菊之爱，陶后鲜有闻；莲之爱，同予者何人？牡丹之爱，宜乎众矣。</p>
</body>
</html>
```

浏览器预览效果如图 14-1 所示。

图14-1 text-indent

分析

我们都知道，中文段落首行一般需要缩进两个字符。如果想要实现这个效果，text-indent 值应该是 font-size 值的两倍。大家仔细琢磨一下上面这个例子就知道为什么了。这是一个很棒的小技巧，以后会经常用到。

14.3 水平对齐（text-align）

在 CSS 中，我们可以使用 text-align 属性来控制文本在水平方向上的对齐方式。

语法

```
text-align:取值;
```

说明

text-align 属性取值如表 14-2 所示。

表 14-2　　　　　　　　　　　text-align 属性取值

属 性 值	说　　明
left	左对齐（默认值）
center	居中对齐
right	右对齐

在实际开发中，我们只会用到 center 这一个，其他两个几乎用不上。此外，text-align 属性不仅对文本有效，对图片（img 元素）也有效。对于图片水平对齐，我们在后面会详细介绍。

举例

```
<!DOCTYPE html>
<html>
<head>
    <meta charset="utf-8" />
    <title></title>
    <style type="text/css">
        #p1{text-align:left;}
        #p2{text-align:center;}
        #p3{text-align:right;}
    </style>
</head>
<body>
    <p id="p1"><strong>左对齐</strong>:好好学习，天天向上。</p>
    <p id="p2"><strong>居中对齐</strong>:好好学习，天天向上。</p>
    <p id="p3"><strong>右对齐</strong>:好好学习，天天向上。</p>
</body>
</html>
```

浏览器预览效果如图 14-2 所示。

图14-2　text-align效果

14.4　文本修饰（text-decoration）

14.4.1　text-decoration属性

在 CSS 中，我们可以使用 text-decoration 属性来定义文本的修饰效果（下划线、中划线、顶划线）。

语法

```
text-decoration: 取值；
```

说明

text-decoration 属性取值如表 14-3 所示。

表 14-3　　　　　　　　　　text-decoration 属性取值

属 性 值	说　　明
none	去除所有的划线效果（默认值）
underline	下划线
line-through	中划线
overline	顶划线

在 HTML 中，我们使用 s 元素实现中划线，用 u 元素实现下划线。但是有了 CSS 之后，我们都是用 text-decoration 属性来实现。记住一点：在前端开发中，对于外观控制一般用 CSS 来实现，而不是使用标签来实现，这更加符合结构与样式分离的原则，提高可读性和可维护性。

举例 text-decoration 属性取值

```
<!DOCTYPE html>
<html>
<head>
    <meta charset="utf-8" />
    <title></title>
    <style type="text/css">
        #p1{text-decoration:underline;}
        #p2{text-decoration:line-through;}
        #p3{text-decoration:overline;}
    </style>
</head>
<body>
    <p id="p1">这是 " 下划线 " 效果 </p>
    <p id="p2">这是 " 删除线 " 效果 </p>
    <p id="p3">这是 " 顶划线 " 效果 </p>
</body>
</html>
```

浏览器预览效果如图 14-3 所示。

分析

我们都知道超链接（a 元素）默认样式有下划线，如 <a href="http://www.lvyestudy.com"> 绿叶学习网 </a>，这一句代码在浏览器效果如图 14-4 所示。

图14-3　text-indent效果　　　　　图14-4　超链接中的下划线

14.4 文本修饰（text-decoration）

那么该如何去掉 a 元素中的下划线呢？这个时候，"text-decoration:none;"就派上用场了。

举例 去除超链接下划线

```
<!DOCTYPE html>
<html>
<head>
    <meta charset="utf-8" />
    <title></title>
    <style type="text/css">
        a{text-decoration:none;}
    </style>
</head>
<body>
    <a href="http://www.lvyestudy.com" target="_blank">绿叶学习网 </a>
</body>
</html>
```

浏览器预览效果如图 14-5 所示。

分析

使用"text-decoration:none;"去除 a 元素的下划线，这个技巧我们在实际开发中会大量使用。超链接默认样式实在太丑了，因此极少网站会使用默认样式。

绿叶学习网

图14-5　去除超链接下划线

14.4.2 三种划线的用途分析

1. 下划线

下划线一般用于强调文章中的重点，如图 14-6 所示。

2. 中划线

中划线经常出现在各大电商网站中，一般用于促销，如图 14-7 所示。

图14-6　下划线　　　　　　图14-7　中划线

3. 顶划线

说实话，我还真的从来没有见过什么网页用过顶划线，大家可以果断放弃。

14.5 大小写（text-transform）

在 CSS 中，我们可以使用 text-transform 属性来将文本进行大小写转换。text-transform 属性是针对英文而言，因为中文不存在大小写之分。

语法

```
text-transform:取值;
```

说明

text-transform 属性取值如表 14-4 所示。

表 14-4　　　　　　　　　　text-transform 属性取值

属 性 值	说　　明
none	无转换（默认值）
uppercase	转换为大写
lowercase	转换为小写
capitalize	只将每个英文单词首字母转换为大写

举例

```
<!DOCTYPE html>
<html>
<head>
    <meta charset="utf-8" />
    <title></title>
    <style type="text/css">
        #p1{text-transform:uppercase;}
        #p2{text-transform:lowercase;}
        #p3{text-transform:capitalize;}
    </style>
</head>
<body>
    <p id="p1">rome was't built in a day.</p>
    <p id="p2">rome was't built in a day.</p>
    <p id="p3">rome was't built in a day.</p>
</body>
</html>
```

浏览器预览效果如图 14-8 所示。

图14-8　text-transform效果

14.6 行高(line-height)

在 CSS 中，我们可以使用 line-height 属性来控制每行文本的高度。很多书上称 line-height 为 "行间距"，这是非常不严谨的叫法。行高，顾名思义就是 "一行的高度"，而行间距指的是 "两行文本之间的距离"，两者是完全不一样的概念。

line-height 属性涉及的理论知识非常多，这一节我们只是简单接触一下。对于更深入的知识，在《Web 前端开发精品课——HTML 与 CSS 进阶教程》中介绍。

语法

```
line-height:像素值;
```

举例

```html
<!DOCTYPE html>
<html>
<head>
    <meta charset="utf-8" />
    <title></title>
    <style type="text/css">
        #p1{line-height:15px;}
        #p2{line-height:20px;}
        #p3{line-height:25px;}
    </style>
</head>
<body>
    <p id="p1">水陆草木之花,可爱者甚蕃。晋陶渊明独爱菊。自李唐来,世人甚爱牡丹。予独爱莲之出淤泥而不染,濯清涟而不妖,中通外直,不蔓不枝,香远益清,亭亭净植,可远观而不可亵玩焉。</p><hr/>
    <p id="p2">水陆草木之花,可爱者甚蕃。晋陶渊明独爱菊。自李唐来,世人甚爱牡丹。予独爱莲之出淤泥而不染,濯清涟而不妖,中通外直,不蔓不枝,香远益清,亭亭净植,可远观而不可亵玩焉。</p><hr/>
    <p id="p3">水陆草木之花,可爱者甚蕃。晋陶渊明独爱菊。自李唐来,世人甚爱牡丹。予独爱莲之出淤泥而不染,濯清涟而不妖,中通外直,不蔓不枝,香远益清,亭亭净植,可远观而不可亵玩焉。</p>
</body>
</html>
```

浏览器预览效果如图 14-9 所示。

图14-9　不同line-height的效果

14.7 间距（letter-spacing和word-spacing）

14.7.1 字间距

在CSS中，我们可以使用letter-spacing属性来调整两个字之间的距离。

语法

```
letter-spacing:像素值;
```

说明

letter-spacing，从英文意思上就可以知道这是"字母间距"。注意，每一个中文汉字都被当成一个"字"，而每一个英文字母也当做一个"字"。

举例

```html
<!DOCTYPE html>
<html>
<head>
    <meta charset="utf-8" />
    <title></title>
    <style type="text/css">
        #p1{letter-spacing:0px;}
        #p2{letter-spacing:3px;}
        #p3{letter-spacing:5px;}
    </style>
</head>
<body>
    <p id="p1">Rome was't built in a day. 罗马不是一天建成的。</p><hr/>
    <p id="p2">Rome was't built in a day. 罗马不是一天建成的。</p><hr/>
    <p id="p3">Rome was't built in a day. 罗马不是一天建成的。</p>
</body>
</html>
```

浏览器预览效果如图14-10所示。

图14-10　不同的字间距效果

14.7.2 词间距

在CSS中，我们可以使用word-spacing属性来定义两个单词之间的距离。

举例

```
word-spacing:像素值;
```

说明

word-spacing，从英文意思上就可以知道这是"单词间距"。一般来说，word-spacing 只针对英文单词而言。

举例

```html
<!DOCTYPE html>
<html>
<head>
    <meta charset="utf-8" />
    <title></title>
    <style type="text/css">
        #p1{word-spacing:0px;}
        #p2{word-spacing:3px;}
        #p3{word-spacing:5px;}
    </style>
</head>
<body>
    <p id="p1">Rome was't built in a day.罗马不是一天建成的。</p><hr/>
    <p id="p2">Rome was't built in a day.罗马不是一天建成的。</p><hr/>
    <p id="p3">Rome was't built in a day.罗马不是一天建成的。</p>
</body>
</html>
```

浏览器预览效果如图 14-11 所示。

图14-11 不同的词间距效果

在实际开发中，我们很少去定义中文网页中的字间距以及词间距。letter-spacing 和 word-spacing 只会用于英文网页，这两个平常我们几乎用不上，因此只需简单了解即可。

14.8 练习题

单选题

1. CSS 使用（　　）属性来定义段落的行高。
   A. height   B. align-height
   C. line-height   D. min-height
2. CSS 使用（　　）属性来定义字体下划线、删除线以及顶划线效果。
   A. text-decoration   B. text-indent
   C. text-transform   D. text-align
3. 如果想要实现图 14-12 所示的效果，我们可以使用（　　）来实现。

A. text-decoration:none;   B. text-decoration:underline;
C. text-decoration:line-through;   D. text-decoration:overline;

4. 下面有关文本样式的说法中，正确的是（　　）。
   A. 如果想要让段落首行要缩进两个字符的间距，text-indent 值应该是 font-size 值的 4 倍
   B. text-align:center; 不仅可以实现文本水平居中，还可以实现图片水平居中
   C. 我们可以使用 line-height 来调整一个段落的高度
   D. 我们可以使用 text-transform:uppercase; 来将英文转换为小写形式

编程题

下面有一段代码，请在这段代码的基础上使用正确的选择器以及这两章学到的字体样式、文本样式来实现图 14-13 所示的效果。

```html
<!DOCTYPE html>
<html>
<head>
    <meta charset="utf-8" />
    <title></title>
</head>
<body>
    <p>很多人都喜欢用战术上的勤奋来掩盖战略上的懒惰，事实上这种"<span>低水平的勤奋</span>"远远比懒惰可怕。</p>
    <p>Remember: no pain, no gain！</p>
</body>
</html>
```

图14-13　网页效果

第15章 边框样式

15.1 边框样式简介

在浏览网页过程中，边框样式随处可见。几乎可以对所有的元素定义边框。例如，可以对 div 元素定义边框，可以对 img 元素定义边框，可以对 table 元素定义边框，也可以对 span 元素定义边框，如图 15-1、图 15-2、图 15-3 所示。对于这一点，小伙伴们要记住了喔。

图15-1 导航中的边框（div元素）

图15-2 图片中的边框（img元素）　　图15-3 表格中的边框（table元素）

大家仔细观察上面三张图，然后思考一下定义一个元素的边框样式需要设置哪几个方面？其实很容易得出结论，需要设置三个方面。

- 边框宽度
- 边框外观（实线、虚线等）
- 边框颜色

表 15-1　　　　　　　　　　　　边框样式属性

属　性	说　明
border-width	边框的宽度
border-style	边框的外观
border-color	边框的颜色

想要为一个元素定义边框样式，必须要同时设置 border-width、border-style、border-color 这三个属性才会有效果。

15.2 整体样式

15.2.1 边框属性

下面详细介绍一下 border-width、border-style 以及 border-color 这三个属性。

1. border-width

border-width 属性用于定义边框的宽度，取值是一个像素值。

2. border-style

border-style 属性用于定义边框的外观，常用取值如表 15-2 所示。

表 15-2　　　　　　　　　　　　border-style 属性取值

属　性　值	说　明
none	无样式
dashed	虚线
solid	实线

除了上表列出这几个，还有 hidden、dotted、double 等取值。不过其他取值我们几乎用不上，这里直接忽略即可。

3. border-color

border-color 属性用于定义边框的颜色，取值可以是"关键字"或"16 进制 RGB 值"。

举例 为 div 加上边框

```
<!DOCTYPE html>
<html>
<head>
    <meta charset="utf-8" />
    <title></title>
    <style type="text/css">
        /*定义所有div样式 */
        div
        {
```

```
            width:100px;
            height:30px;
        }
        /*定义单独div样式*/
        #div1{border:1px dashed red;}
        #div2{border:1px solid red;}
    </style>
</head>
<body>
    <div id="div1"></div>
    <div id="div2"></div>
</body>
</html>
```

浏览器预览效果如图 15-4 所示。

分析

width 属性用于定义元素的宽度，height 属性用于定义元素的高度。这两个属性我们在后面会介绍。

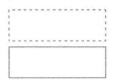

图15-4　为div加上边框

举例 为 img 加上边框

```
<!DOCTYPE html>
<html>
<head>
    <meta charset="utf-8" />
    <title></title>
    <style type="text/css">
        img
        {
            border-width: 2px;
            border-style:solid;
            border-color:red;
        }
    </style>
</head>
<body>
    <img src="img/haizei.png" alt=" 海贼王之索隆 ">
</body>
</html>
```

浏览器预览效果如图 15-5 所示。

图15-5　为img加上边框

15.2.2 简写形式

想要为一个元素定义边框，我们需要完整地给出 border-width、border-style 和 border-color。这种写法代码量过多，费时费力。不过 CSS 为我们提供了一种简写形式：

```
border:1px solid red;
```

上面代码其实等价于：

```
border-width:1px;
border-style:solid;
border-color:red;
```

这是一个非常有用的技巧，在实际开发中我们都是使用这种简写形式。可能一开始用起来比较生疏，不过写多了自然就熟练了。希望小伙伴们认真掌握。

举例

```
<!DOCTYPE html>
<html>
<head>
    <meta charset="utf-8" />
    <title></title>
    <style type="text/css">
        div{border:1px solid red;}
    </style>
</head>
<body>
    <div>绿叶，给你初恋般感觉。</div>
</body>
</html>
```

浏览器预览效果如图 15-6 所示。

绿叶，给你初恋般感觉。

图15-6 border简写形式效果

15.3 局部样式

一个元素其实有四条边（上、下、左、右），上一节我们学习的是四条边的整体样式。那么如果想要对某一条边进行单独设置，该怎么实现呢？

图15-7 四条边

1. 上边框border-top

```
border-top-width:1px;
border-top-style:solid;
border-top-color:red;
```

简写形式：

```
border-top:1px solid red;
```

2. 下边框border-bottom

```
border-bottom-width:1px;
border-bottom-style:solid;
border-bottom-color:red;
```

简写形式：

```
border-bottom:1px solid red;
```

3. 左边框border-left

```
border-left-width:1px;
border-left-style:solid;
border-left-color:red;
```

简写形式：

```
border-left:1px solid red;
```

4. 右边框border-right

```
border-right-width:1px;
border-right-style:solid;
border-right-color:red;
```

简写形式：

```
border-right:1px solid red;
```

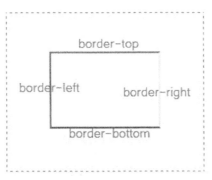

图15-8 四条边对应的CSS属性

从上面可以知道，对于边框样式，不管是整体样式，还是局部样式，我们都需要设置三个方面：边框宽度、边框外观和边框颜色。

举例

```html
<!DOCTYPE html>
<html>
<head>
    <meta charset="utf-8" />
    <title></title>
    <style type="text/css">
        div
        {
            width:100px;                          /*div 元素宽为 100px*/
            height:60px;                          /*div 元素高为 60px*/
            border-top:2px solid red;             /* 上边框样式 */
            border-right:2px solid yellow;        /* 右边框样式 */
            border-bottom:2px solid blue;         /* 下边框样式 */
            border-left:2px solid green;          /* 左边框样式 */
        }
    </style>
</head>
<body>
    <div></div>
</body>
</html>
```

浏览器预览效果如图 15-9 所示。

图15-9　边框局部样式

举例

```html
<!DOCTYPE html>
<html>
<head>
    <meta charset="utf-8" />
    <title></title>
    <style type="text/css">
        div
        {
            width:100px;                    /*div 元素宽为 100px*/
            height:60px;                    /*div 元素高为 100px*/
            border:1px solid red;           /* 边框整体样式 */
            border-bottom:0px;              /* 去除下边框 */
        }
    </style>
</head>
<body>
```

```
        <div></div>
    </body>
</html>
```

浏览器预览效果如图 15-10 所示。

图15-10　去除下边框

分析

border-bottom:0px；是把下边框宽度设置为 0px。由于此时下边框没有宽度，因此下边框就被去除了。不少小伙伴可能会觉得很奇怪：只设置边框的宽度为 0px，边框的外观和颜色不需要设置了吗？实际上这是一种省略写法，既然我们都不需要那条边框了，还设置边框的外观和颜色干嘛？这不是多此一举吗？

此外，border-bottom:0px；、border-bottom:0; 和 border-bottom:none; 这三个是等价的。

15.4　练习题

单选题

1. 如果我们想要定义某一个元素的右边框，宽度为 1px，外观为实线，颜色为红色，正确写法应该是（　　）。

    A. border:1px solid red;　　　　B. border:1px dashed red;

    C. border-right:1px solid red;　　D. border-right:1px dashed red;

2. 如果我们想要去掉某一个元素的上边框，下面写法中不正确的是（　　）。

    A. border-top:not;　　　　　　B.border-top:none;

    C. border-top:0;　　　　　　　D.border-top:0px;

第16章 列表样式

16.1 列表项符号（list-style-type）

在 HTML 中，对于有序列表和无序列表的列表项符号，都是使用 type 属性来定义的。使用 type 属性来定义列表项符号，那是在 HTML 的 "元素属性"中定义的。但是之前说过，结构和样式应该是分离的。那么在 CSS 中，我们应该怎样定义列表项符号呢？

16.1.1 定义列表项符号

在 CSS 中，不管是有序列表还是无序列表，我们都是使用 list-style-type 属性来定义列表项符号。

语法

```
list-style-type:取值;
```

说明

list-style-type 属性是针对 ol 或者 ul 元素的，而不是 li 元素。其中，list-style-type 属性取值如表 16-1、表 16-2 所示。

16.1 列表项符号（list-style-type）

表 16-1　　　　　list-style-type 属性取值（有序列表）

属　性　值	说　　　明
decimal	阿拉伯数字：1、2、3…（默认值）
lower-roman	小写罗马数字：i、ii、iii…
upper-roman	大写罗马数字：I、II、III…
lower-alpha	小写英文字母：a、b、c…
upper-alpha	大写英文字母：A、B、C…

表 16-2　　　　　list-style-type 属性取值（无序列表）

属　性　值	说　　　明
disc	实心圆●（默认值）
circle	空心圆○
square	正方形■

举例 有序列表

```
<!DOCTYPE html>
<html>
<head>
    <meta charset="utf-8" />
    <title></title>
    <style type="text/css">
        ol{list-style-type:lower-roman;}
    </style>
</head>
<body>
    <h3> 有序列表 </h3>
    <ol>
        <li>HTML</li>
        <li>CSS</li>
        <li>JavaScript</li>
    </ol>
</body>
</html>
```

浏览器预览效果如图 16-1 所示。

有序列表
　i. HTML
　ii. CSS
　iii. JavaScript

图 16-1　有序列表效果

举例 无序列表

```
<!DOCTYPE html>
<html>
<head>
    <meta charset="utf-8" />
    <title></title>
    <style type="text/css">
```

```
        ul{list-style-type:circle;}
    </style>
</head>
<body>
    <h3>无序列表</h3>
    <ul>
        <li>HTML</li>
        <li>CSS</li>
        <li>JavaScript</li>
    </ul>
</body>
</html>
```

浏览器预览效果如图 16-2 所示。

图16-2 无序列表效果

16.1.2 去除列表项符号

在 CSS 中，我们也是使用 list-style-type 属性来去除有序列表或无序列表的列表项符号的。

语法

```
list-style-type:none;
```

说明

由于列表项符号比较丑，因此在实际开发中，大多数情况下我们都需要使用 list-style-type:none; 去掉。

举例

```
<!DOCTYPE html>
<html>
<head>
    <meta charset="utf-8" />
    <title></title>
    <style type="text/css">
        ol,ul{list-style-type:none;}
    </style>
</head>
<body>
    <h3>有序列表</h3>
    <ol>
        <li>HTML</li>
        <li>CSS</li>
        <li>JavaScript</li>
    </ol>
```

```
        <h3> 无序列表 </h3>
        <ul>
            <li>HTML</li>
            <li>CSS</li>
            <li>JavaScript</li>
        </ul>
    </body>
</html>
```

浏览器预览效果如图 16-3 所示。

分析

使用 list-style-type:none 这个小技巧可以去除列表项默认的符号，在实际开发中我们经常会用到。

ol,ul{list-style-type:none;} 使用的是"群组选择器"。当对多个不同元素定义了相同的 CSS 样式时，我们就可以使用群组选择器。在群组选择器中，元素之间是用英文逗号隔开的，而不是中文逗号。

疑问

list-style-type 属性有那么多的属性值，怎么记得住呢？

图16-3　去除列表项符号效果

我们只需要记住 list-style-type:none; 这一个就可以了，其他的不需要记住。因为在实际开发中，对于使用 list-style-type 属性来定义列表项符号，我们几乎用不上。所以那些属性值也不需要去记忆。退一步来说，就算用得上，我们不是还有 HBuilder 提示么？

▶ 16.2　列表项图片（list-style-image）

不管是有序列表还是无序列表，都有它们自身的列表项符号。不过这些列表项符号都比较丑。如果我们想自定义列表项符号，那该怎么实现呢？

在 CSS 中，我们可以使用 list-style-image 属性来定义列表项图片，也就是使用图片来代替列表项符号。

语法

```
list-style-image:url(图片路径);
```

举例

```
<!DOCTYPE html>
<html>
<head>
    <meta charset="utf-8" />
    <title></title>
    <style type="text/css">
        ul{list-style-image: url(img/leaf.png);}
    </style>
</head>
<body>
    <ul>
        <li>HTML</li>
        <li>CSS</li>
```

```
            <li>JavaScript</li>
        </ul>
</body>
</html>
```

浏览器预览效果如图 16-4 所示。

分析

list-style-image 属性实际上就是把列表项符号改为一张图片，而引用一张图片就要给出图片的路径。在实际开发中，像图 16-5 所示的这种列表项符号，一般情况下我们都不会用 list-style-image 属性来实现，而是使用更为高级的字体图标（iconfont）技术来实现。当然，对于这些技巧性的东西，我会在《Web 前端开发精品课——HTML 与 CSS 进阶教程》详细介绍。

图16-4　列表项图片

图16-5　字体图标（iconfont）

16.3　练习题

单选题

1. 在真正的开发工作中，对于如图 16-6 所示的列表项符号，最佳实现方法是（　　）。
    A. list-style-type　　　　　　　　B. list-style-image
    C. 字体图标　　　　　　　　　　D. background-image
2. 下面对于列表说法中，叙述错误的是（　　）。
    A. list-style-type 属性是在 li 元素中设置的
    B. 我们可以使用 list-style-type:none; 去除列表项符号
    C. 大多数列表我们都是使用 ul 元素，而不是使用 ol 元素
    D. 不管是有序列表还是无序列表，我们都是使用 list-style-type 属性来定义列表项符号

编程题

定义一个列表，每一个列表项都是一个超链接，并且要求去除列表项符号以及超链接下划线，设置超链接文本颜色为粉红色，并且点击某一个列表项会以新窗口的形式打开。

图16-6　列表项符号　　　　　　图16-7　列表

第17章 表格样式

17.1 表格标题位置（caption-side）

默认情况下，表格标题是在表格的上方。如果想要把表格标题放在表格的下方，该怎么实现呢？

在 CSS 中，我们可以使用 caption-side 属性来定义表格标题的位置。

语法

```
caption-side:取值;
```

说明

caption-side 属性取值如表 17-1 所示。

表 17-1　　　　　　　　　　caption-side 属性取值

属性值	说明
top	标题在顶部（默认值）
bottom	标题在底部

举例

```
<!DOCTYPE html>
<html>
<head>
```

```html
        <meta charset="utf-8" />
        <title></title>
        <style type="text/css">
            table,th,td{border:1px solid silver;}
            table{caption-side:bottom;}
        </style>
    </head>
    <body>
        <table>
            <caption> 表格标题 </caption>
            <!-- 表头 -->
            <thead>
                <tr>
                    <th> 表头单元格 1</th>
                    <th> 表头单元格 2</th>
                </tr>
            </thead>
            <!-- 表身 -->
            <tbody>
                <tr>
                    <td> 表行单元格 1</td>
                    <td> 表行单元格 2</td>
                </tr>
                <tr>
                    <td> 表行单元格 3</td>
                    <td> 表行单元格 4</td>
                </tr>
            </tbody>
            <!-- 表脚 -->
            <tfoot>
                <tr>
                    <td> 表行单元格 5</td>
                    <td> 表行单元格 6</td>
                </tr>
            </tfoot>
        </table>
    </body>
</html>
```

浏览器预览效果如图 17-1 所示。

分析

如果想要定义表格标题的位置，在 table 或 caption 这两个元素的 CSS 中定义 caption-side 属性，效果是一样的。不过一般情况下我们都只在 table 元素中定义就可以了。

表头单元格1	表头单元格2
表行单元格1	表行单元格2
表行单元格3	表行单元格4
表行单元格5	表行单元格6

表格标题

图17-1　表格标题位置

17.2　表格边框合并（border-collapse）

从前面学习可以知道，表格加入边框后的页面效果中，单元格之间是有一定空隙的。但是在实际开发中，为了让表格更加美观，我们都是把单元格之间的空隙去除。

在 CSS 中，我们可以使用 border-collapse 属性来去除单元格之间的空隙，也就是将两条边

17.2 表格边框合并(border-collapse)

框合并为一条。

语法

```
border-collapse: 取值;
```

说明

border-collapse 属性取值如表 17-2 所示。

表 17-2　　　　　　　　　　　border-collapse 属性取值

属 性 值	说　　明
separate	边框分开，有空隙（默认值）
collapse	边框合并，无空隙

separate 指的是"分离"，而 collapse 指的是"折叠、瓦解"。从英文角度理解可以让我们更好地记忆。

举例

```
<!DOCTYPE html>
<html>
<head>
    <meta charset="utf-8" />
    <title></title>
    <style type="text/css">
        table,th,td{border:1px solid silver;}
        table{border-collapse: collapse;}
    </style>
</head>
<body>
    <table>
        <caption>表格标题</caption>
        <!-- 表头 -->
        <thead>
            <tr>
                <th>表头单元格 1</th>
                <th>表头单元格 2</th>
            </tr>
        </thead>
        <!-- 表身 -->
        <tbody>
            <tr>
                <td>表行单元格 1</td>
                <td>表行单元格 2</td>
            </tr>
            <tr>
                <td>表行单元格 3</td>
                <td>表行单元格 4</td>
            </tr>
        </tbody>
        <!-- 表脚 -->
        <tfoot>
            <tr>
                <td>表行单元格 5</td>
```

```html
                <td>表行单元格 6</td>
            </tr>
        </tfoot>
    </table>
</body>
</html>
```

浏览器预览效果如图 17-2 所示。

图17-2 表格边框合并

分析

border-collapse 属性也是在 table 元素中定义的。

17.3 表格边框间距（border-spacing）

上一节介绍了如何去除表格边框间距，但是在实际开发中，有时候我们却需要定义一下表格边框的间距，这又该怎么实现呢？

在 CSS 中，我们可以使用 border-spacing 属性来定义表格边框间距。

语法

```
border-spacing: 像素值;
```

举例

```html
<!DOCTYPE html>
<html>
<head>
    <meta charset="utf-8" />
    <title></title>
    <style type="text/css">
        table,th,td{border:1px solid silver;}
        table{border-spacing: 8px;}
    </style>
</head>
<body>
    <table>
        <caption>表格标题</caption>
        <!-- 表头 -->
        <thead>
            <tr>
                <th>表头单元格 1</th>
                <th>表头单元格 2</th>
            </tr>
        </thead>
```

```html
            <!-- 表身 -->
            <tbody>
                <tr>
                    <td>表行单元格 1</td>
                    <td>表行单元格 2</td>
                </tr>
                <tr>
                    <td>表行单元格 3</td>
                    <td>表行单元格 4</td>
                </tr>
            </tbody>
            <!-- 表脚 -->
            <tfoot>
                <tr>
                    <td>表行单元格 5</td>
                    <td>表行单元格 6</td>
                </tr>
            </tfoot>
        </table>
    </body>
</html>
```

浏览器预览效果如图 17-3 所示。

图17-3 表格边框间距

分析

border-spacing 属性也是在 table 元素中定义的。

17.4 练习题

单选题

1. CSS 可以使用（　　）属性来合并表格边框。
   A. border-width   B. border-style
   B. border-collapse   D. border-spacing
2. 下面有关表格样式，说法不正确的是（　　）。
   A. border-collapse 只限用于表格，不能用于其他元素
   B. caption-side、border-collapse、border-spacing 这三个一般在 table 元素中设置
   C. 可以使用 border-collapse: separate; 来将表格边框合并
   D. 如果要为表格添加边框，我们一般需要同时设置 table、tr、td

第18章 图片样式

18.1 图片大小

在前面的学习中,我们接触了 width 和 height 这两个属性。其中 width 属性用于定义元素的宽度,height 属性用于定义元素的高度。

在 CSS 中,我们也是使用 width 和 height 这两个属性来定义图片的大小(也就是宽度和高度)。

语法

```
width:像素值;
height:像素值;
```

说明

图 18-1 所示为一张 100px×100px 的 gif 图片,然后我们尝试使用 width 和 height 属性来改变其大小。

图18-1 100px×100px的gif图片

18.2 图片边框

举例

```
<!DOCTYPE html>
<html>
<head>
    <meta charset="utf-8" />
    <title></title>
    <style type="text/css">
        img
        {
            width:60px;
            height:60px;
        }
    </style>
</head>
<body>
    <img src="img/girl.gif" alt="卡通女孩" />
</body>
</html>
```

浏览器预览效果如图 18-2 所示。

图18-2　改变图片大小

分析

在实际开发中，需要使用多大的图片，就用 Photoshop 制作多大的图片。不建议使用一张大图片，然后再借助 width 和 height 来改变大小。因为一张大图片体积更大，会使页面加载速度变慢。这是性能优化方面的考虑，以后我们会慢慢接触。

18.2 图片边框

在"第 15 章 边框样式"中我们已经详细介绍了 border 属性。对于图片的边框，我们也是使用 border 属性来定义的。

语法

```
border:1px solid red;
```

说明

对于边框样式，在实际开发中都是使用简写形式。

举例

```
<!DOCTYPE html>
<html>
<head>
    <meta charset="utf-8" />
    <title></title>
    <style type="text/css">
        img
        {
            widht:60px;
            height:60px;
            border:1px solid red;
```

```
            }
        </style>
    </head>
    <body>
        <img src="img/girl.gif" alt="卡通女孩" />
    </body>
</html>
```

浏览器预览效果如图 18-3 所示。

图18-3　图片边框效果

18.3　图片对齐

18.3.1　水平对齐

在 CSS 中，我们可以使用 text-align 属性来定义图片水平对齐方式。

语法

```
text-align: 取值;
```

说明

text-align 属性取值如表 18-1 所示。

表 18-1　　　　　　　　　　text-align 属性取值

属　性　值	说　　明
left	左对齐（默认值）
center	居中对齐
right	右对齐

text-align 属性一般只用于两个地方：文本水平对齐和图片水平对齐。

举例

```
<!DOCTYPE html>
<html>
<head>
    <meta charset="utf-8" />
    <title></title>
    <style type="text/css">
        div
        {
            width:300px;
            height:80px;
            border:1px solid silver;
```

```
            }
            .div1{text-align:left;}
            .div2{text-align:center;}
            .div3{text-align:right;}
             img{width:60px;height:60px;}
        </style>
    </head>
    <body>
        <div class="div1">
            <img src="img/girl.gif" alt=""/>
        </div>
        <div class="div2">
            <img src=" img/girl.gif" alt=""/>
        </div>
        <div class="div3">
            <img src=" img/girl.gif" alt=""/>
        </div>
    </body>
</html>
```

浏览器预览效果如图 18-4 所示。

分析

很多人以为图片的水平对齐是在 img 元素中定义，其实这是错误的。图片是在父元素中进行水平对齐，因此我们当然是在图片的父元素中定义啦。

在这个例子中，img 的父元素是 div，因此想要实现图片的水平对齐，就应该在 div 中定义 text-align 属性。

图18-4　图片水平对齐

18.3.2　垂直对齐

在 CSS 中，我们可以使用 vertical-align 来定义图片的垂直对齐方式。

语法

```
vertical-align: 取值;
```

说明

vertical 指的是"垂直的"，align 指的是"使排整齐"。学习 CSS 属性跟学习 HTML 标签一样，根据英文意思去理解和记忆往往事半功倍。

其中，vertical-align 属性取值如表 18-2 所示。

表 18-2　　　　　　　　　　　vertical-align 属性取值

属　性　值	说　　明
top	顶部对齐
middle	中部对齐
baseline	基线对齐
bottom	底部对齐

举例

```
<!DOCTYPE html>
<html>
<head>
    <meta charset="utf-8" />
    <title></title>
    <style type="text/css">
        img{width:60px;height:60px;}
        #img1{vertical-align:top;}
        #img2{vertical-align:middle;}
        #img3{vertical-align:bottom;}
        #img4{vertical-align:baseline;}
    </style>
</head>
<body>
    绿叶学习网<img id="img1" src="img/girl.gif" alt=""/>绿叶学习网(top)
    <hr/>
    绿叶学习网<img id="img2" src="img/girl.gif" alt=""/>绿叶学习网(middle)
    <hr/>
    绿叶学习网<img id="img3" src="img/girl.gif" alt=""/>绿叶学习网(bottom)
    <hr/>
    绿叶学习网<img id="img4" src="img/girl.gif" alt=""/>绿叶学习网(baseline)
</body>
</html>
```

浏览器预览效果如图 18-5 所示。

图18-5　不同的vertical-align效果

分析

我们仔细观察会发现，vertical-align:baseline 和 vertical-align:bottom 是有区别的。

举例

```
<!DOCTYPE html>
<html>
<head>
    <meta charset="utf-8" />
```

```html
        <title></title>
        <style type="text/css">
            div
            {
                width:100px;
                height:80px;
                border:1px solid silver;
            }
            .div1{vertical-align:top;}
            .div2{vertical-align:middle;}
            .div3{vertical-align:bottom;}
            .div4{vertical-align:baseline;}
            img{width:60px;height:60px;}
        </style>
    </head>
    <body>
        <div class="div1">
            <img src="img/girl.gif" alt=""/>
        </div>
        <div class="div2">
            <img src="img/girl.gif" alt=""/>
        </div>
        <div class="div3">
            <img src="img/girl.gif" alt=""/>
        </div>
        <div class="div4">
            <img src="img/girl.gif" alt=""/>
        </div>
    </body>
</html>
```

浏览器预览效果如图 18-6 所示。

分析

咦，怎么回事？为什么图片没有垂直对齐呢？其实，大家误解了 vertical-align 这个属性。W3C（Web 标准制定者）对 vertical-align 属性的定义是极其复杂的，其中有一项是，vertical-align 属性定义周围的行内元素或文本相对于该元素的垂直方式。

毫不夸张地说，vertical-align 是 CSS 中最复杂的一个属性。在初学 CSS 阶段，我们简单看一下就行，如果这里展开介绍，相信小伙伴们头都晕。为了让小伙伴们有一个循序渐进的学习过程，我在《Web 前端开发精品课——HTML 与 CSS 进阶教程》中再详细介绍。

图18-6　图片无法实现垂直居中

18.4 文字环绕——初识float

在网页布局中,常常需要图文混排的效果。所谓的图文混排,指的是文字环绕着图片进行布局。文字环绕图片的方式在实际页面中的应用非常广泛,如果再配合内容、背景等多种手段,则可以实现各种绚丽的效果。

在 CSS 中,我们可以使用 float 属性来实现文字环绕图片的效果。

语法

```
float:取值;
```

说明

float 属性只有两个,非常简单,如表 18-3 所示。

表 18-3　　　　　　　　　　　　　　float 属性取值

属 性 值	说　　明
left	元素向左浮动
right	元素向右浮动

举例

```html
<!DOCTYPE html>
<html>
<head>
    <meta charset="utf-8" />
    <title></title>
    <style type="text/css">
        img{float:left;}
        p{
            font-family:" 微软雅黑 ";
            font-size:12px;
        }
    </style>
</head>
<body>
    <img src="img/lotus.png" alt=""/>
    <p> 水陆草木之花,可爱者甚蕃。晋陶渊明独爱菊。自李唐来,世人甚爱牡丹。予独爱莲之出淤泥而不染,濯清涟而不妖,中通外直,不蔓不枝,香远益清,亭亭净植,可远观而不可亵玩焉。予谓菊,花之隐逸者也;牡丹,花之富贵者也;莲,花之君子者也。噫!菊之爱,陶后鲜有闻;莲之爱,同予者何人?牡丹之爱,宜乎众矣。</p>
</body>
</html>
```

浏览器预览效果如图 18-7 所示。

图18-7　左环绕float:left效果

分析

在这个例子中，当我们把 float:left; 改为 float:right; 后，此时预览效果如图 18-8 所示。

图18-8　右环绕float:right效果

18.5 练习题

单选题

1. CSS 可以使用（　　）属性来实现图片水平居中。
   A. text-indent　　　　　　　　B. text-align
   C. vertical-align　　　　　　　D. float
2. 下面有关图片样式，说法正确的是（　　）。
   A. 由于 img 元素不是块元素，因此设置 width 和 height 无效
   B. 可以使用 vertical-align 属性来实现图片在 div 元素中垂直居中
   C. text-align:center 不仅能实现图片水平居中，也能实现文本水平居中
   D. 可以使用 text-align 实现文字环绕图片的效果

第 19 章 背景样式

19.1 背景样式简介

在 CSS 中，背景样式包括两个方面：背景颜色和背景图片。在 Web1.0 时代，都是使用 background 或者 bgcolor 这两个 HTML 属性（不是 CSS 属性）来为元素定义背景颜色或背景图片。不过在 Web2.0 时代，对于元素的背景样式，我们都是使用 CSS 属性来实现。

在 CSS 中，定义"背景颜色"使用的是 background-color 属性，而定义"背景图片"则比较复杂，往往涉及以下属性。

表 19-1　　　　　　　　　　背景图片样式属性

属　　性	说　　明
background-image	定义背景图片地址
background-repeat	定义背景图片重复，例如横向重复、纵向重复
background-position	定义背景图片位置
background-attachment	定义背景图片固定

19.2 背景颜色（background-color）

在 CSS 中，我们可以使用 background-color 属性来定义元素的背景颜色。

19.2 背景颜色（background-color）

语法

```
background-color:颜色值;
```

说明

颜色值有两种：一种是"关键字"；另外一种是"16进制RGB值"。其中关键字指的是颜色的英文名称，如red、green、blue等。而16进制RGB值指的是类似"#FBE9D0"形式的值。除了这两种，其实还有RGBA、HSL等，不过那些我们暂时不用去了解。

举例 两种颜色取值

```
<!DOCTYPE html>
<html>
<head>
    <meta charset="utf-8" />
    <title></title>
    <style type="text/css">
        div
        {
            width:100px;
            height:60px;
        }
        #div1{background-color: hotpink}
        #div2{background-color: #87CEFA;}
    </style>
</head>
<body>
    <div id="div1">背景颜色为：hotpink</div>
    <div id="div2">背景颜色为：#87CEFA</div>
</body>
</html>
```

浏览器预览效果如图19-1所示。

分析

第一个div背景颜色为关键字，取值为"hotpink"；第二个div背景颜色为16进制RGB值，取值为"#87CEFA"。

图19-1 两种颜色值效果

举例 color 与 background-color

```
<!DOCTYPE html>
<html>
<head>
    <meta charset="utf-8" />
    <title></title>
    <style type="text/css">
        p
        {
            color:white;
            background-color: hotpink;
        }
    </style>
</head>
<body>
    <p>
        p元素文本颜色为white<br/>
```

165

```
        p元素背景颜色为hotpink
    </p>
</body>
</html>
```

浏览器预览效果如图 19-2 所示。

分析

color 属性用于定义"文本颜色",而 background-color 属性用于定义"背景颜色",这两个我们要区分好了。

图19-2 color与background-color效果

19.3　背景图片样式(background-image)

在 CSS 中,我们可以使用 background-image 属性来为元素定义背景图片。

语法

```
background-image:url(图片路径);
```

说明

跟引入图片(即 img 标签)一样,引入背景图片也需要给出图片路径才可以显示。

举例

```
<!DOCTYPE html>
<html>
<head>
    <meta charset="utf-8" />
    <title></title>
    <style type="text/css">
        div{background-image: url(img/haizei.png);}
    </style>
</head>
<body>
    <div></div>
</body>
</html>
```

浏览器预览效果如图 19-3 所示。

分析

怎么回事,为什么背景图片没有显示出来呢?这是因为我们没有给 div 元素定义 width 和 height,此时 div 元素的宽度和高度都为 0,那背景图片肯定不会显示啊!

我们需要为 div 元素添加 width 和 height,代码如下:

图19-3　图片无法显示

```
div
{
    width:250px;
    height:170px;
    background-image: url(img/haizei.png);
}
```

19.4 背景图片重复（background-repeat）

其中 width 和 height 与图片实际宽度和高度相等，此时在浏览器预览效果如图 19-4 所示。

图19-4　图片显示

背景图片跟图片是不一样的，背景图片是使用 CSS 来实现，而图片是使用 HTML 来实现。两者的使用场合也不一样，大多数情况下都是使用图片来实现，不过某些场合无法使用图片时我们再考虑背景图片形式。

19.4 背景图片重复（background-repeat）

在 CSS 中，我们可以使用 background-repeat 属性来定义背景图片的重复方式。

语法

```
background-repeat:取值;
```

说明

background-repeat 属性取值如表 19-2 所示。

表 19-2　background-repeat 属性取值

属 性 值	说　　明
repeat	在水平方向和垂直方向上同时平铺（默认值）
repeat-x	只在水平方向（x 轴）上平铺
repeat-y	只在垂直方向（y 轴）上平铺
no-repeat	不平铺

下面先来看一个例子：我们有一张 25px×25px 的小图片（如图 19-5 所示），然后通过三个 div 来设置不同的 background-repeat 属性取值，看看实际效果如何。

图19-5　25px×25px的小图片

举例

```
<!DOCTYPE html>
<html>
<head>
    <meta charset="utf-8" />
    <title></title>
```

```
        <style type="text/css">
            div
            {
                width:200px;
                height:100px;
                border: 1px solid silver;
                background-image: url(img/flower.png);
            }
            #div2{background-repeat: repeat-x}
            #div3{background-repeat: repeat-y}
            #div4{background-repeat: no-repeat}
        </style>
    </head>
    <body>
        <div id="div1"></div>
        <div id="div2"></div>
        <div id="div3"></div>
        <div id="div4"></div>
    </body>
</html>
```

浏览器预览效果如图 19-6 所示。

图19-6 background-repeat效果

分析

在这个例子中，第一个 div 元素由于没有定义 background-repeat 属性值，因此会采用默认值 repeat。

此外还需要注意一点，元素的宽度和高度必须大于背景图片的宽度和高度，才会有重复效果。这个道理，小伙伴们稍微想一下就明白了。

19.5 背景图片位置（background-position）

在 CSS 中，我们可以使用 background-position 属性来定义背景图片的位置。

语法

```
background-position:像素值/关键字;
```

说明

background-position 属性常用取值有两种：一种是"像素值"，另外一种是"关键字"（这里不考虑百分比取值）。

19.5.1 像素值

当 background-position 属性取值为"像素值"时，要同时设置水平方向和垂直方向的数值。例如"background-position:12px 24px;"表示背景图片与该元素左上角的水平方向距离为 12px，垂直方向距离为 24px。

语法

```
background-position:水平距离 垂直距离;
```

说明

水平距离和垂直距离这两个数值之间要用空格隔开，两者取值都是像素值。

举例

```
<!DOCTYPE html>
<html>
<head>
    <meta charset="utf-8" />
    <title></title>
    <style type="text/css">
        div
        {
            width:300px;
            height:200px;
            border:1px solid silver;
            background-image:url(img/judy.png);
            background-repeat:no-repeat;
            background-position:40px 20px;
        }
    </style>
</head>
<body>
    <div></div>
</body>
</html>
```

浏览器预览效果如图 19-7 所示。

图 19-7　取值为"像素值"

分析

background-position 属性设置的两个值是相对该元素的左上角来说的,我们从上图就可以很直观看出来。

19.5.2　关键字

当 background-position 属性取值为"关键字"时,也要同时设置水平方向和垂直方向的值,只不过这两个值使用关键字来代替而已。

语法

```
background-position:水平距离 垂直距离;
```

说明

background-position 属性的关键字取值如表 19-3 所示。

表 19-3　　　　　　　　　　background-position 关键字取值

属 性 值	说　　明
top left	左上
top center	靠上居中
top right	右上
left center	靠左居中
center center	正中
right center	靠右居中
bottom left	左下
bottom center	靠下居中
bottom right	右下

19.5 背景图片位置（background-position）

top left	top center	top right
left center	center center	right center
bottom left	bottom center	bottom right

图19-8 关键字示意图

举例

```html
<!DOCTYPE html>
<html>
<head>
    <meta charset="utf-8" />
    <title></title>
    <style type="text/css">
        div
        {
            width:300px;
            height:200px;
            border:1px solid silver;
            background-image:url(img/judy.png);
            background-repeat:no-repeat;
            background-position:center right;
        }
    </style>
</head>
<body>
    <div></div>
</body>
</html>
```

浏览器预览效果如图 19-9 所示。

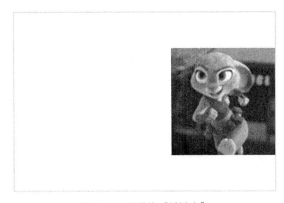

图19-9 取值为"关键字"

分析

background-position:right center; 中 right center 表示相对于左上角，水平方向在右边

171

（right），垂直方向在中间（center）。

在实际开发中，background-position 一般用于实现 CSS Spirit（精灵图片）。对于 CSS Spirit 技术，我会在《Web 前端开发精品课——HTML 与 CSS 进阶教程》中介绍。

19.6 背景图片固定（background-attachment）

在 CSS 中，我们可以使用 background-attachment 属性来定义背景图片是随元素一起滚动还是固定不动。

语法

```
background-attachment: 取值;
```

说明

background-attachment 属性取值如表 19-4 所示。

表 19-4　　　　　　　　background-attachment 属性取值

属 性 值	说　　明
scroll	随元素一起滚动（默认值）
fixed	固定不动

举例

```
<!DOCTYPE html>
<html>
<head>
    <meta charset="utf-8" />
    <title></title>
    <style type="text/css">
        div
        {
            width:160px;
            height:1200px;
            border:1px solid silver;
            background-image:url(img/judy.png);
            background-repeat:no-repeat;
            background-attachment:fixed;
        }
    </style>
</head>
<body>
    <div></div>
</body>
</html>
```

浏览器预览效果如图 19-10 所示。

图19-10　背景固定

分析

我们在本地浏览器中拖动右边的滚动条会发现，背景图片在页面中固定不动了。如果把 background-attachment:fixed; 这一句去掉，背景图片就会随着元素一起滚动。

在实际开发中，background-attachment 这个属性几乎用不上，这里看一下就行。

19.7　练习题

单选题

1. CSS 可以使用（　　）属性来设置文本颜色。
    A. color
    B. background-color
    C. text-color
    D. font-color
2. 下面有关背景样式，说法不正确的是（　　）。
    A. 默认情况下，背景图片是不平铺的
    B. color 设置的是文本颜色，background-color 设置的是背景颜色
    C. CSS Spirit 技术是借助 background-position 属性来实现的
    D. 我们可以使用 background-repeat:repeat-x; 来实现背景图片在 x 轴方向平铺

编程题

请将图 19-11 所示的图片当成背景图，要求铺满整个页面，不允许有空隙。

图19-11　背景图

第20章 超链接样式

20.1 超链接伪类

在浏览器中，超链接的外观如图 20-1 所示。我们可以看出，超链接在鼠标点击不同时期的样式是不一样的。

- 默认情况下：字体为蓝色，带有下划线。
- 鼠标点击时：字体为红色，带有下划线。
- 鼠标点击后：字体为紫色，带有下划线。

鼠标点击时，指的是点击超链接的那一瞬间。也就是说，字体变为红色也就是一瞬间的事情。小伙伴们最好在本地编辑器中自己测试一下。

<u>默认情况下</u>
<u>鼠标点击时</u>
<u>鼠标点击后</u>

图20-1 超链接外观

20.1.1 超链接伪类简介

在 CSS 中，我们可以使用"超链接伪类"来定义超链接在鼠标点击的不同时期的样式。

语法

```
a:link{…}
a:visited{…}
a:hover{…}
a:active{…}
```

说明

表 20-1　　　　　　　　　　　　　　超链接伪类

伪　　类	说　　明
a:link	定义 a 元素未访问时的样式
a:visited	定义 a 元素访问后的样式
a:hover	定义鼠标经过 a 元素时的样式
a:active	定义鼠标点击激活时的样式

定义这四个伪类，必须按照 link、visited、hover、active 的顺序进行，不然浏览器可能无法正常显示这四种样式。请记住，这四种样式定义顺序不能改变。

小伙伴们可能觉得很难把这个顺序记住。不用担心，这里有一个挺好的记忆方法："LoVe HAte"。看到了么？我们把这个顺序规则称之为"爱恨原则"，以后大家回忆一下"爱恨原则"，自然就写出来了。

举例

```
<!DOCTYPE html>
<html>
<head>
    <meta charset="utf-8" />
    <title> </title>
    <style type="text/css">
        a{text-decoration:none;}
        a:link{color:red;}
        a:visited{color:purple;}
        a:hover{color:yellow;}
        a:active{color:blue;}
    </style>
</head>
<body>
    <a href="http://www.lvyestudy.com" target="_blank">绿叶学习网 </a>
</body>
</html>
```

浏览器预览效果如图 20-2 所示。

分析

a{text-decoration:none;} 表示去掉超链接默认样式中的下划线，这个技巧我们在前面的章节中已经介绍过了。

大家最好在本地编辑器中测试一下，这样才会对超链接伪类定义的效果有一个直观的感觉。

图20-2　超链接伪类

20.1.2　深入了解超链接伪类

大家可能会问：是不是每一个超链接都必须要定义四种状态下的样式呢？当然不是！在实际开发中，我们只会用到两种状态：未访问时状态和鼠标经过状态。

语法

```
a{…}
a:hover{…}
```

说明

对于未访问时状态，我们直接针对 a 元素定义就行了，没必要使用 a:link。

举例

```
<!DOCTYPE html>
<html>
<head>
    <meta charset="utf-8" />
    <title> </title>
    <style type="text/css">
        a
        {
            color:red;
            text-decoration: none;
        }
        a:hover
        {
            color:blue;
            text-decoration:underline;
        }
    </style>
</head>
<body>
    <div>
        <a href="http://www.lvye.com" target="_blank">绿叶学习网</a>
    </div>
</body>
</html>
```

浏览器预览效果如图 20-3 所示，鼠标经过时样式如图 20-4 所示。

图20-3　未访问状态样式　　　　　　图20-4　鼠标经过时样式

分析

事实上，对于超链接伪类来说，我们只需要记住 a:hover 这一个就够了，因为在实际开发中也只会用到这一个。

疑问

为什么我的浏览器中的超链接是紫色的呢？用 color 属性重新定义也无效，这是怎么回事？

如果某一个地址的超链接在之前被点击过，浏览器就会记下你的访问记录。那么下次你再用这个地址作为超链接地址时，由于之前你已经访问过了，当然就是紫色的啦。这时换一个地址就可以了。

20.2 深入了解:hover

不仅是初学者，甚至包括接触 CSS 很久的小伙伴都会以为 :hover 伪类只限用于 a 元素，都觉得它唯一的作用就是定义鼠标经过超链接时的样式。

要是你这样想，那就埋没了一个功能非常强大的 CSS 技巧了。事实上，:hover 伪类可以定义任何一个元素在鼠标经过时的样式！注意，是任何元素喔。

语法

```
元素:hover{…}
```

举例 :hover 用于 div

```html
<!DOCTYPE html>
<html>
<head>
    <meta charset="utf-8" />
    <title></title>
    <style type="text/css">
        div
        {
            width:100px;
            height:30px;
            line-height:30px;
            text-align:center;
            color:white;
            background-color: lightskyblue;
        }
        div:hover
        {
            background-color: hotpink;
        }
    </style>
</head>
<body>
    <div>绿叶学习网</div>
</body>
</html>
```

浏览器预览效果如图 20-5 所示，鼠标经过时的效果如图 20-6 所示。

图20-5　div未访问时样式　　　图20-6　div鼠标经过时样式

分析

在这个例子中，我们使用 :hover 为 div 元素定义鼠标经过时就改变背景色。

举例 :hover 用于 img 元素

```
<!DOCTYPE html>
<html>
<head>
    <meta charset="utf-8" />
    <title></title>
    <style type="text/css">
        img:hover
        {
            border:2px solid red;
        }
    </style>
</head>
<body>
    <img src="img/girl.gif" alt="">
</html>
```

浏览器预览效果如图 20-7 所示，鼠标经过时效果如图 20-8 所示。

图20-7　img鼠标未访问时样式　　　图20-8　img鼠标经过时样式

分析

在这个例子中，我们使用 :hover 为 img 元素定义鼠标经过时就为其添加一个边框。
:hover 伪类应用非常广泛，任何一个网站都会大量用到它，我们要好好掌握。

20.3　鼠标样式

在 CSS 中，对于鼠标样式的定义，我们有两种方式：浏览器鼠标样式和自定义鼠标样式。

20.3.1　浏览器鼠标样式

在 CSS 中，我们可以使用 cursor 属性来定义鼠标样式。

语法

```
cursor:取值;
```

说明

cursor 属性取值如下表所示。估计小伙伴们都惊呆了：这么多属性值，怎么记得住啊？其实大家不用担心，在实际开发中我们一般只会用到 default、pointer、text 这三个，其他的很少使用，所以就不需要去了解了。

20.3 鼠标样式

表 20-2　　　　　　　　　　　　浏览器鼠标样式

属性值	外观
default（默认值）	↖
pointer	☝
text	I
crosshair	+
wait	○
help	↖?
move	✥
e-resize 或 w-resize	⇔
ne-resize 或 sw-resize	⤢
nw-resize 或 se-resize	⤡
n-resize 或 s-resize	↕

举例

```
<!DOCTYPE html>
<html>
<head>
    <meta charset="utf-8" />
    <style type="text/css">
        div
        {
            width:100px;
            height:30px;
            line-height:30px;
            text-align:center;
            background-color: hotpink;
            color:white;
            font-size:14px;
        }
        #div_default{cursor:default;}
        #div_pointer{cursor:pointer;}
    </style>
</head>
<body>
    <div id="div_default">鼠标默认样式 </div>
    <div id="div_pointer">鼠标手状样式 </div>
</body>
</html>
```

浏览器预览效果如图 20-9 所示。

图20-9　浏览器鼠标样式

20.3.2　自定义鼠标样式

除了使用浏览器自带的鼠标样式，我们还可以使用 cursor 属性来自定义鼠标样式，只不过语法稍微有点不一样。

语法

```
cursor:url(图片地址),属性值;
```

说明

这个"图片地址"是鼠标图片地址，其中鼠标图片后缀名一般都是 .cur，我们可以使用 Photoshop 来制作，小伙伴们可以自行搜索一下制作方法。而这个"属性值"一般为 default、pointer、text 这三种。

举例

```
<!DOCTYPE html>
<html>
<head>
    <meta charset="utf-8" />
    <style type="text/css">
        div
        {
            width:100px;
            height:30px;
            line-height:30px;
            text-align:center;
            background-color: hotpink;
            color:white;
            font-size:14px;
        }
        #div_default{cursor:url(img/cursor/default.cur),default;}
        #div_pointer{cursor:url(img/cursor/pointer.cur),pointer;}
    </style>
</head>
<body>
    <div id="div_default">鼠标默认样式</div>
    <div id="div_pointer">鼠标手状样式</div>
</body>
</html>
```

浏览器预览效果如图 20-10 所示。

图20-10 自定义鼠标样式

分析

使用自定义鼠标样式可以打造更有个性的个人网站，不仅美观大方，也能更好地匹配网站的风格。

20.4 练习题

单选题

1. 下面哪一个伪类选择器是用于定义鼠标经过元素时样式的？（　　）
   A. :link   B. :visited
   C. :hover   D. :active
2. 在实际开发中，如果想要定义超链接未访问时的样式，可以使用（　　）。
   A. a{}   B. a:visited{}
   C. a:hover{}   D. a:active{}
3. 我们可以使用（　　）来实现鼠标悬停在超链接上时为无下划线效果。
   A. a{text-decoration:underline;}
   B. a{text-decoration:none;}
   C. a:link{text-decoration:underline;}
   D. a:hover{text-decoration:none;}
4. 下面有关超链接样式说法中，正确的是（　　）。
   A. 对于超链接的下划线，我们可以使用 text-decoration:none; 去掉
   B. cursor 属性自定义鼠标样式时，使用的图片文件后缀名可以是 .png
   C. :hover 伪类只能用于 a 元素，不能用于其他元素
   D. 对于超链接来说，在实际开发中我们一般只会定义两种状态：鼠标经过状态和点击后状态

编程题

在网页中添加一段文本链接，并且设置其在不同的状态下显示不同的效果。要求：未访问时，没有下划线，颜色为红色；鼠标经过时：有下划线，颜色为蓝色。

第 21 章 盒子模型

21.1 CSS盒子模型

在 HTML 中，我们学习了一个很重要的理论：**块元素和行内元素**。在这一节中，我们介绍 CSS 中极其重要的一个理论：**CSS 盒子模型**。

在 CSS 盒子模型理论中，页面中的所有元素都可以看成一个盒子，并且占据着一定的页面空间。图 21-1 所示为一个 CSS 盒子模型的具体结构。

图21-1　CSS盒子模型

一个页面由很多这样的盒子组成，这些盒子之间会互相影响，因此掌握盒子模型需要从两个方面来理解：一是理解单独一个盒子的内部结构（往往是 padding），二是理解多个盒子之间的相互关系（往往是 margin）。

每个元素都看成一个盒子，盒子模型是由 content（内容）、padding（内边距）、margin（外边距）和 border（边框）这四个属性组成的。此外，在盒子模型中，还有宽度 width 和高度 height 两大辅助性属性。**记住，所有的元素都可以视为一个盒子。**

从上面我们可以知道，盒子模型的组成部分有四个，如表 21-1 所示。

表 21-1　　　　　　　　　　CSS 盒子模型的组成部分

属　　性	说　　明
content	内容，可以是文本或图片
padding	内边距，用于定义内容与边框之间的距离
margin	外边距，用于定义当前元素与其他元素之间的距离
border	边框，用于定义元素的边框

1. 内容区

内容区是 CSS 盒子模型的中心，它呈现了盒子的主要信息内容，这些内容可以是文本、图片等多种类型。内容区是盒子模型必备的组成部分，其他的三部分都是可选的。

内容区有三个属性：width、height 和 overflow。使用 width 和 height 属性可以指定盒子内容区的高度和宽度。在这里注意一点，width 和 height 这两个属性是针对内容区 content 而言的，并不包括 padding 部分。

当内容过多超出 width 和 height 时，可以使用 overflow 属性来指定溢出处理方法。

2. 内边距

内边距，指的是内容区和边框之间的空间，可以看成是内容区的背景区域。

关于内边距的属性有五种，即 padding-top、padding-bottom、padding-left、padding-right 以及综合了以上四个方向的简写内边距属性 padding。使用这五种属性可以指定内容区与各方向边框之间的距离。

3. 外边距

外边距，指的是两个盒子之间的距离，它可能是子元素与父元素之间的距离，也可能是兄弟元素之间的距离。外边距使得元素之间不必紧凑地连接在一起，是 CSS 布局的一个重要手段。

外边距的属性也有五种，即 margin-top、margin-bottom、margin-left、margin-right 以及综合了以上四个方向的简写外边距属性 margin。

同时，CSS 允许给外边距属性指定负数值，当外边距为负值时，整个盒子将向指定负值的相反方向移动，以此可以产生盒子的重叠效果，这就是传说中的"负 margin 技术"。这个开发技巧我也将在《Web 前端开发精品课——HTML 与 CSS 进阶教程》中详细介绍。

4. 边框

在 CSS 盒子模型中，边框跟我们之前学过的边框是一样的。

边框属性有 border-width、border-style、border-color 以及综合了三类属性的简写边框属性 border。

其中，border-width 指定边框的宽度，border-style 指定边框类型，border-color 指定边框的颜色。

border-width:1px;border-style:solid;border-color:gray; 等价于 border:1px solid gray;。

内容区、内边距、边框、外边距这几个概念可能比较抽象，对于初学者来说，一时半会儿还没办法全部理解。不过没关系，待我们把这一章学习完再回来这里看一下就懂了。

举例

```
<!DOCTYPE html>
<html>
<head>
    <meta charset="utf-8" />
    <title></title>
    <style type="text/css">
        div
        {
            display:inline-block;    /*将块元素转换为inline-block元素*/
            padding:20px;
            margin:40px;
            border:2px solid red;
            background-color:#FFDEAD;
        }
    </style>
</head>
<body>
    <div>绿叶学习网</div>
</body>
</html>
```

浏览器预览效果如图 21-2 所示。

分析

在这个例子中，我们把 div 元素看成一个盒子，则"绿叶学习网"这几个字就是内容区（content），文字到边框的距离就是内边距（padding），而边框到其他元素的距离就是外边距（margin）。此外还有几点要说明一下的。

- padding是在元素内部，而margin是在元素外部。
- margin看起来不属于div元素的一部分，实际上div元素的盒子模型是包含margin的。

图21-2　CSS盒子模型实例

在这个例子中，display:inline-block;表示将元素转换为行内块元素（即 inline-block），其中 inline-block 元素的宽度是由内容区撑起来的。我们之所以在这个例子中将元素转换为 inline-block 元素，也是为了让元素的宽度由内容区撑起来，以便更好地观察。当然，inline-block 元素是非常复杂的，我在《Web 前端开发精品课——HTML 与 CSS 进阶教程》中会详细介绍。

21.2　宽和高（width和height）

从如图 21-3 所示的 CSS 盒子模型中我们可以看出，**元素的宽度（width）和高度（height）是针对内容区而言的**。很多初学的小伙伴容易把 padding 也认为是内容区的一部分，这是错误的。

21.2 宽和高（width和height）

图21-3　CSS盒子模型

语法

```
width:像素值;
height:像素值;
```

说明

只有块元素才可以设置 width 和 height，行内元素是无法设置 width 和 height 的（我们这里不考虑 inline-block 元素）。

举例

```
<!DOCTYPE html>
<html>
<head>
    <meta charset="utf-8" />
    <title></title>
    <style type="text/css">
        div,span
        {
            width:100px;
            height:50px;
        }
        div{border:1px solid red;}
        span{border:1px solid blue;}
    </style>
</head>
<body>
    <div></div>
    <span></span>
</body>
</html>
```

浏览器预览效果如图 21-4 所示。

图21-4　width和height

分析

div 是块元素，因此可以设置 width 和 height。span 是行内元素，因此不可以设置 width 和 height。

举例 块元素设置 width 和 height

```
<!DOCTYPE html>
<html>
<head>
    <meta charset="utf-8" />
    <title></title>
    <style type="text/css">
        #div1
        {
            width:100px;
            height:40px;
            border:1px solid red;
        }
        #div2
        {
            width:100px;
            height:80px;
            border:1px solid blue;
        }
    </style>
</head>
<body>
    <div id="div1">绿叶学习网</div>
    <div id="div2">绿叶学习网</div>
</body>
</html>
```

在浏览器预览效果如图 21-5 所示。

分析

通过这个例子可以很直观地看出来，块元素设置的 width 和 height 会生效。此外，要是没有给块元素设置 width，那么块元素就会延伸到整行，这一点相信大家都了解了。

图21-5 块元素设置width和height

举例 行内元素设置 width 和 height

```
<!DOCTYPE html>
<html>
<head>
    <meta charset="utf-8" />
    <title></title>
    <style type="text/css">
        #span1
        {
            width:100px;
            height:40px;
```

```
            border:1px solid red;
        }
        #span2
        {
            width:100px;
            height:80px;
            border:1px solid blue;
        }
    </style>
</head>
<body>
    <span id="span1">绿叶学习网</span>
    <span id="span2">绿叶学习网</span>
</body>
</html>
```

浏览器预览效果如图 21-6 所示。

分析

通过这个例子可以很直观地看出来，行内元素设置的 width 和 height 无法生效，它的宽度和高度只能由内容区撑起来。

图21-6　行内元素设置width和height

疑问

如果我们想要为行内元素（如 span 等）设置宽度和高度，那该怎么办呢？

在 CSS 中，我们可以使用 display 属性来将行内元素转换为块元素，也可以将块元素转换为行内元素。不过 display 属性比较复杂，我放到《Web 前端开发精品课——HTML 与 CSS 进阶教程》中介绍。

21.3　边框（border）

在"边框样式"这一章，我们已经深入学习了边框的属性。在实际开发中，我们只需要注意一点就行：对于 border 属性，更经常使用的是简写形式。

语法

```
border:1px solid red;
```

说明

第一个值指的是边框宽度（border-width），第二个值指的是边框外观（border-style），第三个值指的是边框颜色（border-color）。

举例

```
<!DOCTYPE html>
<html>
<head>
    <meta charset="utf-8" />
    <title></title>
    <style type="text/css">
        div
        {
```

```
            width:100px;
            height:80px;
            border: 2px dashed red;
        }
    </style>
</head>
<body>
    <div></div>
</body>
</html>
```

浏览器预览效果如图 21-7 所示。

图21-7　border

分析

在这个例子中，我们使用了边框的简写形式。

21.4　内边距（padding）

内边距（padding），又常常被称为"补白"，它指的是内容区到边框之间的那一部分。内边距都是在边框内部的。

图21-8　CSS盒子模型

21.4.1　padding局部样式

从 CSS 盒子模型中我们可以看出，内边距分为四个方向：padding-top、padding-right、padding-bottom 和 padding-left。

21.4　内边距（padding）

语法

```
padding-top:像素值;
padding-right:像素值;
padding-bottom:像素值;
padding-left:像素值;
```

举例

```
<!DOCTYPE html>
<html>
<head>
    <meta charset="utf-8" />
    <title></title>
    <style type="text/css">
        div
        {
            display:inline-block;    /*将块元素转换为inline-block元素*/
            padding-top:20px;
            padding-right:40px;
            padding-bottom:60px;
            padding-left:80px;
            border:2px solid red;
            background-color:#FFDEAD;
        }
    </style>
</head>
<body>
    <div>绿叶学习网</div>
</body>
</html>
```

浏览器预览效果如图 21-9 所示。

图21-9　padding局部样式

21.4.2　padding简写形式

跟 border 属性一样，padding 属性也有简写形式。在实际开发中，我们往往使用简写形式，因为这样开发效率更高。padding 写法有四种，不过常用只有三种，如下所示。

语法

```
padding:像素值;
padding:像素值1 像素值2;
padding:像素值1 像素值2 像素值3 像素值4;
```

说明

padding:20px; 表示四个方向的内边距都是 20px。

padding:20px 40px; 表示 padding-top 和 padding-bottom 为 20px，padding-right 和 padding-left 为 40px。

padding:20px 40px 60px 80px; 表示 padding-top 为 20px，padding-right 为 40px，padding-bottom 为 60px，padding-left 为 80px。大家按照顺时针方向记忆就可以了。

图21-10　padding简写形式

举例

```
<!DOCTYPE html>
<html>
<head>
    <meta charset="utf-8" />
    <title></title>
    <style type="text/css">
        div
        {
            display:inline-block;   /*将块元素转换为 inline-block 元素*/
            padding:40px 80px;
            margin:40px;
            border:2px solid red;
            background-color:#FFDEAD;
        }
    </style>
</head>
<body>
    <div>绿叶学习网</div>
</body>
</html>
```

浏览器预览效果如图 21-11 所示。

图21-11　实例

21.5 外边距(margin)

分析

如果你想要让文本在一个元素内部居中，可以使用 padding 来实现，就像这个例子一样。

21.5 外边距（margin）

外边距（margin），指的是边框到"父元素"或"兄弟元素"之间的那一部分。外边距是在元素边框的外部。

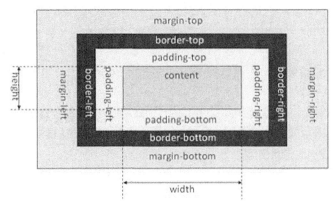

图21-12 CSS盒子模型

21.5.1 margin局部样式

从 CSS 盒子模型中我们可以看出，内边距分为四个方向：margin-top、margin-right、margin-bottom 和 margin-left。

语法

```
margin-top:像素值;
margin-right:像素值;
margin-bottom:像素值;
margin-left:像素值;
```

举例

```
<!DOCTYPE html>
<html>
<head>
    <meta charset="utf-8" />
    <title></title>
    <style type="text/css">
        div
        {
            display:inline-block;   /*将块元素转换为 inline-block 元素*/
            padding:20px;
            margin-top:20px;
            margin-right:40px;
            margin-bottom:60px;
```

```
            margin-left:80px;
            border:1px solid red;
            background-color:#FFDEAD;
        }
    </style>
</head>
<body>
    <div>绿叶学习网</div>
</body>
</html>
```

浏览器预览效果如图 21-13 所示。

分析

小伙伴们可能就会有疑问：为什么加不加 margin 的效果都一样呢？看不出有什么区别啊。

图21-13 margin局部样式

外边距指的是两个盒子之间的距离，它可能是子元素与父元素之间的距离，也可能是兄弟元素之间的距离。上面我们没有加入其他元素当参考对象，肯定看不出来啊。

举例 只有父元素，没有兄弟元素时

```
<!DOCTYPE html>
<html>
<head>
    <meta charset="utf-8" />
    <title></title>
    <style type="text/css">
        #father
        {
            display: inline-block;  /*将块元素转换为 inline-block 元素*/
            border:1px solid blue;
        }
        #son
        {
            display:inline-block;   /*将块元素转换为 inline-block 元素*/
            padding:20px;
            margin-top:20px;
            margin-right:40px;
            margin-bottom:60px;
            margin-left:80px;
            border:1px solid red;
            background-color:#FFDEAD;
        }
    </style>
</head>
<body>
    <div id="father">
        <div id="son">绿叶学习网</div>
    </div>
</body>
</html>
```

21.5 外边距(margin)

浏览器预览效果如图 21-14 所示。

图21-14 只有父元素,没有兄弟元素

分析

当只有父元素时,该元素设置的 margin 就是相对于父元素之间的距离。

举例 有兄弟元素时

```
<!DOCTYPE html>
<html>
<head>
    <meta charset="utf-8" />
    <title></title>
    <style type="text/css">
        #father
        {
            display: inline-block; /*将块元素转换为 inline-block 元素 */
            border:1px solid blue;
        }
        #son
        {
            display:inline-block;/*将块元素转换为 inline-block 元素 */
            padding:20px;
            margin-top:20px;
            margin-right:40px;
            margin-bottom:60px;
            margin-left:80px;
            border:1px solid red;
            background-color:#FFDEAD;
        }
        .brother
        {
            height:50px;
            background-color:lightskyblue;
        }
    </style>
</head>
<body>
    <div id="father">
        <div class="brother"></div>
        <div id="son">绿叶学习网 </div>
        <div class="brother"></div>
    </div>
</body>
</html>
```

浏览器预览效果如图 21-15 所示。

分析

当既有父元素，也有兄弟元素时，该元素会先看看四个方向有没有兄弟元素存在。如果该方向有兄弟元素，则这个方向的 margin 就是相对于兄弟元素而言。如果该方向没有兄弟元素，则这个方向的 margin 就是相对于父元素而言。

padding 和 margin 的区别在于：padding 体现的是元素的"内部结构"，而 margin 体现的是元素之间的相互关系。

图21-15　有兄弟元素

21.5.2　margin简写形式

跟 padding 一样，margin 也有简写形式。在实际开发中，我们往往使用简写形式，因为这样开发效率更高。其中 margin 常用写法也有三种，如下所示。

语法

```
margin:像素值；
margin:像素值1 像素值2；
margin 像素值1 像素值2 像素值3 像素值4；
```

说明

margin:20px; 表示四个方向的外边距都是 20px。

margin:20px 40px; 表示 margin-top 和 margin-bottom 为 20px，margin-right 和 margin-left 为 40px。

margin:20px 40px 60px 80px; 表示 margin-top 为 20px，margin-right 为 40px，margin-bottom 为 60px，margin-left 为 80px。大家按照顺时针方向记忆就可以了。

图21-16　margin简写形式

举例

```
<!DOCTYPE html>
<html>
<head>
    <meta charset="utf-8" />
```

21.5 外边距(margin)

```
    <title></title>
    <style type="text/css">
        div
        {
            display:inline-block; /*将块元素转换为inline-block元素*/
            padding:20px;
            margin:40px 80px;
            border:1px solid red;
            background-color:#FFDEAD;
        }
    </style>
</head>
<body>
    <div> 绿叶学习网 </div>
</body>
</html>
```

浏览器预览效果如图21-17所示。

图21-17　margin局部样式实例

21.5.3　浏览器审查元素

在实际开发中，为了更好地进行布局，我们需要获取某一个元素的盒子模型是怎样的，padding是多少，margin又是多少，然后再进行计算。那怎样才可以快速查看元素的盒子模型信息呢？我们可以通过浏览器自带功能"审查元素"来实现。

绝大多数主流浏览器操作是相似的，下面我们以Chrome浏览器为例说明一下。

① 将鼠标移到你想要的元素上面，然后按一下右键，从弹出菜单中选择"检查"（或者按快捷键Ctrl+Shift+I），如图21-18所示。

② 在弹出的控制台中，我们可以找到该元素的盒子模型，如图21-19所示。

图21-18　鼠标右键

图21-19　浏览器控制台

实际上浏览器提供的控制台功能非常强大，远不止这一个功能。使用浏览器控制台辅助开发，是前端开发必备的一项基础技能，小伙伴们可以自行搜索这方面的使用技巧，深入学习。由于篇幅有限，这里就不详细展开介绍了。

21.6　练习题

单选题

1. 下面哪个属性用于定义外边距？（　　）
   A. content　　　　　　　　　　　B. padding
   C. border　　　　　　　　　　　D. margin

2. 下面有关 CSS 盒子模型的说法中，正确的是（　　）。
   A. margin 不属于元素的一部分，因为它不在边框内部
   B. padding 又称为"补白"，指的是边框到"父元素"或"兄弟元素"之间的那一部分
   C. margin:20px 40px 60px 80px；表示 margin-top 为 20px，margin-left 为 40px，margin-bottom 为 60px，margin-right 为 80px
   D. width 和 height 只是针对内容区（content）而言的，不包括内边距（padding）

3. 如果一个 div 元素的上内边距和下内边距都是 20px，左内边距是 30px，右内边距是 40px，正确的写法是（　　）。
   A. padding:20px 40px 30px;　　　　B. padding:20px 40px 20px 30px;
   C. padding:20px 30px 40px;　　　　D. padding:40px 20px 30px 20px;

4. 对于 margin:20px 40px;，下面说法正确的是（　　）。
   A. margin-top 是 20px，margin-right 是 40px，margin-bottom 和 margin-left 都是 0
   B. margin-top 是 20px，margin-bottom 是 40px，margin-left 和 margin-right 都是 0
   C. margin-top 和 margin-bottom 都是 20px，margin-left 和 margin-right 都是 40px
   D. margin-top 和 margin-bottom 都是 40px，margin-left 和 margin-right 都是 20px

5. 默认情况下，（　　）元素设置 width 和 height 可以生效。
   A. div　　　　　　　　　　　　B. span
   C. strong　　　　　　　　　　　D. em

第22章 浮动布局

22.1 文档流简介

在学习浮动布局和定位布局之前,我们先来了解"正常文档流"和"脱离文档流"。深入了解这两个概念,是学习浮动布局和定位布局的理论前提。

22.1.1 正常文档流

什么叫"文档流"?简单来说,就是指元素在页面中出现的先后顺序。那什么叫"正常文档流"呢?

正常文档流,又称为"普通文档流"或"普通流",也就是W3C标准所说的"normal flow"。我们先来看一下正常文档流的简单定义:"正常文档流,将一个页面从上到下分为一行一行的,其中块元素独占一行,相邻行内元素在每一行中按照从左到右排列直到该行排满。"也就是说,正常文档流指的就是默认情况下页面元素的布局情况。

举例

```
<!DOCTYPE html>
<html>
<head>
    <meta charset="utf-8" />
    <title></title>
</head>
<body>
```

```
        <div></div>
        <span></span><span></span>
        <p></p>
        <span></span><i></i>
        <img />
        <hr />
    </body>
</html>
```

上面 HTML 代码的正常文档流如图 22-1 所示。

图22-1 正常文档流

图22-2 分析图

分析

由于 div、p、hr 都是块元素，因此独占一行。而 span、i、img 都是行内元素，因此如果两个行内元素相邻，就会位于同一行，并且从左到右排列。

22.1.2 脱离文档流

脱离文档流，指的是脱离正常文档流。正常文档流就是我们没有使用浮动或者定位去改变的默认情况下的 HTML 文档结构。换句话说，如果我们想要改变正常文档流，可以使用两种方法：浮动和定位。

举例

```
<!DOCTYPE html>
<html>
<head>
    <meta charset="utf-8" />
    <title></title>
</head>
    <style type="text/css">
        /*定义父元素样式*/
        #father
        {
            width:300px;
            background-color:#0C6A9D;
            border:1px solid silver;
```

```
        }
        /* 定义子元素样式 */
        #father div
        {
            padding:10px;
            margin:15px;
            border:2px dashed red;
            background-color:#FCD568;
        }
    </style>
</head>
<body>
    <div id="father">
        <div id="son1">box1</div>
        <div id="son2">box2</div>
        <div id="son3">box3</div>
    </div>
</body>
</html>
```

在浏览器预览效果如图 22-3 所示。

分析

上面定义了三个 div 元素。对于这个 HTML 来说，正常文档流指的就是从上到下依次显示这三个 div 元素。由于 div 是块元素，因此每个 div 元素独占一行。

1．设置浮动

当我们为第二、三个 div 元素设置左浮动时，在浏览器预览效果如图 22-4 所示。

图22-3　正常文档流效果

图22-4　浮动效果

正常文档流情况下，div 是块元素，会独占一行。但是由于设置了浮动，第二、三个 div 元素却是并列一行，并且跑到父元素之外，跟正常文档流不一样。也就是说，设置浮动使得元素脱离了正常文档流。

2．设置定位

当我们为第三个 div 元素设置绝对定位的时候，在浏览器预览效果如图 22-5 所示。

图22-5　定位效果

由于设置了定位，第三个 div 元素跑到父元素的上面去了。也就是说，设置了定位使得元素脱离了文档流。

对于浮动和定位，我们在接下来的两章就给大家详细介绍。

22.2 浮动

在"18.4 文字环绕——初识 float"这一节中，我们已经知道浮动（即 float 属性）是怎样一回事了。在传统的印刷布局中，文本可以按照实际需要来围绕图片（回想你看过的书的排版就知道了）。我们一般把这种方式称为"文本环绕"。在前端开发中，使用了浮动的页面元素其实就像在印刷布局里被文字包围的图片一样。这样比喻，就很好理解了。

浮动是 CSS 布局的最佳利器，我们可以通过浮动来灵活地定位页面元素，以达到布局网页的目的。例如我们可以通过设置 float 属性让元素向左浮动或者向右浮动，以便让周围的元素或文本环绕着这个元素。

语法

```
float:取值;
```

说明

float 属性取值只两 2 个，如表 22-1 所示。

表 22-1　　　　　　　　　　　　　　float 属性取值

属 性 值	说　　明
left	元素向左浮动
right	元素向右浮动

举例

```html
<!DOCTYPE html>
<html>
<head>
    <meta charset="utf-8" />
    <title></title>
    <style type="text/css">
        /*定义父元素样式*/
        #father
        {
            width:300px;
            background-color:#0C6A9D;
            border:1px solid silver;
        }
        /*定义子元素样式*/
        #father div
        {
            padding:10px;
            margin:15px;
        }
        #son1
```

```
                {
                    background-color:hotpink;
                    /*这里设置son1的浮动方式*/
                }
                #son2
                {
                    background-color:#FCD568;
                    /*这里设置son2的浮动方式*/
                }
        </style>
    </head>
    <body>
        <div id="father">
            <div id="son1">box1</div>
            <div id="son2">box2</div>
        </div>
    </body>
</html>
```

浏览器预览效果如图 22-6 所示。

分析

在这个代码中，定义了三个 div 块，一个是父块，另外两个是它的子块。为了便于观察，我们为每一个块都加上了背景颜色，并且在块与块之间加上了一定的外边距。

图22-6　没有设置浮动时的效果

从上图可以看出，如果两个子块都没有设置浮动，由于 div 是块元素，因此会各自向右延伸，并且自上而下排列。

1. 设置第一个div浮动

```
#son1
{
    background-color:hotpink;
    float:left;
}
```

浏览器预览效果如图 22-7 所示。

分析

由于 box1 设置为左浮动，box1 变成了浮动元素，因此此时 box1 的宽度不再延伸，而是由内容宽度决定其宽度。接着相邻的下一个 div 元素（box2）就会紧贴着 box1，这是浮动引起的效果。

图22-7　设置第一个div浮动

小伙伴们可以尝试在本地编辑器中，设置 box1 右浮动，然后看看实际效果如何?

2. 设置第二个div浮动

```
#son2
{
    background-color:#FCD568;
    float:left;
}
```

浏览器预览效果如图 22-8 所示。

分析

由于 box2 变成了浮动元素，因此 box2 也跟 box1 一样，宽度不再延伸，而是由内容确定宽度。如果 box2 后面还有其他元素，则其他元素也会紧贴着 box2。

图22-8　设置2个div浮动

细心的小伙伴估计看出来了，怎么父元素变成一条线了呢？其实这是浮动引起的问题。至于怎么解决，我在下一节会介绍。

我们都知道在正常文档流的情况下，块元素都是独占一行的。如果想要使两个或者多个块元素并排在同一行，这个时候可以考虑使用浮动，通过将块元素脱离正常文档流来实现。

浮动，可以使得元素移到左边或者右边，并且允许后面的文字或元素环绕着它。浮动最常用于实现水平方向上的并排布局，例如两列布局、多列布局，如图 22-9 所示。也就是说，如果你想要实现两列并排或者多列并排效果时，首先考虑的是使用浮动来实现。

图22-9　多列布局

22.3　清除浮动

从上一节我们可以看到，浮动会影响周围元素，并且还会引发很多意想不到的问题。在 CSS 中，我们可以使用 clear 属性来清除浮动带来的影响。

语法

```
clear:取值;
```

说明

clear 属性取值如表 22-2 所示。

表 22-2　　clear 属性取值

属 性 值	说　　明
left	清除左浮动
right	清除右浮动
both	同时清除左浮动和右浮动

在实际开发中，我们几乎不会使用"clear:left;"或"clear:right;"来单独清除左浮动或右浮动，往往都是直截了当地使用"clear:both;"来清除所有浮动，这多省事啊！也就是说，我们只需要记住 clear:both; 就可以了。

22.3 清除浮动

举例

```html
<!DOCTYPE html>
<html>
<head>
    <meta charset="utf-8" />
    <title></title>
    <style type="text/css">
        /* 定义父元素样式 */
        #father
        {
            width:300px;
            background-color:#0C6A9D;
            border:1px solid silver;
        }
        /* 定义子元素样式 */
        #father div
        {
            padding:10px;
            margin:15px;
        }
        #son1
        {
            background-color:hotpink;
            float:left;           /* 左浮动 */
        }
        #son2
        {
            background-color:#FCD568;
            float:right;          /* 右浮动 */
        }
        .clear{clear:both;}
    </style>
</head>
<body>
    <div id="father">
        <div id="son1">box1</div>
        <div id="son2">box2</div>
        <div class="clear"></div>
    </div>
</body>
</html>
```

浏览器预览效果如图 22-10 所示。

图22-10 清除浮动

分析

我们一般都是在浮动元素后面再增加一个空元素，然后为这个空元素定义 clear:both; 来清除浮动。说白了，前面小弟干了太多坏事，后面我们需要大哥来出面解决。在实际开发中，使用浮动之后如果发现有什么不对劲的地方，首先检查有没有清除浮动。

事实上，清除浮动不仅仅只有 clear:both;，还有 overflow:hidden，以及更为常用的伪元素。当然，这些都是后话了。作为初学者，我们只需要掌握 clear:both; 就可以了。

22.4 练习题

单选题

1. 如果想要实现文本环绕着图片，最好的解决方法是（　　）。
   A. 浮动布局　　　　　　　　　B. 定位布局
   C. 表格布局　　　　　　　　　D. 响应式布局
2. 在 CSS 中，clear:both; 的作用是（　　）。
   A. 清除该元素的所有样式
   B. 清除该元素的父元素的所有样式
   C. 清除该元素的兄弟元素浮动之后带来的影响
   D. 清除该元素的父元素浮动之后带来的影响
3. 下面有关浮动的说法中，不正确的是（　　）。
   A. 浮动和定位都是使得元素脱离文档流来实现布局的
   B. 如果想要实现多列布局，最好的方式是使用定位布局
   C. 浮动是魔鬼，如果控制不好的话，会造成页面布局混乱
   D. 想要清除浮动，更多使用的是 clear:both;，而不是 clear:left; 或 clear:right; 来实现

编程题

使用浮动布局来实现下图所示的页面布局效果，其中各个元素之间的间距是 10px。下面只给出必要的尺寸，也就是说有些尺寸是需要我们自己计算的。在实际开发中，计算尺寸是家常便饭，所以这里我们自己试一下。

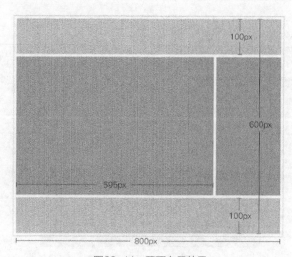

图 22-11　页面布局效果

第 23 章 定位布局

23.1 定位布局简介

在此之前，我们学习了浮动布局。浮动布局比较灵活，但是不容易控制。而定位布局的出现，使得精准定位页面中的任意元素成为可能，页面布局操作变得更加随心所欲。当然，由于定位布局缺乏灵活性，也给空间大小和位置不确定的版面布局带来限制。因此，在网页布局实战中，大家应该灵活使用这两种布局方式，满足特殊的设计需求。

CSS 定位使你可以将一个元素精确地放在页面上你指定的地方。结合使用定位和浮动，能够创建多种高级而精确的布局。其中，布局定位共有四种方式。

- 固定定位（fixed）
- 相对定位（relative）
- 绝对定位（absolute）
- 静态定位（static）

这四种方式都是通过 position 属性来实现的，其中 position 属性取值如表 23-1 所示。

表 23-1　　　　　　　　　　　position 属性取值

属 性 值	说　　明
fixed	固定定位
relative	相对定位
absolute	绝对定位
static	静态定位（默认值）

23.2　固定定位：fixed

固定定位是最直观也是最容易理解的定位方式。为了更好地让大家感受什么是定位布局，我们先来介绍一下固定定位。

在 CSS 中，我们可以使用 position:fixed; 来实现固定定位。所谓的固定定位，指的是被固定的元素不会随着滚动条的拖动而改变位置。

语法

```
position:fixed;
top:像素值;
bottom;像素值;
left:像素值;
right:像素值;
```

说明

position:fixed; 是结合 top、bottom、left 和 right 这四个属性一起使用的，其中 position:fixed; 使得元素成为固定定位元素，接着使用 top、bottom、left 和 right 这四个属性来设置元素相对浏览器的位置。

top、bottom、left 和 right 这四个属性不一定全部都用到，一般只会用到其中两个。注意，这四个值的参考对象是浏览器的四条边。

举例

```
<!DOCTYPE html>
<html>
<head>
    <meta charset="utf-8" />
    <title></title>
    <style type="text/css">
        #first
        {
            width:120px;
            height:1800px;
            border:1px solid gray;
            line-height:600px;
            background-color:#B7F1FF;
        }
        #second
        {
            position:fixed;    /*设置元素为固定定位*/
            top:30px;          /*距离浏览器顶部 30px*/
            left:160px;        /*举例浏览器左部 160px*/
            width:60px;
            height:60px;
            border:1px solid silver;
            background-color:hotpink;
```

```
            }
        </style>
    </head>
    <body>
        <div id="first">无定位的 div 元素 </div>
        <div id="second">固定定位的 div 元素 </div>
    </body>
</html>
```

浏览器预览效果如图 23-1 所示。

分析

我们尝试拖动浏览器的滚动条，其中有固定定位的 div 元素不会有任何位置改变，但没有定位的 div 元素会改变，如图 23-2 所示。

图23-1　固定定位　　　　　图23-2　拖动滚动条后效果

注意一下，我们在这里只使用了 top 和 left 属性来设置元素相对于浏览器顶边和左边的距离就可以准确定位该元素的位置了。top、bottom、left 和 right 这四个属性不必全部用到，大家稍微想一下就懂了。

固定定位最常用于实现返回顶部功能，这个效果非常经典，绝大多数网站都在使用。此外，返回顶部功能还可以做得非常酷炫，我们可以去绿叶学习网首页感受一下。

图23-3　回顶部效果

23.3　相对定位：relative

在 CSS 中，我们可以使用 position:relative; 来实现相对定位。所谓的相对定位，指的是该元素的位置是相对于它的原始位置计算而来的。

语法

```
position:relative;
top:像素值;
bottom;像素值;
left:像素值;
right:像素值;
```

说明

position:relative; 是结合 top、bottom、left 和 right 这四个属性一起使用的，其中 position:relative; 使得元素成为相对定位元素，接着使用 top、bottom、left 和 right 这四个属性来设置元素相对原始的位置。

top、bottom、left 和 right 这四个属性不一定全部都用到，一般只会用到其中两个。这四个值的参考对象是该元素的原始位置。

注意，在默认情况下，固定定位元素的位置是相对浏览器而言，而相对定位元素的位置是相对于原始位置而言！

举例

```html
<!DOCTYPE html>
<html>
<head>
    <meta charset="utf-8" />
    <title></title>
    <style type="text/css">
        #father
        {
            margin-top:30px;
            margin-left:30px;
            border:1px solid silver;
            background-color: lightskyblue;
        }
        #father div
        {
            width:100px;
            height:60px;
            margin:10px;
            background-color:hotpink;
            color:white;
            border:1px solid white;
        }
        #son2
        {
            /*这里设置son2的定位方式*/
        }
    </style>
</head>
<body>
    <div id="father">
        <div id="son1">第一个无定位的div元素</div>
        <div id="son2">相对定位的div元素</div>
        <div id="son3">第二个无定位的div元素</div>
    </div>
</body>
</html>
```

浏览器预览效果如图 23-4 所示。
我们为第二个 div 元素加入相对定位，CSS 代码如下：

```
#son2
{
    position:relative;
    top:20px;
    left:40px;
}
```

浏览器预览效果如图 23-5 所示。

图23-4　没有加入相对定位

图23-5　加入相对定位

分析

从这个例子可以看出，相对定位元素的 top 和 left 是相对于该元素原始位置而言的，这一点跟固定定位是不一样的。

在相对定位中，top、right、bottom、left 这四个属性，我们也是只需要其中两个属性就可以确定一个元素的相对位置。

23.4　绝对定位：absolute

在 CSS 中，我们可以使用 position:absolute; 来实现绝对定位。绝对定位在几种定位方式中使用最为广泛，因为它能够很精确地把元素定位到任意你想要的位置。

一个元素变成了绝对定位元素，这个元素就完全脱离文档流了，绝对定位元素的前面或者后面的元素会认为这个元素并不存在，即这个元素浮于其他元素上面，它是独立出来的。

语法

```
position:absolute;
top:像素值;
bottom:像素值;
left:像素值;
right:像素值;
```

说明

position:absolute; 是结合 top、bottom、left 和 right 这四个属性一起使用的，其中 position:absolute; 使得元素成为绝对定位元素，接着使用 top、bottom、left 和 right 这四个属性来设置元素相对浏览器的位置。

top、bottom、left 和 right 这四个属性不一定全部都用到，一般只会用到其中两个。默认情况下，这四个值的参考对象是浏览器的四条边。

对于前面三种定位方式，我们现在可以总结了：**默认情况下，固定定位和绝对定位的位置是相对于浏览器而言，而相对定位的位置是相对原始位置而言。**

举例

```html
<!DOCTYPE html>
<html>
<head>
    <meta charset="utf-8" />
    <title></title>
    <style type="text/css">
        #father
        {
            padding:15px;
            background-color:#0C6A9D;
            border:1px solid silver;
        }
        #father div{padding:10px;}
        #son1{background-color:#FCD568;}
        #son2
        {
            background-color: hotpink;
            /*在这里添加 son2 的定位方式 */
        }
        #son3{background-color: lightskyblue;}
    </style>
</head>
<body>
    <div id="father">
        <div id="son1">box1</div>
        <div id="son2">box2</div>
        <div id="son3">box3</div>
    </div>
</body>
</html>
```

浏览器预览效果如图 23-6 所示。

图23-6　没有加入绝对定位

我们为第二个 div 元素加入绝对定位，CSS 代码如下：

```
#son2
{
background-color: hotpink;
position:absolute;
top:20px;
right:40px;
}
```

浏览器预览效果如图 23-7 所示。

图23-7　加入绝对定位

分析

从这个例子可以看出，绝对定位元素的 top 和 left 是相对于浏览器而言的。在绝对定位中，top、right、bottom、left 这四个属性，我们也是只需要其中两个属性就可以确定一个元素的相对位置。

23.5　静态定位：static

在默认情况下，也就是元素没有指定 position 属性时，这个元素就是静态定位的。也就是说元素 position 属性的默认值是 static。

一般情况下我们使用不到 position:static，不过有时候使用 JavaScript 来控制元素定位时，如果想要使得元素从其他定位方式变成静态定位，就需要使用 position:static 来实现。

初学 CSS，我们只需要掌握固定定位、相对定位和绝对定位这三种就可以了，静态定位了解一下就行。

23.6　练习题

单选题

1. 我们可以定义 position 属性值为（　　），从而来实现元素的相对定位。
   A．fixed　　　　　　　　　　　B．relative
   C．absolute　　　　　　　　　　D．static

2. 下面哪个属性不会让 div 元素脱离文档流？（　　）
   A. position:fixed;　　　　　　　　B. position:relative;
   C. position:absolute　　　　　　　D. float:left;
3. 默认情况下，以下关于定位布局的说法不正确的是（　　）。
   A. 固定定位元素的位置是相对浏览器的四条边
   B. 相对定位元素的位置是相对于原始位置
   C. 绝对定位元素的位置是相对于原始位置
   D. position 属性的默认值是 static
4. 下面有关定位布局，说法不正确的是（　　）。
   A. 想要实现相对定位或绝对定位，我们只需要用到 top、right、bottom、left 中的两个就可以了
   B. 绝对定位可以让元素完全脱离文档流，元素不会占据原来的位置
   C. 现在的前端开发不再使用表格布局，而是使用浮动布局和定位布局
   D. 在实际开发中，优先使用定位布局。如果实现不了，再考虑浮动布局

编程题

1. 仿照百度首页，自己动手还原出来（仿站是初学者最佳的实践方式，而百度首页往往是最适合初学者练习的第一个页面）。
2. 打造一个属于自己的博客网站。

第三部分
JavaScript基础

第24章 JavaScript简介

24.1 JavaScript是什么

24.1.1 JavaScript简介

JavaScript，就是我们通常所说的JS。这是一种嵌入到HTML页面中的编程语言，由浏览器一边解释一边执行。

图24-1　HTML、CSS和JavaScript是前端开发的三个核心技术

我们都知道，前端最核心的三个技术是HTML、CSS和JavaScript。其中三者区别如下："HTML控制网页的结构，CSS控制网页的外观，而JavaScript控制网页的行为"

单纯只有 HTML 和 CSS 的页面一般只供用户浏览，而 JavaScript 的出现，使得用户可以与页面进行交互（如定义各种鼠标效果），实现更多绚丽的效果。拿绿叶学习网来说，二级导航、图片轮播、返回顶部按钮等地方都用到了 JavaScript，如图 24-2 所示。因为 HTML 和 CSS 只是描述性的语言，单纯使用这两个没办法做出那些特效，而必须使用编程的方式来实现，也就是 JavaScript。

图24-2　绿叶学习网的图片轮播

24.1.2　教程介绍

很多小伙伴抱怨 JavaScript 比较难，不像学 HTML 和 CSS 那么顺畅。实际上，对于没有任何编程基础的小伙伴，都是一样的。曾经我也做过小白，所以还是非常清楚小伙伴们的感受。为了更好地帮助大家打好基础，很多知识点我都尽量通俗易懂地详细讲解。不过还是那句话："没用的知识绝对不会啰嗦，但是重要的知识会一再提醒。"本书里的每一句话都值得你去精读之。

对于 JavaScript 部分，有一点要跟大家说明：由于 IE 浏览器外观比较好看，而其他浏览器截图实在太丑。为了让本书图片更加美观，因此我都是使用 IE 浏览器来截图。但是在实际开发中，我们是不建议使用 IE 浏览器的，这一点大家不要误解了。

疑问

1. JavaScript 与 Java 有什么关系吗？

很多人看到 JavaScript 和 Java，自然而然就会问这两者究竟有什么关系。其实，它们也是有些关系的，不能说完全没有关系。

JavaScript 最初的确是受 Java 启发而设计的，而且设计的目的之一就是"看上去像 Java"，因此语法上有不少类似之处，JavaScript 的很多名称和命名规则也借自 Java。但是实际上，JavaScript 的主要设计原则源自 Self 和 Scheme。

JavaScript 和 Java 虽然名字相似，但是本质上是不同的。

- JavaScript往往都是在网页中使用，而Java却可以在软件、网页、手机APP等各个领域中使用。

- 从本质上讲，Java是一门面向对象的语言，而JavaScript更像是一门函数式编程语言。

2．我的页面加入了 JavaScript 特效，那这个页面是静态页面，还是动态页面呢？

不是"会动"的页面就叫动态页面，静态页面和动态页面的区别在于**是否与服务器进行数据交互**。或者简单来说，是否用到了后端技术（如 PHP、JSP、ASP.NET）。下面列出的四种情况都不一定是动态页面。

- 带有音频和视频
- 带有Flash动画
- 带有CSS动画
- 带有JavaScript动画

3．对于学习 JavaScript，有什么好的建议呢？

JavaScript 是当下最流行也是最复杂的一门编程语言，对于 JavaScript 的学习，给初学者两个建议。

- 学完JavaScript入门（也就是本书内容），不要急于去学习JavaScript进阶，而是应该去学jQuery。经过jQuery的学习，会让我们对JavaScript入门的知识有更深一层的理解。等我们学完了jQuery再去学习JavaScript进阶的内容。
- 很多人学习JavaScript的时候，喜欢在第一遍学习中就对每一个细节都扣清楚，事实上这是效率最低的学习方法。在第一遍学习时，如果有些东西我们实在没办法理解，那就直接跳过，等到学到后面或者看第二遍的时候，自然而然就懂了。

24.2　JavaScript开发工具

之前我们用的都是 HBuilder 作为开发工具，下面给大家介绍一下怎么在 HBuilder 中编写 JavaScript。

① 新建 Web 项目：在 HBuilder 的左上方，依次点击"文件"→"新建"→"Web 项目"，如图 24-3 所示。

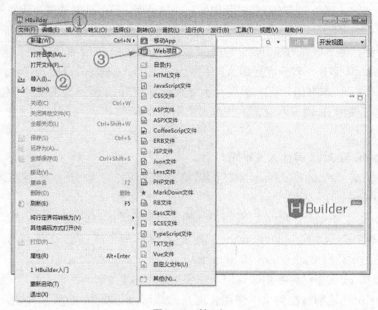

图24-3　第1步

② 选择文件路径以及命名文件夹：在对话框中，给文件夹填写一个名字，并且选择文件夹路径（也就是文件存放的位置），然后点击"完成"按钮，如图24-4所示。

③ 新建JavaScript文件：在HBuilder左侧项目管理器中，右键单击test文件夹，在弹出菜单中选择"新建"→"JavaScript文件"，如图24-5所示。

图24-4　第2步

图24-5　第3步

④ 选择JavaScript文件路径以及命名JavaScript文件：在对话框中选择JavaScript文件夹路径（也就是JavaScript文件存放的位置），并且给JavaScript文件填写一个名字，然后点击"完成"按钮，如图24-6所示。

图24-6　第4步

这样就建好了一个JavaScript文件，至于怎么在HTML中使用JavaScript，我在下一节会给小伙伴们详细介绍。

24.3　JavaScript引入方式

在学习JavaScript语法之前，我们首先要知道在哪里写JavaScript才行。这一节不涉及太多编程方面的知识，而是先给大家介绍一下JavaScript的引入方式。这样大家至少都知道在哪里编程，然后在后面章节里我们再给大家详细介绍编程方面的语法。

想要在 HTML 中引入 JavaScript，一般有三种方式。
- 外部JavaScript
- 内部JavaScript
- 元素事件JavaScript

实际上，JavaScript 的三种引入方式，跟 CSS 的三种引入方式（外部样式表、内部样式表、行内样式表）是非常相似的。对比理解一下，这样更能加深记忆。

24.3.1 外部JavaScript

外部 JavaScript，指的是把 HTML 代码和 JavaScript 代码单独放在不同的文件中，然后在 HTML 文档中使用 script 标签来引入 JavaScript 代码。

外部 JavaScript 是最理想的 JavaScript 引入方式。在实际开发中，为了提升网站的性能和可维护性，一般都是使用外部 JavaScript。

语法

```
<!DOCTYPE html>
<html>
<head>
    <meta charset="utf-8" />
    <title></title>
    <!--1、在 head 中引入 -->
    <script src="index.js"></script>
</head>
<body>
    <!--2、在 body 中引入 -->
    <script src="index.js"></script>
</body>
</html>
```

说明

在 HTML 中，我们可以使用 script 标签引入外部 JavaScript 文件。在 script 标签中，我们只需用到 src 这一个属性。src，是 source（源）的意思，指向的是文件路径。

对于 CSS 来说，外部 CSS 文件只能在 head 中引入。不过对于 JavaScript 来说，外部 JavaScript 文件不仅可以在 head 中引入，还可以在 body 中引入。

此外还需要注意一点，引入外部 CSS 文件使用的是 link 标签，而引入外部 JavaScript 文件使用的是 script 标签。对于这一点，小伙伴们别搞混了。

举例

```
<!DOCTYPE html>
<html>
<head>
    <meta charset="utf-8" />
    <title></title>
    <!-- 引入外部 CSS-->
    <link rel="stylesheet" type="text/css" href="index.css"/>
    <!-- 引入外部 JavaScript-->
    <script src="js/index.js"></script>
```

```html
    </head>
    <body>
    </body>
</html>
```

分析

`<script src="js/index.js"></script>"` 表示引入文件名为 index.js 的 JavaScript 文件，其中文件的路径是 "js/index.js"。

24.3.2 内部JavaScript

内部 JavaScript，指的是把 HTML 代码和 JavaScript 代码放在同一个文件中。其中 JavaScript 代码写在 <script></script> 标签对内。

语法

```html
<!DOCTYPE html>
<html>
<head>
    <meta charset="utf-8" />
    <title></title>
    <!--1、在 head 中引入 -->
    <script>
        ……
    </script>
</head>
<body>
    <!--2、在 body 中引入 -->
    <script>
        ……
    </script>
</body>
</html>
```

说明

同样，内部 JavaScript 文件不仅可以在 head 中引入，也可以在 body 中引入。一般情况下，我们都是在 head 中引入。

实际上，<script></script> 是一种简写形式，它其实等价于：

```html
<script type="text/javascript">
……
</script>
```

一般情况下，使用简写形式比较多。对于上面这种写法，我们也需要了解一下，因为不少地方采用上面这种旧写法。

举例

```html
<!DOCTYPE html>
<html>
<head>
    <meta charset="utf-8" />
    <title></title>
```

```
    <script>
        document.write("绿叶学习网，给你初恋般的感觉~");
    </script>
</head>
<body>
</body>
</html>
```

浏览器预览效果如图 24-7 所示。

图24-7　内部JavaScript

分析

document.write() 表示在页面输出一个内容，大家先记住这个方法，后面我们会经常用到。

24.3.3　元素属性JavaScript

元素属性 JavaScript，指的是在元素的"事件属性"中直接编写 JavaScript 或调用函数。

举例 在元素事件中编写 JavaScript

```
<!DOCTYPE html>
<html>
<head>
    <meta charset="utf-8" />
    <title></title>
</head>
<body>
    <input type="button" value=" 按钮 " onclick="alert(' 绿叶学习，给你初恋般的感觉 ')"/>
</body>
</html>
```

当我们点击按钮后，在预览效果如图 24-8 所示。

图24-8　在元素事件中编写JavaScript

举例 在元素事件中调用函数

```
<!DOCTYPE html>
<html>
<head>
    <meta charset="utf-8" />
    <title></title>
    <script>
        function alertMes()
        {
            alert(" 绿叶学习网，给你初恋般的感觉 ");
        }
    </script>
</head>
<body>
    <input type="button" value=" 按钮 " onclick="alertMes()"/>
</body>
</html>
```

当我们点击按钮后，预览效果如图24-9所示。

分析

alert()表示弹出一个对话框，大家也先记住这个语句，后面我们也会经常用到。

对于在元素属性中引入JavaScript，只需要简单了解就行，也不需要记住语法。在后面有关事件操作的地方，我再给大家详细介绍。

此外，这一节学习了两个十分有用的方法，这两个方法在后面章节会大量用到，这里我们先记一下。

- document.write()：在页面输出一个内容。
- alert()：弹出一个对话框。

图24-9 在元素事件中调用函数

24.4 一个简单的JavaScript程序

在学习JavaScript语法之前，先来例子让小伙伴们感受一下神奇的JavaScript是怎样一回事。

下面这个例子实现的功能是：当页面打开时，会弹出对话框，内容为"欢迎光临萌萌小店"；当页面关闭时，也会弹出对话框，内容为"记得下次再来喔"。

实现代码如下：

```
<!DOCTYPE html>
<html>
<head>
    <meta charset="utf-8" />
    <title></title>
    <script>
        window.onload = function () {
            alert(" 欢迎光临萌萌小店！ ");
        }
```

```
        window.onbeforeunload = function (event) {
            var e = event || window.event;
            e.returnValue = " 记得下来再来喔！ ";
        }
    </script>
</head>
<body>
</body>
</html>
```

打开页面的时候，浏览器预览效果如图 24-10 所示。

关闭页面的时候，浏览器预览效果如图 24-11 所示。

图24-10　打开时效果

图24-11　关闭页面时效果

分析

我们不懂这些代码也没关系，这个例子只是让大家感性地认识一下 JavaScript 是怎样的，都可以做点什么，后面我们会慢慢学到。大家可以在本地编辑器中测试一下效果。当然，还是建议大家直接下载本书的源代码来测试，本书源代码可以在绿叶学习网（www.lvyestudy.com）以及异步社区（http://www.epubit.com.cn/）下载。

24.5　练习题

单选题

1. 在 HTML 中嵌入 JavaScript，应该使用的标签是（　　）。

    A. <style></style>　　　　　　　　B. <script></script>

    C. <js></js>　　　　　　　　　　　D. <javascript></javascript>

2. 下面属于 JavaScript 语法格式的语句是（　　）。

    A. echo "I love JavaScript!";

    B. document.write(I love JavaScript!);

    C. response.write("I love JavaScript!")

    D. alert("I love JavaScript!");

3. 下面有关说法中，正确的是（　　）。

    A. JavaScript 其实就是 Java，只是叫法不同而已

    B. 如果一个页面加入 JavaScript，那么这个页面就是动态页面

    C. 在实际开发中，大多数情况下都是使用外部 JavaScript

    D. 内部 JavaScript，指的就是把 HTML 和 JavaScript 放在不同的文件中

第25章 语法基础

25.1 语法简介

我们经常在如《速度与激情8》《碟中谍5》等电影中,看到黑客飞快地敲着键盘,仅仅几秒钟就控制了整栋大楼的系统,或者化解了一次危机。在惊讶之余,小伙伴们有没有想过以后也能学会"编程"这一种神奇的技能呢?

图25-1 神秘的黑客

从这一章开始,我们就步入"编程"的神圣殿堂,将学会怎么使用"编程"的方式来改变这个世界。

我们人类有非常多的语言，例如汉语、英语、法语等。实际上，计算机也有很多语言，例如 C、C++、Java 等。简单来说，JavaScript 就是众多计算机语言（也叫编程语言）中的一种。跟人类语言类似，计算机语言也有一些共性，例如我们可以将 C 语言代码转化为 JavaScript 代码，这就像将英语翻译成汉语一样，虽然语言不一样了，但是表达出来的意思是一样的。

图25-2　程序员的理想

当我们把 JavaScript 学完，再去学另外一门语言（如 C、Java 等），就会变得非常轻松。因为两门计算机语言之间，具有非常多的共性。因此，认真把 JavaScript 学好了，以后再想去学其他编程语言就会变得非常轻松，何乐而不为呢？

我们都知道，学习任何一门人类语言，都得学这门语言的词汇、语法和结构等。同样，想要学习一门编程语言，也需要学习类似这样的东西。只不过呢，这些在编程语言中不是叫词汇、语法、结构，而是叫变量、表达式和运算符等。

在这一章中，我们主要学习 JavaScript 以下七个方面的语法。

- 常量与变量
- 数据类型
- 运算符
- 表达式与语句
- 类型转换
- 转义字符
- 注释

学习 JavaScript，说白了，就是学一门能够让计算机理解的语言。在学习过程中，我们尽量将每一个知识点都跟人类语言对比，就会令学习变得非常简单。当然，计算机语言与人类语言有很多不一样的特点，因此我们需要认真遵循它的语法。

此外，如果小伙伴们之前有过其他编程语言的基础，也建议认真学一遍本书，因为这本书独树一帜的介绍，会让你对编程语言有更深一层的理解。

25.2　变量与常量

先问小伙伴们一个问题：学习一门语言，最先要了解的是什么？当然是词汇啊！就像学英语一样，再简单的一句话，我们也得先弄清楚每一个单词是什么意思，然后才知道一句话说的是什么，对吧？

同样，学习 JavaScript 也是如此。先来看一句代码：

```
var a = 10;
```

英语都是一句话一句话地表述的，上面这行代码就相当于 JavaScript 中的"一句话"，我们称之为"语句"。在 JavaScript 中，每一条语句都是以英文分号（;）作为结束符。每一条语句都有它特定的功能，这个跟英语每一句话都有它表达的意思是一样的道理。

在 JavaScript 中，变量与常量就像是英语中的词汇。其中上面代码中的 a 就是 JavaScript 中的变量。

25.2.1 变量

在 JavaScript 中，变量指的是一个可以改变的量。也就是说，变量的值在程序运行过程中是可以改变的。

1. 变量的命名

想要使用变量，我们就肯定得先给它起一个名字（命名），就像每个人都有自己的名字一样。当别人喊你的名字时，你就知道别人喊的是你，而不是路人甲。

当 JavaScript 程序需要使用一个变量时，我们只需要使用这个变量的名字就行了，总不能说："喂，我要用这个变量"。每个程序中变量那么多，谁知道你要用哪个变量！

变量的名字一般是不会变的，但是它的值却可以变。这就像人一样，名字一般都是固定下来的，但是每个人都会改变，都会从小孩成长为青年，然后从青年慢慢变成老人。

在 JavaScript 中，给一个变量命名，我们需要遵循以下两个原则。

- 变量由字母、下划线、$或数字组成，并且第一个字母必须是"字母、下划线或$"。
- 变量不能是系统关键字和保留字。

上面两句话很简单，但却非常重要，一定要深刻理解。从第一点可以知道，变量只可以包含字母（大写小写都行）、下划线、$ 或数字，不能包含除了这四种之外的字符（如空格、%、-、*、/ 等）。因为其他很多字符都已经被系统当做运算符。

对于第二点，系统关键字，指的是 JavaScript 本身"**已经在使用**"的名字，因此我们在给变量命名的时候，是不能使用这些名字（因为系统要用）。保留字，指的是 JavaScript 本身"**还没使用**"的名字，虽然没有使用，但是它们有可能在将来被占用，所以先保留自己用，不给你用。JavaScript 关键字和保留字如表 25-1、表 25-2 和表 25-3 所示。

表 25-1　　　　　　　　　　JavaScript 关键字

break	else	new	typeof
case	false	null	var
catch	for	switch	void
continue	function	this	while
default	if	throw	with
delete	in	true	
do	instanceof	try	

表 25-2　　　　　　　　ECMA-262 标准的保留字

abstract	enum	int	short
boolean	export	interface	static
byte	extends	long	super
char	final	native	synchronized
class	float	package	throws
const	goto	private	transient
debugger	implements	protected	volatile
double	import	public	

表 25-3　　　　　　　　　　浏览器定义的保留字

alert	eval	location	open
array	focus	math	outerHeight
blur	funtion	name	parent
boolean	history	navigator	parseFloat
date	image	number	regExp
document	isNaN	object	status
escape	length	onLoad	string

这里列举了 JavaScript 常见关键字和保留字，只是方便小伙伴们查询，所以大家别傻乎乎地一个个去记忆。实际上，对于这些关键字，等学到了后面，自然而然就会认得。就算不认得，等需要的时候再回这里查一下就可以了。

举例 正确的命名

```
i
lvye_study
_lvye
$str
n123
```

举例 错误的命名

```
123n        // 不能以数字开头
-study      // 不能以中划线开头
my-title    // 不能包含中划线
continue    // 不能跟系统关键字相同
```

此外，变量的命名一定要区分大小写，例如变量 age 与变量 Age 在 JavaScript 中就是两个不同的变量。

2. 变量的使用

在 JavaScript 中，如果想要使用一个变量，我们一般需要进行两步。

- 变量的声明
- 变量的赋值

对于变量的声明，小伙伴们记住一句话：**所有 JavaScript 变量都是由 var 声明**。在这一点上，JavaScript 跟 C、Java 等语言是不同的。

语法

```
var 变量名 = 值;
```

说明

图25-3　变量的使用语法

25.2 变量与常量

举例

```
<!DOCTYPE html>
<html>
<head>
    <meta charset="utf-8" />
    <title></title>
    <script>
        var a = 10;
        document.write(a);
    </script>
</head>
<body>
</body>
</html>
```

浏览器预览效果如图 25-4 所示。

分析

在这个例子中，我们使用 var 来定义一个变量，变量名为 a，变量的值为 10。然后使用 document.write() 方法输出这个变量的值。

对于变量的命名，我们尽量取一些有意义的英文名或英文缩写。当然，为了讲解方便，本书有些变量的命名可能比较简单。在实际开发中，我们尽量不要太随便。

此外，一个 var 也可以同时声明多个变量名，其中变量名之间必须用英文逗号（,）隔开，如下所示：

图25-4　输出结果

```
var a=10,b=20,c=30;
```

实际上，上面代码等价于：

```
var a=10;
var b=20;
var c=30;
```

举例

```
<!DOCTYPE html>
<html>
<head>
    <meta charset="utf-8" />
    <title></title>
    <script>
        var a = 10;
        a = 12;
        document.write(a);
    </script>
</head>
<body>
</body>
</html>
```

浏览器预览效果如图 25-5 所示。

图25-5　输出结果

分析

咦？a 的值不是 10 吗？怎么输出 12 呢？大家别忘了，a 是一个变量，简单来说就是一个值会变的量。因此 a=12 会覆盖 a=10。我们再来看一个例子就会有更深的理解了。

举例

```
<!DOCTYPE html>
<html>
<head>
    <meta charset="utf-8" />
    <title></title>
    <script>
        var a = 10;
        a = a + 1;
        document.write(a);
    </script>
</head>
<body>
</body>
</html>
```

浏览器预览效果如图 25-6 所示。

图25-6　输出结果

分析

a = a +1;表示a的最终值是在原来a的基础上加1，因此a最终值为11（10+1）。下面代码中，a 的最终值是 5，小伙伴们可以思考一下为什么。

```
var a = 10;
a = a + 1;
a = a - 6;
```

25.2.2 常量

在 JavaScript 中，常量指的是一个不能改变的量。也就是说，常量的值从定义开始就是固定的，一直到程序结束都不会改变。

常量，形象地说，就像千百年来约定俗成的名称，这个名称是定下来的，不能随便改变。例如我们就不能把"猫"叫做"狗"，把"黑"说成"白"。

在 JavaScript 中，我们可以把常量看成是一种特殊的变量，之所以特殊，是因为它的值是不会变的。一般情况下，常量名全部大写，别人一看就知道这个值很特殊，有特殊用途，如下所示：

```
var DEBUG = 1;
```

程序是会变化的，因此变量比常量有用得多。常量在初学 JavaScript 阶段用得比较少，我们简单了解常量是这么一回事就行了，不需要做过多的深入。

25.3 数据类型

所谓的数据类型，说白了，就是图 25-7 中"值"的类型。在 JavaScript 中，数据类型可以分为两种：一种是**基本数据类型**，另外一种是**引用数据类型**。其中，基本数据类型只有一个值，而引用数据类型可以含有多个值。

在 JavaScript 中，基本数据类型有五种：数字、字符串、布尔值、未定义值和空值。而常见的引用数据类型有两种：数组、对象。这一节，我们先来介绍基本数据类型。在后面章节会逐渐介绍"数组"和"对象"这两种引用数据类型。

图25-7

25.3.1 数字

在 JavaScript 中，数字是最基本的数据类型。所谓的数字，就是我们数学上的数字，如 10、-10、3.14 等。

要特别注意的是，JavaScript 中的数字是不区分"整型（int）"和"浮点型（float）"的。记住这一句话就可以了：**在 JavaScript 中，所有变量都是用 var 声明**。

举例

```
<!DOCTYPE html>
<html>
<head>
    <meta charset="utf-8" />
```

```
        <title></title>
        <script>
            var n = 1001;
            document.write(n);
        </script>
    </head>
    <body>
    </body>
</html>
```

浏览器预览效果如图 25-8 所示。

图25-8　输出结果

25.3.2 字符串

字符串，从名字上看就很好理解，就是一串字符嘛。在 JavaScript 中，字符串都是用英文单引号或英文双引号（注意都是英文）括起来的。

1. 单引号括起来的一个或多个字符

```
'我'
'绿叶学习网'
```

2. 双引号括起来的一个或多个字符

```
"我"
"绿叶学习网"
```

3. 单引号括起来的字符串中可以包含双引号

```
'我来自"绿叶学习网"'
```

4. 双引号括起来的字符串中可以包含单引号

```
"我来自'绿叶学习网'"
```

举例

```
<!DOCTYPE html>
<html>
<head>
    <meta charset="utf-8" />
    <title></title>
```

```
            <script>
                var str = "绿叶，给你初恋般的感觉~";
                document.write(str);
            </script>
        </head>
        <body>
        </body>
    </html>
```

浏览器预览效果如图 25-9 所示。

图25-9　字符串效果

分析

如果我们把字符串两边的引号去掉，会发现页面不输出内容了，小伙伴们可以自己试一试。因此对于一个字符串来说，一定要加上引号，单引号或双引号都可以。

```
var str = "绿叶，给你初恋般的感觉~";
document.write(str);
```

对于上面这两句代码，也可以直接用下面一句代码来实现，因为 document.write() 这个方法本身就是用来输出一个字符串的。

```
document.write("绿叶，给你初恋般的感觉~");
```

举例

```
<!DOCTYPE html>
<html>
<head>
    <meta charset="utf-8" />
    <title></title>
    <script>
        var str = '绿叶，给你"初恋"般的感觉~';
        document.write(str);
    </script>
</head>
<body>
</body>
</html>
```

浏览器预览效果如图 25-10 所示。

分析

单引号括起来的字符串中,不能含有单引号,只能含有双引号。同理,双引号括起来的字符串中,也不能含有双引号,只能含有单引号。

为什么要这么规定呢?我们看看下面这个字符串,含有四个双引号,此时 JavaScript 是判断不出来哪两个双引号是一对的。

图25-10　字符串中含有双引号的效果

```
" 绿叶,给你 " 初恋 " 般的感觉 ~"
```

举例

```
<!DOCTYPE html>
<html>
<head>
    <meta charset="utf-8" />
    <title></title>
    <script>
        var n = "1001";
        document.write(n);
    </script>
</head>
<body>
</body>
</html>
```

浏览器预览效果如图 25-11 所示。

分析

如果数字加上双引号,这个时候 JavaScript 会把这个数字当做字符串来处理,而不是当做数字来处理。我们都知道,数字是可以进行加减乘除的,但是加上双引号的数字一般是不可以进行加减乘除的,因为这个时候它不再是数字,而是被当成字符串了。对于两者的区别,我们会在下一节详细介绍。

图25-11　数字加上双引号的效果

```
1001      // 这是一个数字
"1001"    // 这是一个字符串
```

25.3.3　布尔值

在 JavaScript 中,数字和字符串这两种类型的值可以有无数多个,但是布尔类型的值只有两个:true 和 false。true 表示"真",false 表示"假"。

有些小伙伴可能觉得很奇怪,为什么这种数据类型叫"布尔值"呢?这名字咋来的呢?实际上,布尔是 bool 的音译,是以英国数学家、布尔代数的奠基人乔治·布尔(George Boole)来命名的。

布尔值最大的用途就是：**选择结构的条件判断**。对于选择结构，下一章会详细介绍，这里只需要简单了解一下就行。

举例

```html
<!DOCTYPE html>
<html>
<head>
    <meta charset="utf-8" />
    <title></title>
    <script>
        var a = 10;
        var b = 20;
        if (a < b)
        {
            document.write("a 小于 b");
        }
    </script>
</head>
<body>
</body>
</html>
```

浏览器预览效果如图 25-12 所示。

分析

在这个例子中，我们首先定义了两个数字类型的变量：a 和 b。然后在 if 语句中对 a 和 b 进行大小判断，如果 a 小于 b，则使用 document.write() 方法输出一个字符串——"a 小于 b"。其中，if 语句是用来进行条件判断的，我们在下一章会详细介绍，这里不需要深入。

图25-12　布尔值

25.3.4　未定义值

在 JavaScript 中，未定义值指的是如果一个变量虽然已经用 var 来声明了，但是并没有对这个变量进行赋值，此时该变量的值就是"未定义值"。其中，未定义值用 undefined 表示。

举例

```html
<!DOCTYPE html>
<html>
<head>
    <meta charset="utf-8" />
    <title></title>
    <script>
        var n;
        document.write(n);
    </script>
</head>
<body>
</body>
</html>
```

浏览器预览效果如图 25-13 所示。

图25-13　未定义值

分析

凡是已经用 var 来声明但没有赋值的变量，值都是 undefined。undefined 在 JavaScript 还是挺重要的，后面我们会慢慢接触。

25.3.5　空值

数字、字符串等数据在定义的时候，系统都会分配一定的内存空间。在 JavaScript 中，空值用 null 表示。如果一个变量的值等于 null，如 var n = null;，则表示系统没有给这个变量 n 分配内存空间。

对于内存分配这个概念，非计算机专业的小伙伴可能理解起来比较困难，不过没关系，简单了解一下即可。

null 跟 undefined 非常相似，但是也有一定的区别，这里我们不需要深入。对于这些高级部分的知识，可以关注绿叶学习网的 JavaScript 进阶教程。

经过这一节的学习，我们也清楚地知道"数据类型"是怎样一个东西了。数据类型，就是值的类型。就像数学中也得分整数、小数、分数这样的类型。

25.4　运算符

在 JavaScript 中，要完成各种各样的运算，是离不开运算符的。运算符用于将一个或几个值进行运算从而得出所需要的结果值。就像在数学中，也需要加、减、乘、除这些运算符才可以运算。不过对于 JavaScript 来说，我们需要遵循计算机语言运算的一套方法。

图25-14　运算符

25.4 运算符

在 JavaScript 中，运算符指的是"变量"或"值"进行运算操作的符号。其中，常见的运算符有以下五种。
- 算术运算符
- 赋值运算符
- 比较运算符
- 逻辑运算符
- 条件运算符

25.4.1 算术运算符

在 JavaScript 中，算术运算符一般用于实现"数学"运算，包括加、减、乘、除等，如表 25-4 所示。

表 25-4　　　　　　　　　　　算术运算符

运算符	说　明	举　例
+	加	10+5　　　　// 返回 15
-	减	10-5　　　　// 返回 5
*	乘	10*5　　　　// 返回 50
/	除	10/5　　　　// 返回 2
%	求余	10%4　　　　// 返回 2
++	自增	var i=10;i++　　// 返回 11
--	自减	var i=10;i--　　// 返回 9

在 JavaScript 中，乘号是星号（*），而不是 ×，除号是斜杠（/），而不是 ÷，所以小伙伴们不要搞混了。为什么要这样定义呢？这是因为 JavaScript 这门语言的开发者，希望尽量使用键盘已有的符号来表示这些运算符。大家好好看看自己的键盘，是不是只有*和/，却没有 × 和 ÷。

对于算术运算符，我们需要重点掌握这三种：加法运算符、自增运算符、自减运算符。

1. 加法运算符

在 JavaScript 中，加法运算符并非想象中那么简单，我们需要注意三点。
- 数字+数字=数字
- 字符串+字符串=字符串
- 字符串+数字=字符串

也就是说，当一个数字加上另外一个数字时，运算规则跟数学上的相加一样，如下所示：

```
var num = 10 + 4;                 //num 的值为 14
```

当一个字符串加上另外一个字符串时，运算规则是将两个字符串连接起来，如下所示：

```
var str = "Web 前端开发 " + " 精品课 ";     //str 的值为 "Web 前端开发精品课 "
```

当一个字符串加上一个数字时，JavaScript 会将数字变成字符串，然后再连接起来，如下所示：

```
var str = " 今年是 "+2017              //str 的值为 " 今年是 2017"（这是一个字符串）
```

举例

```
<!DOCTYPE html>
<html>
<head>
    <meta charset="utf-8" />
    <title></title>
    <script>
        var a = 10 + 4;
        var b = "Web前端开发" + "精品课";
        var c = "今年是" + 2017;
        document.write(a + "<br/>" + b + "<br/>" + c);
    </script>
</head>
<body>
</body>
</html>
```

浏览器预览效果如图 25-15 所示。

图25-15　加法运算符

分析

在这个例子中，可能有些小伙伴不太懂 document.write(a + "<br/>" + b + "<br/>" + c); 这一句代码是什么意思。实际上，这一句代码等价于：

```
document.write("14<br/>Web前端开发精品课<br/>今年是2017");
```

小伙伴们根据上面加法运算符的三个规则来理解，就会觉得很简单了。以后如果你想往字符串里面塞点东西，就应该用加号连接，然后用英文引号断开来处理，这是经常使用的一个技巧。

举例

```
<!DOCTYPE html>
<html>
<head>
    <meta charset="utf-8" />
    <title></title>
    <script>
        var str = "2017" + 1000;
        document.write(str);
    </script>
</head>
<body>
</body>
</html>
```

浏览器预览效果如图 25-16 所示。

图25-16　字符串加上数字

分析

"2017" 是一个字符串，而不是数字，大家不要被表象蒙蔽了双眼！

举例

```
<!DOCTYPE html>
<html>
<head>
    <meta charset="utf-8" />
    <title></title>
    <script>
        var a = 10;
        var b = 4;
        var n1 = a + b;
        var n2 = a - b;
        var n3 = a * b;
        var n4 = a / b;
        var n5 = a % b;
        document.write("a+b=" + n1 + "<br/>");
        document.write("a-b=" + n2 + "<br/>");
        document.write("a*b=" + n3 + "<br/>");
        document.write("a/b=" + n4 + "<br/>");
        document.write("a%b=" + n5 );
    </script>
</head>
<body>
</body>
</html>
```

浏览器预览效果如图 25-17 所示。

图25-17　加法运算

分析

注意，"a+b="、"a-b="、"a×b="、"a/b=" 由于加上了英文双引号，所以它们都是字符串。

2. 自增运算符

++ 是自增运算符，表示在"原来的值"的基础上再加上 1。i++ 等价于 i=i+1；自增运算符有以下两种情况。

- i++

i++ 指的是在使用 i 之后，再让 i 的值加上 1：

```
i=1;
j=i++;
```

上面这段代码等价于：

```
i=1;
j=i;
i=i+1;
```

因此，上面执行的结果是：i=2，j=1。

- ++i

++i 指的是在使用 i 之前，先让 i 的值加上 1：

```
i=1;
j=++i;
```

上面这段代码等价于：

```
i=1;
i=i+1;     //i=1+1，也就是 i=2 了
j=i;       // 由于此时 i 的值变为 2 了，所以 j 为 2
```

因此，上面执行的结果是：i=2，j=2。

对于 j=++i 和 j=i++，小伙伴们一定要分清楚。可以这样记忆：++ 在 i 的左边（前面），就是先使用 i=i+1，而后使用 j=i；++ 在 i 的右边（后面），就是后使用 i=i+1，而先使用 j=i。i=i+1 的使用位置，是根据 ++ 的使用位置来决定的。

3. 自减运算符

-- 是自减运算符，表示在"原来的值"的基础上再减去 1。i-- 等价于 i=i-1；自减运算符同样也有以下两种情况。

- i--

i-- 指的是在使用 i 之后，再让 i 的值减去 1：

```
i=1;
j=i--;
```

上面这段代码等价于：

```
i=1;
j=i;
i=i-1;
```

因此，上面执行的结果是：i=0，j=1。

- --i

--i 指的是在使用 i 之前，先让 i 的值减去 1：

```
i=1;
j=--i;
```

上面这段代码等价于：

```
i=1;
i=i-1;      //i=1-1，也就是 i=0 了
j=i;        // 由于此时 i 的值变为 0 了，所以 j 为 0
```

因此，上面执行的结果是：i=0，j=0。

-- 与 ++ 使用方法是一样的，大家可以对比理解一下。

25.4.2 赋值运算符

在 JavaScript 中，赋值运算符用于将右边表达式的值保存到左边的变量中去。如表 25-5 所示。

表 25-5　　　　　　　　　　　　赋值运算符

运算符	举例
=	var str="绿叶学习网"
+=	var a+=b 等价于 var a=a+b
-=	var a-=b 等价于 var a=a-b
*=	var a*=b 等价于 var a=a*b
/=	var a/=b 等价于 var a=a/b

上面我们只是列举了常用的赋值运算符，对于不常用的就不列出来了，以免增加小伙伴们的记忆负担。在这本书中，我们都是采用这种方式：不常用的不会啰嗦，重要的则会一再强调。

var a+=b 其实就是 var a=a+b 的简化形式，+=、-=、*=、/= 这几个运算符其实就是为了简化代码而出现的，大多数有经验的开发人员都喜欢用这种简写形式。对于初学者来说，我们还是要熟悉一下这种写法，以免看不懂别人的代码。

举例

```
<!DOCTYPE html>
<html>
<head>
    <meta charset="utf-8" />
    <title></title>
    <script>
        var a = 10;
        var b = 5;
        a += b;
        b += a;
        document.write("a 的值是" + a + "<br/>b 的值是" + b);
    </script>
</head>
```

```
<body>
</body>
</html>
```

浏览器预览效果如图 25-18 所示。

分析

首先我们初始化了变量 a 的值为 10，变量 b 的值为 5。当执行 a+=b; 后，此时 a 的值为 15（10+5），b 的值没有变化，依旧是 5。

由于程序是从上而下执行的，当执行 b+=a; 时，由于之前 a 的值已经变为 15 了，因此执行后，a 的值为 15，b 的值为 20（15+5）。

这里小伙伴们要知道一点：a 和 b 都是变量，它们的值会随着程序的执行而变化。

图25-18　赋值运算符

25.4.3　比较运算符

在 JavaScript 中，比较运算符用于将运算符两边的值或表达式进行比较，如果比较结果是对的，则返回 true；如果比较结果是错的，则返回 false。true 和 false 是布尔值，前面我们已经介绍了。比较运算符如表 25-6 所示。

表 25-6　　　　　　　　　　　　比较运算符

运算符	说明	举例
>	大于	2>1　// 返回 true
<	小于	2<1　// 返回 false
>=	大于等于	2<=2　// 返回 true
<=	小于等于	2>=2　// 返回 true
==	等于	1==2　// 返回 false
!=	不等于	1!=2　// 返回 true

等号（=）是赋值运算符，用于将右边的值赋值给左边的变量。双等号（==）是比较运算符，用于比较左右两边的值是否相等。如果想要比较两个值是否相等，写成 a=b 是错误的，正确写法应该是 a==b。很多初学者都会犯这个低级错误，这个坑已经给大家指出来了，以后就不要再勇敢地踩上去了啊。

举例

```
<!DOCTYPE html>
<html>
<head>
    <meta charset="utf-8" />
    <title></title>
    <script>
        var a = 10;
        var b = 5;
```

```
                var n1 = (a > b);
                var n2 = (a == b);
                var n3 = (a != b);
                document.write("10>5:" + n1 + "<br/>");
                document.write("10==5:" + n2 + "<br/>");
                document.write("10!=5:" + n3);
        </script>
    </head>
    <body>
    </body>
</html>
```

浏览器预览效果如图 25-19 所示。

图25-19 比较运算符

分析

对于一条语句，都是先运算右边，然后再将右边的结果赋值给左边的变量。

25.4.4 逻辑运算符

在 JavaScript 中，逻辑运算符用于执行"布尔值的运算"，它常常和比较运算符结合在一起使用。常见逻辑运算符有三种，如表 25-7 所示。

表 25-7　　　　　　　　　　　　　　逻辑运算符

运　算　符	说　　　明
&&	"与" 运算
||	"或" 运算
!	"非" 运算

1. "与" 运算

在 JavaScript 中，与运算用 && 表示。如果 && 两边的值都为 true，则结果返回 true；如果有一个为 false 或者两个都为 false，则结果返回 false。

真 && 真→真
真 && 假→假
假 && 真→假
假 && 假→假

举例

```
<!DOCTYPE html>
<html>
<head>
    <meta charset="utf-8" />
    <title></title>
    <script>
        var a = 10;
        var b = 5;
        var c = 5;
        var n = (a < b) && (b == c);
        document.write(n);
    </script>
</head>
<body>
</body>
</html>
```

浏览器预览效果如图 25-20 所示。

分析

var n = (a < b) && (b == c); 等价于 var n = (10 < 5) && (5 == 5); ，由于 (10 < 5) 返回结果为 false，而 (5==5) 返回结果为 true，所以 var n = (a < b) && (b == c); 最终等价于 var n = false&&true。根据与运算的规则，n 最终的值为 false。

2. "或"运算

在 JavaScript 中，或运算用 || 表示。如果 || 两边的值都为 false，则结果返回 false；如果有一个为 true 或者两个都为 true，则结果返回 true。

图25-20　与运算

真 || 真→真
真 || 假→真
假 || 真→真
假 || 假→假

举例

```
<!DOCTYPE html>
<html>
<head>
    <meta charset="utf-8" />
    <title></title>
    <script>
        var a = 10;
        var b = 5;
        var c = 5;
        var n = (a < b) || (b == c);
        document.write(n);
    </script>
</head>
```

```
        <body>
        </body>
</html>
```

浏览器预览效果如图 25-21 所示。

分析

var n = (a < b) ||(b == c); 等价于 var n = (10 < 5) || (5 == 5);，由于 (10 < 5) 返回结果为 false，而 (5==5) 返回结果为 true，所以 var n = (a < b) || (b == c); 最终等价于 var n = false||true。根据与运算的规则，n 最终的值为 true。

3. "非"运算

在 JavaScript 中，非运算用英文叹号（!）表示。非运算跟与运算、或运算不太一样，非运算操作的对象只有一个。当 ! 右边的值为 true 时，最终结果为 false；当 ! 右边的值为 false 时，最终结果为 true。

图25-21　或运算

!真→假
!假→真

这个其实就是很简单的啦，直接取反就行。这家伙就是专门跟你唱反调的。

举例

```
<!DOCTYPE html>
<html>
<head>
    <meta charset="utf-8" />
    <title></title>
    <script>
        var a = 10;
        var b = 5;
        var c = 5;
        var n = !(a < b) && !(b == c);
        document.write(n);
    </script>
</head>
<body>
</body>
</html>
```

浏览器预览效果如图 25-22 所示。

分析

var n = !(a < b) && !(b == c); 等价于 var n =!(10 < 5) && !(5 == 5);，也就是 var n = !false&&!true。由于 !false 的值为 true，!true 的值为 false。因此最终等价于 var n = true&&false，也就是 false。

当我们把 var n = !(a < b) && !(b == c); 这句代码中的 && 换成 || 后，返回结果为 true，小伙伴们可以自行测试一下。此外，我们也不要被这些看起来复杂的运算吓到了。实际上，再复杂的运算，一步步来，也是非常简单的。

图25-22　非运算

对于与、或、非这三种逻辑运算，我们总结一下。
- true的!为false，false的!为true。
- a&&b：a、b全为true时，结果为true，否则结果为false。
- a||b：a、b全为false时，结果为false，否则结果为true。
- a&&b：系统会先判断a，再判断b。如果a为false，则系统不会再去判断b。
- a||b：系统会先判断a，再判断b。如果a是true，则系统不会再去判断b。

其中最后两条是非常有用的技巧，在后续学习中我们会经常碰到，这里简单认识一下即可。

25.4.5 条件运算符

除了上面这些常用的运算符，JavaScript 还为我们提供了一种特殊的运算符——条件运算符。条件运算符，也叫三目运算符。在 JavaScript 中，条件运算符用英文问号（?）表示。

语法

```
var a = 条件 ? 表达式1 : 表达式2;
```

说明

当条件为 true 时，我们选择的是"表达式 1"，也就是 var a = 表达式 1；当条件为 false 时，我们选择的是"表达式 2"，也就是 var a = 表达式 2。注意，a 只是一个变量名，这个变量名可以换成你自己想要的名字。

条件运算符其实是很简单的，也就是"二选一"。有两个美女，也许你都喜欢，但是无奈最终只能选择其中一个做女朋友。

举例

```html
<!DOCTYPE html>
<html>
<head>
    <meta charset="utf-8" />
    <title></title>
    <script>
        var result = (2 > 1) ? "小芳" : "小美";
        document.write(result);
    </script>
</head>
<body>
</body>
</html>
```

浏览器预览效果如图 25-23 所示。

图25-23　条件运算符

分析

由于条件（2>1）返回 true，所以最终选择的是"小芳"。

25.5 表达式与语句

一个表达式包含"**操作数**"和"**操作符**"两部分。操作数可以是变量，也可以是常量。操作符指的就是我们之前学的运算符。每一个表达式都会产生一个值。

语句，简单来说就是用英文分号（;）分开的一句代码。一般情况下，一个分号对应一个语句。

在上面这个例子中，1+2 是一个表达式，而整句代码 var a=1+2; 就是一个语句。

图25-24 表达式与语句

对于初学者来说，不用纠结什么是表达式，什么是语句。对于表达式和语句，我们可以简单地认为"语句就是 JavaScript 的一句话"，而"表达式就是一句话中的一部分"。一个表达式加上一个分号就可以组成一个语句。

25.6 类型转换

类型转换，指的是将一种数据类型转换为另外一种数据类型。数据类型，我们在 25.3 节给大家介绍过了。而 25.4 这一节讲到，如果一个数字与一个字符串相加，则 JavaScript 会自动将数字转换成字符串，然后再与另外一个字符串相加，例如 "2017"+1000 的结果是 "20171000"，而不是 3017。其中，"JavaScript 会自动将数字转换成字符串"指的就是类型转换。

在 JavaScript 中，共有两种类型转换。
- 隐式类型转换
- 显式类型转换

隐式类型转换，指的是 JavaScript 自动进行的类型转换。显式类型转换，指的是需要我们手动用代码强制进行的类型转换。这两种方式，我们从名字上就能区分开来。

对于隐式类型转换，就不作介绍了，我们只需要把"25.4 运算符"这一节中的加号运算符涉及的内容认真学一遍，就可以走得很远了。本节重点介绍一下显式类型转换的两种情况。

25.6.1 "字符串"转换为"数字"

在 JavaScript 中，要将字符串转换为数字，可以使用两种方式。
- Number();
- parseInt()和parseFloat();

Number() 方法可以将任何"数字型字符串"转换为数字。那什么是数字型字符串呢？像 "123"、"3.1415" 等这些只有数字的字符串就是"数字型字符串"，而 "hao123"、"100px" 等就不是。

准确来说，parseInt() 和 parseFloat 是提取"**首字母为数字的任意字符串**"中的数字，其中 parseInt() 提取的是整数部分，parseFloat() 不仅会提取整数部分，还会提取小数部分。

举例 Number() 方式

```
<!DOCTYPE html>
<html>
<head>
    <meta charset="utf-8" />
    <title></title>
    <script>
        var a = Number("2017") + 1000;
        document.write(a);
    </script>
</head>
<body>
</body>
</html>
```

浏览器预览效果如图 25-25 所示。

分析

从之前的学习可以知道，"2017"+1000 结果是 "20171000"。我们在这里使用了 Number() 方法将 "2017" 转换为一个数字，因此 Number("2017")+1000 的结果是 3017。

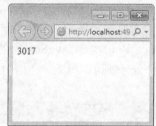

图25-25　Number()实例

举例 Number() 方式

```
<!DOCTYPE html>
<html>
<head>
    <meta charset="utf-8" />
    <title></title>
    <script>
        document.write("Number(\"123\"): " + Number("123") + "<br/>");
        document.write("Number(\"3.1415\"): " + Number("3.1415") + "<br/>");
        document.write("Number(\"hao123\"): " + Number("hao123") + "<br/>");
        document.write("Number(\"100px\"): " + Number("100px"));
    </script>
</head>
<body>
</body>
</html>
```

浏览器预览效果如图 25-26 所示。

分析

NaN 表示这是一个 "Not a Number（非数字）"，从中可以看出，Number() 方法只能将纯 "数字型字符串" 转换为数字，不能将其他字符串（即使字符串内有数字字符）转换为数字。在实际开发中，很多时候我们需要提取类似 "100px" 中的数字，要怎么做呢？这个时候就应该使用 parseInt() 和 parseFloat()，而不是 Number() 了。

图25-26　Number()实例

25.6 类型转换

举例 parseInt() 方式

```html
<!DOCTYPE html>
<html>
<head>
    <meta charset="utf-8" />
    <title></title>
    <script>
        document.write("parseInt(\"123\") : " + parseInt("123") + "<br/>");
        document.write("parseInt(\"3.1415\") : " + parseInt("3.1415") + "<br/>");
        document.write("parseInt(\"hao123\") : " + parseInt("hao123") + "<br/>");
        document.write("parseInt(\"100px\") : " + parseInt("100px"));
    </script>
</head>
<body>
</body>
</html>
```

浏览器预览效果如图 25-27 所示。

分析

通过这个例子可以看出来，parseInt() 会从左到右进行判断，如果第一个字符是数字，则继续判断，直到出现非数字为止（小数点也是非数字）；如果第一个字符是非数字，则直接返回 NaN。

图25-27　parseInt()实例1

举例

```html
<!DOCTYPE html>
<html>
<head>
    <meta charset="utf-8" />
    <title></title>
    <script>
        document.write("parseInt(\"+123\") : "+ parseInt("+123")+"<br/>");
        document.write("parseInt(\"-123\") : " + parseInt("-123"));
    </script>
</head>
<body>
</body>
</html>
```

浏览器预览效果如图 25-28 所示。

分析

前面我们说过，对于 parseInt() 来说，如果第一个字符不是数字，则返回 NaN。但是这里第一个字符不是数字，而是加号（+）或减号（-），parseInt() 同样也是可以转换的。因为加号和减号在数学上其实就是表示一个数的正和负，所以 parseInt() 可以接受第一个字符是加号或减号。同样，parseFloat() 也有这个特点。

图25-28　parseInt()实例2

247

举例 parseFloat() 方式

```
<!DOCTYPE html>
<html>
<head>
    <meta charset="utf-8" />
    <title></title>
    <script>
        document.write("parseFloat(\"123\") : " + parseFloat("123")+ "<br/>");
        document.write("parseFloat(\"3.1415\") : "+ parseFloat("3.1415")+ "<br/>");
        document.write("parseFloat(\"hao123\") : " + parseFloat("hao123")+ "<br/>");
        document.write("parseFloat(\"100px\") : " + parseFloat("100px"));
    </script>
</head>
<body>
</body>
</html>
```

浏览器预览效果如图 25-29 所示。

分析

parseFloat() 跟 parseInt() 非常类似，都是从第一个字符从左到右开始判断。如果第一个字符是数字，则继续判断，直到出现除了数字和小数点之外的字符为止；如果第一个字符是非数字，则直接返回 NaN。

在首字母是 +、- 或数字的字符串中，不管是整数部分，还是小数部分，parseFloat() 同样可以转换。这一点上跟 parseInt() 是不一样的。

图25-29　parseFloat实例

25.6.2 "数字"转换为"字符串"

在 JavaScript 中，要将数字转换为字符串，也有两种方式。
- 与空字符串相加
- toString()

举例 与空字符串相加

```
<!DOCTYPE html>
<html>
<head>
    <meta charset="utf-8" />
    <title></title>
    <script>
        var a = 2017 + "";
        var b = a + 1000;
        document.write(b);
    </script>
</head>
<body>
```

```
        </body>
</html>
```

浏览器预览效果如图 25-30 所示。

分析

数字加上字符串，系统会将数字转换成字符串。如果想要将一个数字转换为字符串，而又不增加多余的字符，我们可以将这个数字加上一个空字符串。

举例 toString()

```
<!DOCTYPE html>
<html>
<head>
    <meta charset="utf-8" />
    <title></title>
    <script>
        var a = 2017;
        var b = a.toString()+1000;
        document.write(b);
    </script>
</head>
<body>
</body>
</html>
```

浏览器预览效果如图 25-31 所示。

图25-30　与空字符串相加

图25-31　toString()方法

分析

a.toString() 表示将 a 转换为字符串，也就是 2017 转换为 "2017"，因此最终 b 的值为 "20171000"。

在实际开发中，如果想要将数字转换为字符串来用，我们很少使用 toString() 方法，而更多使用隐式类型转换的方式（也就是直接与一个字符串相加）就行了。

25.7 转义字符

在学习转义字符之前，我们先来看一个例子：

```
<!DOCTYPE html>
<html>
<head>
    <meta charset="utf-8" />
```

```
        <title></title>
        <script>
            document.write("绿叶,给你初恋般的感觉~");
        </script>
    </head>
    <body>
    </body>
</html>
```

浏览器预览效果如图 25-32 所示。

如果我们想要实现如图 25-33 所示的这种效果,这个时候该怎么做呢?

图25-32 字符串中没有引号　　　　图25-33 字符串中含有引号

不少小伙伴首先想到的,可能就是使用下面这句代码来实现:

```
document.write("绿叶,给你"初恋"般的感觉~");
```

试过的小伙伴肯定会疑惑:怎么在页面中没有输出内容呢?其实大家仔细观察一下就知道,双引号都是成对出现的,这句代码有四个双引号,JavaScript 无法判断哪两个双引号是一对。为了避免这种情况发生,JavaScript 引入了转义字符。

所谓的转义字符,指的是在默认情况下某些字符在浏览器是无法显示的,不过为了让这些字符能够显示出来,我们可以使用这些字符对应的转义字符来代替。在 JavaScript 中,常见的转义字符如下表所示。

表 25-8　　　　　　　　　　常见的转义字符

转 义 字 符	说　　明
\'	英文单引号
\"	英文双引号
\n	换行符

实际上,JavaScript 中的转义字符有很多,但是我们只需要记住上面三种就可以了。此外还需要特别说明一下,对于字符串的换行,有两种情况。

- 如果是在document.write()中换行,则应该用
。
- 如果是在alert()中换行,则应该用\n。

举例 document.write() 中的换行

```
<!DOCTYPE html>
<html>
<head>
```

```
    <meta charset="utf-8" />
    <title></title>
    <script>
        document.write("绿叶，<br/>初恋般的感觉~");
    </script>
</head>
<body>
</body>
</html>
```

浏览器预览效果如图 25-34 所示。

举例 alert() 中的换行

```
<!DOCTYPE html>
<html>
<head>
    <meta charset="utf-8" />
    <title></title>
    <script>
        alert("绿叶，\n初恋般的感觉");
    </script>
</head>
<body>
</body>
</html>
```

浏览器预览效果如图 25-35 所示。

图25-34　document.write()中的换行

图25-35　alert()中的换行

分析

\n 是转义字符，一般用于对话框文本的换行。这里如果用
 就无法实现了。

25.8　注释

在 JavaScript 中，为一些关键代码注释是非常有必要的。注释的好处很多，比如方便理解、方便查找或方便项目组里的其他开发人员了解你的代码，而且也方便以后你对自己的代码进行修改。

25.8.1　单行注释

当注释的内容比较少，只有一行时，我们可以使用单行注释的方式。

语法

```
// 单行注释
```

说明

小伙伴们要特别注意一下，在 HTML、CSS 和 JavaScript 中的注释是不一样的。此外，并不是所有地方我们都要注释，一般情况只会对一些关键功能的代码进行注释。

举例

```
<!DOCTYPE html>
<html>
<head>
    <meta charset="utf-8" />
    <title></title>
    <style type="text/css">
        /*这是CSS注释*/
        body{color:Red;}
    </style>
    <script>
        // 这是JavaScript注释（单行）
        document.write("不要把无知当个性");
    </script>
</head>
<body>
    <!-- 这是HTML注释 -->
    <div></div>
</body>
</html>
```

浏览器预览效果如图 25-36 所示。

图25-36 单行注释

分析

从上面我们可以知道，注释内容不会显示在浏览器中。

25.8.2 多行注释

当注释的内容比较多，用一行无法完整表达时，我们可以使用多行注释的方式。

语法

```
/* 多行注释 */
```

说明

有小伙伴可能会说，HTML、CSS、JavaScript 这三个的注释不一样，而 JavaScript 还分单行注释和多行注释，我都记不住啊！其实我们不需要去死记，稍微留个印象就可以了，因为开发工具都会有代码高亮的提示功能。平常要是忘了的话，在编辑器中测试一下就知道了。

举例

```
<!DOCTYPE html>
<html>
<head>
    <meta charset="utf-8" />
    <title></title>
    <script>
        /*
          这是 JavaScript 注释（多行）
          这是 JavaScript 注释（多行）
          这是 JavaScript 注释（多行）
        */
        document.write(" 不要把无知当个性 ");
    </script>
</head>
<body>
    <div></div>
</body>
</html>
```

浏览器预览效果如图 25-37 所示。

图25-37　多行注释

分析

当然，如果注释的内容只有一行，我们也可以用多行注释的这种方式来注释。

25.9　练习题

单选题

1. 下面 JavaScript 变量名中，合法的是（　　）。

A. 666variable   B. my_variable
C. function   D. -variable

2. parseFloat(18.98) 返回的值是（　　）。
   A. 18   B. 19
   C. 18.98   D. "18.98"

3. 下面不属于 JavaScript 基本数据类型的是（　　）。
   A. 字符串   C. 布尔值
   C. undefined   D. 对象

4. 下面选项中，属于 JavaScript 正确注释方式是（　　）。（选两项）
   A. // 注释内容   B. /* 注释内容 */
   C. <!-- 注释内容 -->   D. // 注释内容 //

5. document.write("\"复仇者\"联盟 ")；这一句代码的输出结果是（　　）。
   A. 复仇者联盟   B. "复仇者"联盟
   C. \"复仇者\"联盟   D. 语法有误，程序报错

6. 下面有一段 JavaScript 程序，输出结果是（　　）。

```
var str = "101 中学";
document.write(parseInt(str));
```

   A. NaN   B. 101
   C. 101 中学   D. 程序报错

7. 下面哪一个表达式将会返回 false？（　　）
   A. !(3<=1)   B. (4>=4)&&(5<=2)
   C. ("a"=="a")&&("c"!="d")   D. (2<3)||(3<2)

8. 下面有一段 JavaScript 程序，运行之后变量 c 的值为（　　）。

```
var a, b, c;
a = "2";
b = 2;
c = a + b;
```

   A. 4   B. "4"
   C. 22   D. "22"

9. 下面有一段 JavaScript 程序，运行之后变量 y 的值为（　　）。

```
var x, y;
x = 10;
y = x++;
```

   A. 9   B. 10
   C. 11   D. undefined

第26章 流程控制

26.1 流程控制简介

流程控制，是任何编程语言中都有的一个语法。如果你学过 C#、Java 等，应该对流程控制很熟悉。所谓的流程控制，指的是控制程序按照怎样的顺序执行。

在 JavaScript 中，共有三种流程控制方式（其实任何语言也只有这三种啦）。
- 顺序结构
- 选择结构
- 循环结构

26.1.1 顺序结构

在 JavaScript 中，顺序结构是最基本的结构。所谓的顺序结构，说白了，就是代码按照从上到下、从左到右的"顺序"执行。

语法

图26-1 顺序结构

举例

```
<!DOCTYPE html>
<html>
<head>
    <meta charset="utf-8" />
    <title></title>
    <script>
        var str1 = "Web前端开发";
        var str2 = "精品课";
        var str3 = str1 + str2;
        document.write(str3);
    </script>
</head>
<body>
</body>
</html>
```

浏览器预览效果如图26-2所示。

分析

按照从上到下、从左到右的顺序，JavaScript会按照以下顺序执行代码。

① 执行var str1 = "绿叶学习网";

② 执行var str2 = "JavaScript";

③ 执行var str3 = str1 + str2;

④ 执行document.write(str3);

就算你不说，我也知道JavaScript是这样执行的啊！说

图26-2　顺序结构实例

得一点都没错，JavaScript一般情况下就是按照顺序结构来执行的。不过在某些场合，我们单纯只用顺序结构就没法解决问题了，此时就需要引入选择结构和循环结构。

26.1.2　选择结构

在JavaScript中，选择结构指的是根据"条件判断"来决定使用哪一段代码。选择结构有单向选择、双向选择以及多向选择三种，但是无论是哪一种，JavaScript都只会执行其中的一个分支。

语法

图26-3　选择结构

26.1.3 循环结构

循环结构，指的是根据条件来判断是否重复执行某一段程序。若条件为 true，则继续循环；若条件为 false，则退出循环。

咦？怎么这三种流程控制的方式给人一种熟悉的感觉？没错，这些就是我们在高中数学学过的。在高中之所以学这东西，就是为了给我们以后学习编程做铺垫的！接下来给大家介绍这三种方式在编程中是怎么用的。

图26-4　循环结构

26.2　选择结构：if

在 JavaScript 中，选择结构指的是根据"条件判断"来决定执行哪一段代码。选择结构有单向选择、双向选择以及多向选择三种，但无论是哪一种，JavaScript 只会执行其中的一个分支。

在 JavaScript 中，选择结构共有两种方式：一种是 if 语句，另外一种是 switch 语句。这一节我们先来介绍 if 语句。对于 if 语句，主要包括以下选择结构。

- 单向选择：if…
- 双向选择：if…else…
- 多向选择：if…else if…else…
- if语句的嵌套

26.2.1　单向选择：if…

图26-5　单向选择结构

语法

```
if(条件)
{
    ……
}
```

说明

这个"条件"一般是一个比较表达式。如果"条件"返回为 true，则会执行大括号 {} 内部的程序；如果"条件"返回为 false，则会直接跳过大括号 {} 内部的程序，然后按照顺序来执行后面的程序。

由大括号括起来的程序，我们又称其为"语句块"。语句块常用于选择结构、循环结构以及函数中，JavaScript 是把一个语句块看成是一个整体来执行。

举例

```
<!DOCTYPE html>
<html>
<head>
    <meta charset="utf-8" />
    <title></title>
    <script>
        var score = 100;
        if (score > 60) {
            alert("那你很棒棒噢~");
        }
    </script>
</head>
<body>
</body>
</html>
```

浏览器预览效果如图 26-6 所示。

图26-6　单向选择实例

分析

由于变量 score 的值为 100，所以 score>60 返回 true，因此会执行大括号 {} 内部的程序。

26.2.2 双向选择：if…else…

图26-7 双向选择结构

语法

```
if(条件)
{
    ……
}
else
{
    ……
}
```

说明

if…else…相对 if…来说，仅仅是多了一个选择。当条件返回为 true 时，会执行 if 后面大括号 {} 中的程序；当条件返回为 false 时，会执行 else 后面大括号 {} 中的程序。

举例

```
<!DOCTYPE html>
<html>
<head>
    <meta charset="utf-8" />
    <title></title>
    <script>
        var score = 100;
        if (score < 60) {
            alert("补考！");
        } else {
            alert("通过！");
        }
    </script>
</head>
<body>
</body>
</html>
```

浏览器预览效果如图 26-8 所示。

分析

由于变量 score 的值为 100，而 score<60 返回 false，因此会执行 else 后面大括号 {} 中的程序。

对于双向选择，我们可以使用三目运算符来代替。像上面这个例子，如果用三目运算符来写，实现代码如下所示。

举例 "三目运算符" 代替 "双向选择"

图26-8　双向选择实例

```
<!DOCTYPE html>
<html>
<head>
    <meta charset="utf-8" />
    <title></title>
    <script>
        var score = 100;
        var result = (score < 60) ? "补考！" : "通过！";
        alert(result);
    </script>
</head>
<body>
</body>
</html>
```

浏览器预览效果如图 26-9 所示。

图26-9　三目运算符

26.2.3　多向选择：if…else if…else…

多向选择，就是在双向选择的基础上增加多个选择分支。

语法

```
if(条件1)
{
    //当条件1为true时执行的代码
}
else if(条件2)
{
```

```
        // 当条件 2 为 true 时执行的代码
    }
    else
    {
        // 当条件 1 和条件 2 都为 false 时执行的代码;
    }
```

> **说明**
>
> 多向选择语法看似很复杂，其实也是非常简单的，它只是在双向选择基础上再增加一个或多个选择分支罢了。小伙伴们对比一下这两个的语法格式就知道了。

> **举例**

```
<!DOCTYPE html>
<html>
<head>
    <meta charset="utf-8" />
    <title></title>
    <script type="text/javascript">
        var time = 21;
        if (time < 12)
        {
            document.write("早上好！");    // 如果小时数小于12则输出"早上好！"
        }
        else if (time > =12 && time < 18)
        {
            document.write("下午好！");    // 如果小时数大于等于12并且小于18，输出"下午好！"
        }
        else
        {
            document.write("晚上好！");    // 如果上面两个条件都不符合，则输出"晚上好！"
        }
    </script>
</head>
<body>
</body>
</html>
```

浏览器预览效果如图 26-10 所示。

图26-10　多向选择

分析

对于多向选择,我们会从第一个 if 开始判断,如果第一个 if 条件不满足,则判断第二个 if 条件……直到满足为止。一旦满足,就会退出整个 if 结构。

26.2.4 if语句的嵌套

在 JavaScript 中,if 语句是可以嵌套使用的。

语法

```
if(条件1)
{
    if(条件2)
    {
        当"条件1"和"条件2"都为true时执行的代码
    }
    else
    {
        当"条件1"为true、"条件2"为false时执行的代码
    }
}
else
{
    if(条件2)
    {
        当"条件1"为false、"条件2"为true时执行的代码
    }
    else
    {
        当"条件1"和"条件2"都为false时执行的代码
    }
}
```

说明

对于这种结构,我们不需要去傻乎乎地去记,只需要从外到内根据条件一个个去判断就可以了。

举例

```
<!DOCTYPE html>
<html>
<head>
    <meta charset="utf-8" />
    <title></title>
    <script>
        var gendar = "女";
        var height = 172;
        if(gendar=="男")
        {
            if(height>170)
            {
                document.write("高个子男生");
```

26.2 选择结构：if

```
            }
            else
            {
                document.write(" 矮个子男生 ");
            }
        }
        else
        {
            if (height > 170)
            {
                document.write(" 高个子女生 ");
            }
            else
            {
                document.write(" 矮个子女生 ");
            }
        }
    </script>
</head>
<body>
</body>
</html>
```

浏览器预览效果如图 26-11 所示。

分析

在这个例子中，首先外层 if 语句的判断条件 gendar==" 男 " 返回 false，因此会执行 else 语句。然后我们可以看到 else 语句内部还有一个 if 语句，这个内层 if 语句的判断条件 height>170 返回 true，所以最终输出内容为 "高个子女生"。

实际上，if 语句的嵌套也是很好理解的，说白了就是在 if 或 else 大括号内部再增加一层判断。对于 if 语句的嵌套，我们一层一层由外到内地判断就可以了，就像剥洋葱一样，非常简单。下面再举一个例子，让小伙伴们消化一下。

图26-11　if语句的嵌套实例1

举例

```
<!DOCTYPE html>
<html>
<head>
    <meta charset="utf-8" />
    <title></title>
    <script>
        var x = 4;
        var y = 8;
        if (x < 5)
        {
            if (y < 5)
            {
                document.write("x 小于 5, y 小于 5");
            }
            else
            {
```

```
                document.write("x 小于 5, y 大于 5");
            }
        }
        else
        {
            if (y < 5)
            {
                document.write("x 大于 5, y 小于 5");
            }
            else
            {
                document.write("x 大于 5, y 大于 5");
            }
        }
    </script>
</head>
<body>
</body>
</html>
```

浏览器预览效果如图 26-12 所示。

图26-12　if语句的嵌套实例2

26.3　选择结构：switch

在 JavaScript 中，选择结构共有两种方式：if 语句和 switch 语句。上一节介绍了 if 语句，这一节我们再来给大家介绍一下 switch 语句。

语法

```
switch(判断值)
{
    case 取值1:
        语块1;break;
    case 取值2:
        语块3;break;
    ……
    case 取值n:
        语块n;break;
    default:
        语句块n+1;
}
```

26.3 选择结构：switch

说明

从英文意思角度来看，switch是"开关"，case是"情况"，break是"断开"，default是"默认"。小伙伴们根据英文意思来理解就很容易了。

switch语句会根据"判断值"来判断，然后来选择使用哪一个case。如果每一个case的取值都不符合，那就执行default的语句。

举例

```html
<!DOCTYPE html>
<html>
<head>
    <meta charset="utf-8" />
    <title></title>
    <script>
        var day = 3;
        var week;

        switch (day)
        {
            case 1:
                week = " 星期一 "; break;
            case 2:
                week = " 星期二 "; break;
            case 3:
                week = " 星期三 "; break;
            case 4:
                week = " 星期四 "; break;
            case 5:
                week = " 星期五 "; break;
            case 6:
                week = " 星期六 "; break;
            default:
                week = " 星期日 ";
        }
        document.write(" 今天是 " + week);     // 输出今天是星期几
    </script>
</head>
<body>
</body>
</html>
```

浏览器预览效果如图26-13所示。

图26-13　switch语句

分析

在switch语句中，系统会从第一个case开始判断，直到找到满足条件的case就会退出，然后后面的case就不会执行了。

对于switch和case，大家都知道是怎么一回事，却不太理解break和default有什么用。下面我们通过两个例子来理解一下。

举例 break 语句

```html
<!DOCTYPE html>
<html>
<head>
    <meta charset="utf-8" />
    <title></title>
    <script>
        var day = 5;
        var week;

        switch (day)
        {
            case 1:
                week = "星期一";
            case 2:
                week = "星期二";
            case 3:
                week = "星期三";
            case 4:
                week = "星期四";
            case 5:
                week = "星期五";
            case 6:
                week = "星期六";
            default:
                week = "星期日";
        }
        document.write(week);       // 输出今天是星期几
    </script>
</head>
<body>
</body>
</html>
```

浏览器预览效果如图 26-14 所示。

分析

day 的值为 5，为啥最终输出的是"星期日"呢？其实，这就是缺少 break 语句的结果。

实际上，在 switch 语句中，首先判断 case 的值是否符合 day 的值。因为 day 的值为 5，因此会执行 case 5 这一分支。但是，由于没有在 case 5 后面加 break 语句，因此程序还会把后面的 case 6 以及 default 都执行了，后面 week 的值会覆盖前面 week 的值，因此最终输出的是"星期日"。

图26-14　break语句

break 语句用于结束 switch 语句，从而使 JavaScript 仅仅执行对应的一个分支。如果没有了 break 语句，则该 switch 语句中"对应的分支"被执行后还会继续执行后面的分支。因此，对于 switch 语句，一定要在每一个 case 语句后面加上 break 语句。一定记得！

举例 default 语句

```html
<!DOCTYPE html>
<html>
<head>
    <meta charset="utf-8" />
    <title></title>
    <script>
        var n = 10;

        switch (n)
        {
            case 1:
                document.write("你选择的数字是:1"); break;
            case 2:
                document.write("你选择的数字是:2"); break;
            case 3:
                document.write("你选择的数字是:3"); break;
            case 4:
                document.write("你选择的数字是:4"); break;
            case 5:
                document.write("你选择的数字是:5"); break;
            default:
                document.write("你选择的数字不在 1~5 之间");
        }
    </script>
</head>
<body>
</body>
</html>
```

浏览器预览效果如图 26-15 所示。

分析

在这个例子中，我们使用 default 来定义默认情况，因此无论 n 的值是 10、12 还是 100，最终执行的也是 default 这一个分支。

此外，case 后面的取值不仅仅是数字，也可以是字符串等。switch 语句在实际开发中是非常重要的，建议大家认真掌握。

图26-15　default语句

26.4 循环结构：while

在 JavaScript 中，循环语句指的是在"满足某个条件下"循环反复地执行某些操作的语句。这就很有趣了，像"1+2+3+...+100""1+3+5...+99"这种计算就可以轻松用程序实现了。

在 JavaScript 中，循环语句共有以下三种。

- while语句

- do...while语句
- for语句

这一节，我们先来给大家介绍一下 while 语句的用法。

语法

```
while(条件)
{
    // 当条件为true时，循环执行
}
```

说明

如果条件返回为 true，则会执行大括号 {} 内部的程序之后，会再次判断条件。如果条件依旧还是 true，则会继续重复执行大括号中的程序……直到条件为 false 才结束整个循环，然后再接着执行 while 语句后面的程序。

举例 计算 1+2+3+…+100 的值

```
<!DOCTYPE html>
<html>
<head>
    <meta charset="utf-8" />
    <title></title>
    <script>
        var n = 1;
        var sum = 0;

        // 如果n小于等于100，则会执行while循环
        while (n <= 100)
        {
            sum=sum+n;
            n=n+1;
        }
        document.write("1+2+3+…+100 = " + sum);
    </script>
</head>
<body>
</body>
</html>
```

浏览器预览效果如图 26-16 所示。

分析

变量 n 用于递增（也就是不断加 1），初始值为 1。sum 用于求和，初始值为 0。对于 while 循环，我们一步步来给大家分析一下。

第 1 次执行 while 循环，sum=0+1，n=2。
第 2 次执行 while 循环，sum=0+1+2，n=3。
第 3 次执行 while 循环，sum=0+1+2+3，n=4。
……

图26-16　计算1+2+3+…+100的值

26.4 循环结构: while

第 100 次执行 while 循环,sum=0+1+...+100,n=101。

记住,每一次执行 while 循环之前,我们都需要判断条件是否满足,如果满足,则继续执行 while 循环,如果不满足,则退出 while 循环。

当我们第 101 次执行 while 循环时,由于此时 n=101,而判断条件 n<=100 返回 false,此时 while 循环不再执行 (也就是退出 while 循环)。由于退出了 while 循环,接下来就不会再循环执行 while 中的程序,而是执行 while 后面的 document.write() 了。

举例 计算 1+3+5+…+99 的值

```
<!DOCTYPE html>
<html>
<head>
    <meta charset="utf-8" />
    <title></title>
    <script>
        var n = 1;
        var sum = 0;

        // 如果 n 小于 100,则会执行 while 循环
        while (n < 100)
        {
            sum += n;      // 等价于 sum=sum+n;
            n += 2;        // 等价于 n=n+2;
        }
        document.write("1+3+5+…+99 = " + sum);
    </script>
</head>
<body>
</body>
</html>
```

浏览器预览效果如图 26-17 所示。

分析

在这个例子中,while 循环的条件 n < 100 改为 n<=99 也是一样的,因为两个条件是等价的。当然,上一个例子中 n<=100 其实也等价于 n<101。我们可以思考一下为什么?

此外,sum += n; 等价于 sum=sum+n;,而 n+=2; 等价于 n=n+2;。在实际开发中,我们一般使用简写形式,大家一定要熟悉这种赋值运算符的简写形式。

至于 while 循环是怎么进行的,可以对比一下上个例子的具体流程,自己理清一下思路,慢慢消化一下,很简单。

图26-17　计算1+3+5+…+99的值

对于 while 语句,我们还需要特别注意以下两点。

- 循环内部的语句一定要用大括号{}括起来,即使只有一条语句。
- 循环内部中,一定要有可以结合判断条件来让循环可以退出的语句,一般来说都是i++、i+=2之类的。如果没有判断条件和退出语句,循环就会一直运行下去,变成一个"死循环"。要是这样的话,浏览器崩溃了,你崩溃了,老板也跟着崩溃了……

举例 死循环

```
<!DOCTYPE html>
<html>
<head>
    <meta charset="utf-8" />
    <title></title>
    <script>
        while (true)
        {
            alert(" 我也是醉了 ")
        }
    </script>
</head>
<body>
</body>
</html>
```

浏览器预览效果如图 26-18 所示。

图26-18 死循环

分析

这就是最简单的"死循环",因为判断条件一直为 true,因此会一直执行 while 循环,然后会不断弹出对话框。小伙伴可以试一下,会发现没法停止对话框弹出。想要关闭浏览器,可以按下快捷键 Shift+Ctrl+Esc 打开任务管理器来关闭。

在实际开发中,我们一定要避免"死循环"的出现,因为这是一个很低级的错误。

26.5 循环结构:do…while

在 JavaScript 中,除了 while 语句,我们还可以使用 do...while 语句来实现循环。

语法

```
do
{
    ……
}while(条件);
```

说明

do...while 语句首先是无条件执行循环体一次,然后再判断是否符合条件。如果符合条件,则重复执行循环体;如果不符合条件,则退出循环。

do...while 语句跟 while 语句是非常相似的,并且任何一个都可以转换成等价的另外一个。

do...while 语句结尾处括号后有一个分号(;),该分号一定不能省略,这是初学者最容易忽略的一点,大家一定要记得呀。

举例

```
<!DOCTYPE html>
<html>
<head>
    <meta charset="utf-8" />
```

```
        <title></title>
        <script>
            var n = 1;
            var sum = 0;
            do
            {
                sum += n;
                n++;
            }while (n <= 100);
            document.write("1+2+3+…+100 = " + sum);
        </script>
    </head>
    <body>
    </body>
</html>
```

浏览器预览效果如图 26-19 所示。

分析

将这个例子与上一节的例子进行对比，可以总结出以下两点。

- while 语句和 do...while 语句是可以互相转换的，对于这两个，我们掌握其中一个就可以了。
- while 语句是"先判断后循环"，do...while 语句是"先循环后判断"，这是两者的本质区别。

图26-19 do...while

在实际开发中，我们一般都是用 while 语句，而不是用 do...while 语句，主要是 do...while 语句会先无条件执行一次循环，有时候用得不好的话，这个特点会导致执行了一次不该执行的循环。也就是说，我们只需要重点掌握 while 语句就可以了。

26.6 循环结构：for

在 JavaScript 中，除了 while 语句以及 do...while 语句，我们还可以使用 for 语句来实现循环。

语法

```
for(初始化表达式；条件表达式；循环后操作)
{
    ……
}
```

说明

初始化表达式，一般用于定义"用于计数的变量"的初始值；条件表达式，表示退出循环的条件，类似 while 中的条件，如 n<100；循环后操作，指的是执行循环体（也就是大括号中的程序）后的操作，类似于 while 中的 n++ 之类的。

对于初学者来说，仅仅看上面的语法是无法理解的，所以先来看一个例子。

举例

```html
<!DOCTYPE html>
<html>
<head>
    <meta charset="utf-8" />
    <title></title>
    <script>
        for(var i=0;i<5;i++ )
        {
            document.write(i+"<br/>");
        }
    </script>
</head>
<body>
</body>
</html>
```

浏览器预览效果以及分析如图 26-20 和图 26-21 所示。

图26-20　for循环　　　　　　　　　图26-21　分析图

分析

在 for 循环中，首先定义一个用于计数的变量 i，初始值为 0。然后定义一个判断条件 i<5，也就是说只要 i 小于 5 就会执行 for 循环中的程序。最后定义一个循环后的表达式 i++，也就是说每次循环之后都会执行一次 i++。

① 第 1 次执行 for 循环

初始化：var i = 0;

判断：i<5（i 的值为 0，返回 true）

输出：0

更新：i++（执行后 i=1）

② 第 2 次执行 for 循环

判断：i<5（i 的值为 1，返回 true）

输出：1

更新：i++（执行后 i=2）

……

⑤ 第 5 次执行 for 循环

判断：i<5（i 的值为 4，返回 true）

输出：4

更新：i++（执行后 i=5）

⑥ 第 6 次执行 for 循环

判断：i<5（i 的值为 5，返回 false）。由于 i<5 返回 false，因此条件不满足，退出 for 循环。

当然，这个例子我们也可以使用 while 或者 do…while 来实现。因为程序是活的，不是死的，想要实现某一个功能，方式是多种多样的。

举例

```
<!DOCTYPE html>
<html>
<head>
    <meta charset="utf-8" />
    <title></title>
    <script>
        for (var i = 2; i < 5; i++)
        {
            var str = "<p style='font-size:" + i * 5 + "px'>高筑墙，广积粮，缓称王。</p>";
            document.write(str);
        }
    </script>
</head>
<body>
</body>
</html>
```

浏览器预览效果如图 26-22 所示。

分析

小伙伴要特别注意了，这里的 for 循环，变量 i 的初始值是 2 而不是 1。在循环体中，我们使用"拼接字符串"（也就是用加号拼接）的方式来构造一个"HTML 字符串"。大家好好琢磨一下这个例子，非常有用。

很多没有编程基础的初学者在学习 for 循环时都会卡一下，很难理解这种语法。其实大家都这样的，并不是你一个。所以不要老埋怨自己笨，因为谁都做过小白。记不住语法没关系，等你要用了，回来这里对着这几个例子"抄"过去，然后多写两次，自然就会了。

图26-22　for循环

26.7 判断整数或小数

通过前面的学习可以知道,对于一个"数字型字符串",如果这个数字是整数,则 parseInt() 和 parseFloat() 两个方法返回的结果是一样的,例如 parseInt("2017") 返回 2017, parseFloat("2017") 返回 2017。如果这个数字是小数,则 parseInt() 和 parseFloat() 两个返回的结果是不一样的,例如 parseInt("3.14") 返回 3,而 parseFloat("3.14") 返回的是 3.14。

也就是说,如果是整数,则 parseInt() 和 parseFloat() 返回结果一样。如果是小数,则 parseInt() 和 parseFloat() 返回结果不一样。因此我们可以通过这个特点,来判断一个数是整数还是小数。

实现代码如下:

```html
<!DOCTYPE html>
<html>
<head>
    <meta charset="utf-8" />
    <title></title>
    <script>
        var n = 3.14;
        if (parseInt(n.toString()) == parseFloat(n.toString()))
        {
            document.write(n+ " 是整数 ")
        }
        else
        {
            document.write(n + " 是小数 ")
        }
    </script>
</head>
<body>
</body>
</html>
```

浏览器预览效果如图 26-23 所示。

图26-23 判断一个数是整数还是小数

26.8 找出"水仙花数"

所谓"水仙花数"是指一个三位数,其各位数字的立方和等于该数的本身。例如 153 就是一个水仙花数,因为 $15^3 = 1^3 + 5^3 + 3^3$。

实现代码如下:

```html
<!DOCTYPE html>
<html>
<head>
    <meta charset="utf-8" />
    <title></title>
    <script>
        // 定义一个空字符串,用来保存水仙花数
        var str = "";
        for (var i = 100; i < 1000; i++)
        {
            var a = i % 10;              // 提取个位数
            var b = (i / 10) % 10        // 提取十位数
            b = parseInt(b);             // 舍弃小数部分
            var c = i / 100;             // 提取百位数
            c = parseInt(c);             // 舍弃小数部分

            if (i == (a * a * a + b * b * b + c * c * c))
            {
                str = str + i + "、";
            }
        }
        document.write("水仙花数有:" + str);
    </script>
</head>
<body>
</body>
</html>
```

浏览器预览效果如图 26-24 所示。

图26-24 水仙花数

26.9 练习题

单选题

1. 下面哪一个是 JavaScript 循环语句正确的写法？（   ）
   - A. if(i<10;i++)
   - B. for(i=0;i<10)
   - B. for i=1 to 10
   - D. for(i=0;i=10;i++)

2. 下面有关循环结构的说法中，不正确的是（   ）。
   - A. do-while 的循环体至少无条件执行一次
   - B. for 循环是先执行循环体，后判断表达式
   - C. while(!e); 这一句代码中的 !e 等价于 e!=0
   - D. 在实际开发中，我们应该尽量避免"死循环"

3. 下面有一段 JavaScript 程序，其中 while 循环执行的次数是（   ）。

```
var i = 0;
while(i=1)i++;
```

   - A. 一次也不执行
   - B. 执行一次
   - C. 无限次
   - D. 有语法错，不能执行

4. 下面有一段 JavaScript 程序，运行之后变量 i 的值为（   ）。

```
var i = 8;
do
{
    i++;
}while(i>100);
```

   - A. 8
   - B. 9
   - C. 100
   - D. 101

5. 下面有一段 JavaScript 程序，输出结果是（   ）。

```
var sum = 0;
var i = 0;
for(; i<5; i++)
{
    sum +=i;
}
document.write(sum);
```

   - A. 9
   - B. 10
   - C. 11
   - D. 程序报错

6. 下面有一段 JavaScript 程序，输出结果是（   ）。

```
var i = 6;
switch(i)
{
    case 5: i++;
    case 6: i++;
```

```
        case 7: i++;
        case 8: i++;
        default:i++;
}
document.write(i);
```

A. 6
B. 7
C. 8
D. 10

编程题

1. 利用三种循环来计算 1+2+3+…+100 的值。
2. 使用循环语句输出下面的菱形图案（由 "-" 和 "*" 这两种符号组成）。"

```
---*
--***
-*****
*******
-*****
--***
---*
```

3. 输出九九乘法表，格式如下：

```
1 * 1 = 1
1 * 2 = 2    2 * 2 = 4
1 * 3 = 3    2 * 3 = 6    3 * 3 = 9
……
```

第27章 初识函数

27.1 函数是什么？

在讲解函数语法之前，我们先给大家介绍一下函数是怎样的一个东西。先来看一段代码：

```
<!DOCTYPE html>
<html>
<head>
    <meta charset="utf-8" />
    <title></title>
    <script>
        var sum = 0;
        for (var i = 1; i <= 50; i ++)
        {
            sum += i;
        }
        document.write("50 以内所有整数之和为 : " + sum);
    </script>
</head>
<body>
</body>
</html>
```

大家一看就知道上面这段代码实现的功能是：**计算 50 以内所有整数之和**。如果要分别计算 "50 以内所有整数之和"以及"100 以内所有整数之和"，那应该怎么实现呢？不少小伙伴很快

27.1 函数是什么?

就写下了以下代码:

```html
<!DOCTYPE html>
<html>
<head>
    <meta charset="utf-8" />
    <title></title>
    <script>
        var sum1 = 0;
        for (var i = 1; i <= 50; i++)
        {
            sum1 += i;
        }
        document.write("50 以内所有整数之和为:" + sum1);
        document.write("<br/>");
        var sum2 = 0;
        for (var i = 1; i <= 100; i++)
        {
            sum2 += i;
        }
        document.write("100 以内所有整数之和为:" + sum2);
    </script>
</head>
<body>
</body>
</html>
```

那我现在提一个问题:如果要你分别实现"50 以内、100 以内、150 以内、200 以内、250 以内"所有整数之和。那岂不是要重复写 5 次相同的代码?

为了减轻这种重复编码的负担,JavaScript 引入了函数的概念。如果我们想要实现上面五个范围内所有整数之和,用函数可以这样实现:

```html
<!DOCTYPE html>
<html>
<head>
    <meta charset="utf-8" />
    <title></title>
    <script>
        // 定义函数
        function sum(n)
        {
            var m = 0;
            for (var i = 1; i <= n; i++)
            {
                m += i;
            }
            document.write(n + " 以内所有整数之和为:" + m + "<br/>");
        }
        // 调用函数,计算 50 以内所有整数之和
        sum(50);
        // 调用函数,计算 100 以内所有整数之和
```

```
            sum(100);
            // 调用函数，计算 150 以内所有整数之和
            sum(150);
            // 调用函数，计算 200 以内所有整数之和
            sum(200);
            // 调用函数，计算 250 以内所有整数之和
            sum(250);
        </script>
    </head>
    <body>
    </body>
</html>
```

浏览器预览效果如图 27-1 所示。

分析

对于这段代码，大家暂时看不懂没关系，学完这一章就明白了。从上面我们也可以看出，使用函数可以减少大量重复工作，这简直是编程的一大神器呐！

函数一般用来实现某一种重复使用的功能，在需要该功能的时候，直接调用函数就可以了，而不需要重复编写一大堆代码。并且在需要修改该函数功能的时候，也只需要修改和维护这一个函数就行，而不会影响其他代码。

图27-1　函数

函数一般用于两种情况，一种是"重复使用"，另外一种是"特定功能"。

在 JavaScript 中，如果我们想要使用函数，一般只需要简单两步。

- 定义函数
- 调用函数

27.2 函数的定义

在 JavaScript 中，函数可以分两种：一种是"没有返回值的函数"，另外一种就是"有返回值的函数"。无论是哪一种函数，都必须使用 function 来定义。

27.2.1 没有返回值的函数

没有返回值的函数，指的是函数执行完就算了，不会返回任何值。

语法

```
function 函数名 ( 参数1 , 参数2 ,..., 参数 n)
{
    ……
}
```

说明

在 JavaScript 中，函数是一个用大括号 {} 括起来的、可重复使用的、具有特定功能的语句块。

27.2 函数的定义

每一个函数,就是独立的语句块(看成一个整体)。用大括号{}括起来的,我们称之为语句块,像 if、while、do...while、for 等语句中也有。对于语句块来说,我们都是把它当成整体来处理的。

函数跟变量是非常相似的,变量用 var 来定义,而函数用 function 来定义。变量需要取一个变量名,而函数也需要取一个函数名。

在定义函数的时候,函数名不要随便取,尽量取有意义的英文名,让人一看就知道这个函数是干什么的。

对于函数的参数,是可以省略的(即不写),当然也可以是一个、两个或多个。如果是多个参数,则参数之间用英文逗号(,)隔开。此外,函数参数的个数,一般取决于实际开发的需要。

举例

```html
<!DOCTYPE html>
<html>
<head>
    <meta charset="utf-8" />
    <title></title>
    <script>
        // 定义函数
        function addSum(a,b)
        {
            var sum = a + b;
            document.write(sum);
        }
        // 调用函数
        addSum(1, 2);
    </script>
</head>
<body>
</body>
</html>
```

浏览器预览效果如图 27-2 所示,而分析图如图 27-3 所示。

图27-2 没有返回值的函数　　　　图27-3 分析图

分析

这里我们使用 function 定义了一个名字为 addSum 的函数，这个函数用于计算任意两个数之和。函数名可以随便取，不过一般取能够表示函数功能的英文名。

function addSum(a,b){…} 是函数的定义，这里的 a、b 是参数，也叫"形参"。参数的名字也是随便取的。初学的小伙伴就会问了：怎么判断需要多少个参数啊？其实这很简单。由于这个函数用于计算任何两个数之和，那肯定就是需要两个参数啦！

addSum(1,2) 是函数的调用，这里的 1、2 也是参数，叫做"实参"。实际上，函数调用是对应于函数定义的，像 addSum(1,2) 就刚好对应于 addSum(a,b)，其中 1 对应 a，2 对应 b，因此 addSum(1,2) 等价于：

```
function addSum(1,2)
{
    var sum = 1 + 2;
    document.write(sum);
}
```

也就是说，函数的调用，其实就是把"实参"（即 1 和 2）传递给"形参"（即 a 和 b），然后把函数执行一遍。

在这个例子中，我们可以改变函数调用的参数，也就是把 1 和 2 换成其他试试。此外，还有一点要说明的：函数只有定义部分，却没有调用部分，这是一点意义都没有的。如果函数只定义不调用，则 JavaScript 就会自动忽略这个函数，也就是不会执行这个函数。函数只有调用的时候，才会被执行。

27.2.2 有返回值的函数

有返回值的函数，指的是函数执行完之后，会返回一个值，这个返回值可以供我们使用。

语法

```
function 函数名 ( 参数 1 , 参数 2 ,..., 参数 n)
{
    ……
    return 返回值;
}
```

说明

"有返回值的函数"相对"没有返回值的函数"来说，只是多了一个 return 语句罢了。return 语句就是用来返回一个结果。

举例

```
<!DOCTYPE html>
<html>
<head>
    <meta charset="utf-8" />
    <title></title>
    <script>
        // 定义函数
```

```
            function addSum(a, b) {
                var sum = a + b;
                return sum;
            }
            // 调用函数
            var n = addSum(1, 2) + 100;
            document.write(n);
        </script>
    </head>
    <body>
    </body>
</html>
```

浏览器预览效果如图 27-4 所示。

分析

这里我们使用 function 定义了一个名为 addSum 的函数，这个函数跟之前那个例子的函数功能是一样的，也是用来计算任何两个数之和。唯一不同的是，这个 addSum() 函数会返回相加的结果。

图27-4　有返回值的函数

为什么要返回相加的结果呢？因为这个相加结果在后面要用啊！现在小伙伴终于知道什么时候该 return，什么时候不用 return 了吧？

一般情况下，如果后面的程序需要用到函数的计算结果，就要用 return 返回；如果后面的程序不需要用到函数的计算结果，就不用 return 返回。

27.2.3　全局变量与局部变量

在 "25.2 常量与变量" 这一节我们知道了变量是什么。在 JavaScript 中，变量是有一定的作用域（也就是变量的有效范围）的。根据作用域，变量可以分为两种。
- 全局变量
- 局部变量

全局变量一般在主程序中定义，其有效范围是从定义开始，一直到整个程序结束为止。说白了，全局变量在任何地方都可以用。

局部变量一般在函数中定义，其有效范围只限于函数之中，函数执行完了就没了。说白了，局部变量只能在函数中使用，函数之外是不能使用函数之内定义的变量的。

举例

```
<!DOCTYPE html>
<html>
<head>
    <meta charset="utf-8" />
    <title></title>
    <script>
        var a = "十里";
        // 定义函数
        function getMes()
```

```
            {
                var b = a + "桃花";
                document.write(b);
            }
            // 调用函数
            getMes();
        </script>
    </head>
    <body>
    </body>
</html>
```

浏览器预览效果如图 27-5 所示。

分析

变量 a 由于是在主程序中定义的，因此它是全局变量，也就是在程序中的任何地方（包括函数内）都可以使用。变量 b 由于是在函数内部定义的，因此它是局部变量，也就是只限在 getMes() 函数内部使用。

图27-5　全局变量与局部变量

举例

```
<!DOCTYPE html>
<html>
<head>
    <meta charset="utf-8" />
    <title></title>
    <script>
        var a = "十里";
        // 定义函数
        function getMes()
        {
            var b = a + "桃花";
        }
        // 调用函数
        getMes();
        // 尝试使用函数内的变量b
        var str = "三生三世" + b;
        document.write(str);
    </script>
</head>
<body>
</body>
</html>
```

浏览器预览效果如图 27-6 所示。

分析

咦，为啥没有内容呢？这是因为变量 b 是局部变量，只能在函数之内使用，不能在函数之外使用。如果我们想要在函数之外使用函数之内的变量，可以使用 return 语句返回该变量的值，实现代码如下：

图27-6　局部变量

举例

```
<!DOCTYPE html>
<html>
<head>
    <meta charset="utf-8" />
    <title></title>
    <script>
        var a = "十里";
        // 定义函数
        function getMes()
        {
            var b = a + "桃花";
            return b;
        }
        var str = "三生三世" + getMes();
        document.write(str);
    </script>
</head>
<body>
</body>
</html>
```

浏览器预览效果如图 27-7 所示。

图27-7　return返回值

27.3　函数的调用

如果一个函数仅仅是定义而没有被调用的话，则函数本身是不会执行的（认真琢磨这句话，非常重要）。我们都知道 JavaScript 代码是从上到下执行的，JavaScript 遇到函数定义部分会直接跳过（忽略掉），然后只有遇到函数调用才会返回去执行函数定义部分。也就是说，函数定义之后只有被调用才有意义。

在函数这个方面，JavaScript 跟其他编程语言（如 C、Java 等）有很大的不同。JavaScript 函数调用方式很多，常见的有四种。

- 直接调用
- 在表达式中调用
- 在超链接中调用
- 在事件中调用

27.3.1 直接调用

直接调用，是常见的函数调用方式，一般用于"没有返回值的函数"。

语法

```
函数名（实参1，实参2，...，实参n）;
```

说明

从外观上来看，函数调用与函数定义是非常相似的，大家可以对比一下。一般情况下，函数定义有多少个参数，函数调用时就有多少个参数。

举例

```html
<!DOCTYPE html>
<html>
<head>
    <meta charset="utf-8" />
    <title></title>
    <script>
        // 定义函数
        function getMes()
        {
            document.write("听说泰国人很大方，一见面就说：刷我滴卡。");
        }
        // 调用函数
        getMes();
    </script>
</head>
<body>
</body>
</html>
```

浏览器预览效果如图 27-8 所示。

分析

可能有些小伙伴会有疑问：为什么这里的函数没有参数呢？其实函数不一定都有参数的，我们在函数体内不需要用到传递过来的数据，就不需要参数。有没有参数，或者有多少个参数，都是根据实际开发需求来决定的。

图27-8 直接调用

27.3.2 在表达式中调用

在表达式中调用，一般用于"有返回值的函数"，然后函数的返回值会参与表达式的计算。

举例

```html
<!DOCTYPE html>
<html>
<head>
    <meta charset="utf-8" />
```

```
        <title></title>
        <script>
            // 定义函数
            function addSum(a, b)
            {
                var sum = a + b;
                return sum;
            }
            // 调用函数
            var n = addSum(1, 2) + 100;
            document.write(n);
        </script>
    </head>
    <body>
    </body>
</html>
```

浏览器预览效果如图 27-9 所示。

分析

从 var n = addSum(1, 2) + 100；这句代码可以看出，函数是在表达式中调用的。这种调用方式，一般只适用于有返回值的函数，然后函数的返回值会作为表达式的一部分参与运算。

图27-9　在表达式中调用

27.3.3 在超链接中调用

在超链接中调用，指的是在 a 元素的 href 属性中使用"javascript: 函数名"的形式来调用函数。当用户点击超链接时，就会调用该函数。

语法

```
<a href="javascript: 函数名 "></a>
```

举例

```
<!DOCTYPE html>
<html>
<head>
    <meta charset="utf-8" />
    <title></title>
    <script>
        function expressMes()
        {
            alert(" 她：我爱 helicopter。\n 我：oh~my, = =?!");
        }
    </script>
</head>
<body>
    <a href="javascript:expressMes()"> 表白对话 </a>
</body>
</html>
```

浏览器预览效果如图 27-10 所示。当我们点击了超链接之后，就会调用函数 expressMes()，预览效果如图 27-11 所示。

图27-10　打开时效果

图27-11　点击后效果

分析

这里使用转义字符 \n 来实现 alert() 方法中文本的换行。alert() 和 document.write() 这两个方法的换行方式是不一样的，忘记了的小伙伴记得翻一下"25.7 转义字符"这一节。

27.3.4　在事件中调用

JavaScript 是基于事件的一门语言，像鼠标移动是一个事件，鼠标单击也是一个事件，类似的事件很多。当一个事件产生的时候，我们就可以调用某个函数来针对这个事件作出响应。

看到这里，估计不少小伙伴就感到迷惑了，因为压根儿就不知道事件是怎么一回事。不理解概念、看不懂代码都没关系的，这里我们只是先给大家讲一下有"在事件中调用函数"这么一回事，以便有个流畅的学习思路。对于事件操作，我会在"第 34 章 事件基础"中给大家详细介绍。

举例

```
<!DOCTYPE html>
<html>
<head>
    <meta charset="utf-8" />
    <title></title>
    <script>
        function alertMes()
        {
            alert("绿叶，给你初恋般的感觉~");
        }
    </script>
</head>
<body>
    <input type="button" onclick="alertMes()" value="提交" />
</body>
</html>
```

浏览器预览效果如图 27-12 所示。当我们点击"提交"按钮后，会弹出对话框，效果如图 27-13 所示。

27.4 嵌套函数

图27-12　打开时效果

图27-13　点击后效果

分析

这种在事件中调用函数，在后面我们会接触得非常多，这里简单了解一下即可。

27.4 嵌套函数

嵌套函数，简单来说，就是在一个函数的内部定义另外一个函数。不过在内部定义的函数只能在内部调用，如果在外部调用，就会出错。

举例 嵌套函数用于"阶乘"

```
<!DOCTYPE html>
<html>
<head>
    <meta charset="utf-8" />
    <title></title>
    <script>
        // 定义阶乘函数
        function func(a)
        {
            // 嵌套函数定义，计算平方值的函数
            function multi (x)
            {
                return x*x;
            }
            var m=1;
            for(var i=1;i<=multi(a);i++)
            {
                m=m*i;
            }
            return m;
        }
        // 调用函数
        var sum =func(2)+func(3);
        document.write(sum);
    </script>
</head>
<body>
</body>
</html>
```

289

浏览器预览效果如图 27-14 所示。

分析

在这个例子中，我们定义了一个函数 func，这个函数有一个参数 a。然后在 func() 内部定义了一个函数 multi()。其中 multi() 作为一个内部函数，只能在函数 func() 内部使用。

对于 func(2)，我们把二作为实参传进去，此时 func(2) 等价于：

图27-14　嵌套函数

```
function func(2)
{
    function multi(2)
    {
        return 2 * 2;
    }
    var m = 1;
    for (var i = 1; i <= multi(2) ; i++)
    {
        m = m * i;
    }
    return m;
}
```

从上面我们可以看出，func(2) 实现的是 1×2×3×4，也就是 4 的阶乘。同理，func(3) 实现的是 1×2×⋯×9，也就是 9 的阶乘。

嵌套函数功能是非常强大的，并且跟 JavaScript 最重要的一个概念"闭包"有着直接的关系。不过对于初学者来说，我们只需要知道有嵌套函数这一回事就行，不需要学会怎么用。

27.5　内置函数

在 JavaScript 中，函数还可以分为"自定义函数"和"内置函数"。自定义函数，指的是需要我们自己定义的函数，前面学的就是自定义函数。内置函数，指的是 JavaScript 内部已经定义好的函数，也就是说我们不需要自己写函数体，直接调用就行了，如表 27-1 所示。

表 27-1　　　　　　　　　　内置函数

函　　数	说　　明
parseInt()	提取字符串中的数字，只限提取整数
parseFloat()	提取字符串中的数字，可以提取小数
isFinite()	判断某一个数是否是一个有限数值
isNaN()	判断一个数是否是 NaN 值
escape()	对字符串进行编码
unescape()	对字符串进行解码
eval()	把一个字符串当做一个表达式一样去执行

JavaScript 的内置函数非常多,但是大部分都是用不上的。比较重要的是 parseInt() 和 parseFloat(),这两个我们在 25.6 已经介绍过了。其他的,我们不需要深入了解,也不需要记忆。如果在实际开发需要用,上网搜索一下就行。

27.6 判断某一年是否闰年

闰年的判断条件有两个。
- 对于普通年,如果能被4整除且不能被100整除的是闰年。
- 对于世纪年,能被400整除的是闰年。

实现代码如下:

```
<!DOCTYPE html>
<html>
<head>
    <meta charset="utf-8" />
    <title></title>
    <script>
        // 定义函数
        function isLeapYear(year)
        {
            // 判断闰年的条件
            if ((year % 4 == 0) && (year % 100 != 0) || (year % 400 ==0))
            {
                return year + "年是闰年";
            }
            else
            {
                return year + "年不是闰年";
            }
        }
        // 调用函数
        document.write(isLeapYear(2017));
    </script>
</head>
<body>
</body>
</html>
```

浏览器预览效果如图 27-15 所示。

图27-15 判断某一年是否闰年

27.7 求出任意五个数最大值

想要求出 n 个数中的最大值,很简单:定义一个变量,然后每次比较两个数后,较大的数赋值给变量就可以了。

实现代码如下:

```html
<!DOCTYPE html>
<html>
<head>
    <meta charset="utf-8" />
    <title></title>
    <script>
        function getMax(a,b,c,d,e) {
            var maxNum;
            maxNum = (a > b) ? a : b;
            maxNum = (maxNum > c) ? maxNum : c;
            maxNum = (maxNum > d) ? maxNum : d;
            maxNum = (maxNum > e) ? maxNum : e;
            return maxNum;
        }
        document.write("5个数中的最大值为:" + getMax(3, 9, 1, 12, 50));
    </script>
</head>
<body>
</body>
</html>
```

浏览器预览效果如图 27-16 所示。

分析

这个例子只是让大家熟悉一下函数的使用。在实际开发中,如果想要求一组数中的最大值或最小值,我们更倾向于使用后面章节介绍的两种方法:数组对象的 sort() 方法;Math 对象的 max() 和 min() 方法。

图27-16 求出最大值

27.8 练习题

单选题

1. 如果想要从函数返回一个值,必须使用哪一个关键字?(   )
    A. continue   B. break   C. return   D. exit
2. 下面有关函数的说法中,正确的是(   )。
    A. 函数至少要有一个参数,不能没有参数
    B. 函数的实参个数一般与形参个数相同

C. 在函数内部定义的变量是全局变量

D. 任何函数都必须要有返回值

3. 下面有一段 JavaScript 程序，输出结果是（　　）。

```
function fn()
{
    var a;
    document.write(a);
}
fn();
```

A. 0   B. 1   C. undefined   D. null

4. 下面有一段 JavaScript 程序，输出结果是（　　）。

```
var a = 3, b = 5;
function swap() {
    var tmp;
    tmp = a;
    a = b;
    b = tmp;
}
swap();
document.write("a=" + a + ",b=" + b);
```

A. 3, 5   B. 5, 3   C. a=3,b=5   D. a=5,b=3

编程题

定义两个函数，它们的功能分别是求出任意五个数中的最大值和最小值。

第28章

字符串对象

28.1 内置对象简介

在 JavaScript 中，对象是非常重要的知识点。对象可以分为两种：一种是"自定义对象"，另外一种是"内置对象"。自定义对象，指的是需要我们自己定义的对象，跟"自定义函数"是一样的道理；内置对象，指的是不需要我们自己定义（即系统已经定义好的）、可以直接使用的对象，跟"内置函数"也是一样的道理。

在初学阶段，我们先来学习内置对象，然后在进阶的时候再去学习自定义对象。在 JavaScript 中，常用的内置对象有四种。

- 字符串对象：String
- 数组对象：Array
- 日期对象：Date
- 数值对象：Math

这四个对象都有非常多的属性和方法，但是对于不常用的，我会一笔带过，而只是给大家讲解最实用的，这样可以大幅提高小伙伴们的学习效率。实际上，任何一门 Web 技术的知识点都是非常多的，但是我们并不需要把所有知识点都记住，只需记住常用的就可以走得很远了。大部分东西我们都可以把它们列为"可翻阅知识"（也就是不需要记忆，等到需要的时候再回来翻一翻）。

在这一章中，先来学习一下字符串对象的常用属性和方法。

28.2 获取字符串长度

在 JavaScript 中，我们可以使用 length 属性来获取字符串的长度。

语法

字符串名.length

说明

调用对象的属性，我们用的是点（.）运算符，可以将它理解为"的"，例如 str.length 可以看成是"str 的 length（长度）"。

字符串对象的属性有好几个，不过我们要掌握的也只有 length 这一个。获取字符串长度在实际开发中用得非常多。

举例 获取字符串长度

```
<!DOCTYPE html>
<html>
<head>
    <meta charset="utf-8" />
    <title></title>
    <script>
        var str = "I love lvye!";
        document.write("字符串长度是:" + str.length);
    </script>
</head>
<body>
</body>
</html>
```

浏览器预览效果如图 28-1 所示。

图28-1 获取字符串长度

分析

对于 str 这个字符串，小伙伴数来数去都觉得它的长度应该是 10，怎么输出结果是 12 呢？其实空格本身也是作为一个字符来处理的，这一点我们很容易忽略。

举例 获取一个数字的长度

```
<!DOCTYPE html>
<html>
<head>
    <meta charset="utf-8" />
    <title></title>
    <script>
        function getLength(n)
        {
            var str = n + "";
            return str.length;
        }

        var result = "5201314是" + getLength(5201314) + "位数";
```

295

```
            document.write(result);
        </script>
    </head>
    <body>
    </body>
</html>
```

浏览器预览效果如图 28-2 所示。

分析

这里我们定义了一个函数 getLenth() 来获取任意一个数字的长度。var str = n + ""; 这一句代码中让 n 加上一个空字符，其实就是为了让数字转换成字符串，这样才可以使用字符串对象中的 length 属性。

图28-2　获取一个数字的长度

28.3　大小写转换

在 JavaScript 中，我们可以使用 toLowerCase() 方法将大写字符串转化为小写字符串，也可以使用 toUpperCase() 方法将小写字符串转化为大写字符串。

语法

```
字符串名.toLowerCase()
字符串名.toUpperCase()
```

说明

调用对象的属性，我们用的也是点（.）运算符。不过属性和方法不太一样，方法后面需要加上小括号 ()，而属性则不需要。

JavaScript 还有两种大小写转换的方法：toLocalLowerCase() 和 toLocalUpperCase()。不过这两种方法很少用，如果在其他书或教程看到，直接忽略即可。

举例

```
<!DOCTYPE html>
<html>
<head>
    <meta charset="utf-8" />
    <title></title>
    <script>
        var str = "Hello Lvye!";
        document.write("正常:" + str + "<br/>");
        document.write("小写:" + str.toLowerCase() + "<br/>");
        document.write("大写:" + str.toUpperCase());
    </script>
</head>
<body>
</body>
</html>
```

浏览器预览效果如图 28-3 所示。

28.4 获取某一个字符

图28-3 大小写转换

28.4 获取某一个字符

在 JavaScript 中,我们可以使用 charAt() 方法来获取字符串中的某一个字符。

语法

```
字符串名.charAt(n)
```

说明

n 是整数,表示字符串中第 n+1 个字符。注意,字符串第一个字符的下标是 0,第二个字符的下标是 1,……,第 n 个字符的下标是 n-1,以此类推。这一点上跟后面学到的数组下标是一样的。

举例 获取某一个字符

```
<!DOCTYPE html>
<html>
<head>
    <meta charset="utf-8" />
    <title></title>
    <script>
        var str = "Hello lvye!";
        document.write("第1个字符是:" + str.charAt(0) + "<br/>");
        document.write("第7个字符是:" + str.charAt(6));
    </script>
</head>
<body>
</body>
</html>
```

浏览器预览效果如图 28-4 所示。

图28-4 获取某一个字符

297

分析

在字符串中，空格也是作为一个字符来处理。对于这一点，我们在前面说过了。

举例 找出字符串中小于某个字符的所有字符

```
<!DOCTYPE html>
<html>
<head>
    <meta charset="utf-8" />
    <title></title>
    <script>
        var str = "how are you doing? ";
        //定义一个空字符串，用来保存字符
        var result = "";

        for (var i = 0; i < str.length; i++)
        {
            if (str.charAt(i) < "s")
            {
                result += str.charAt(i) + ",";
            }
        }
        document.write(result);
    </script>
</head>
<body>
</body>
</html>
```

浏览器预览效果如图 28-5 所示。

分析

在这里，我们初始化两个字符串：str、result。str 表示原始字符串。而 result 是一个空字符串，用于保存结果。我们在 for 循环遍历 str，用 charAt() 方法获取当前字符，然后与 "s" 比较。如果当前字符小于 "s"，则保存到 result 中去。

两个字符之间比较的是 ASCII 码的大小。对于 ASCII，请小伙伴自行搜索一下，这里不展开介绍。注意，空格在字符串中也是被当成一个字符来处理的。

图28-5　找出字符串中小于某个字符的所有字符

28.5 截取字符串

在 JavaScript 中，我们可以使用 substring() 方法来截取字符串的某一部分。

语法

```
字符串名.substring(start, end)
```

28.5 截取字符串

说明

start 表示开始位置，end 表示结束位置。start 和 end 都是整数，一般都是从 0 开始，其中 end 大于 start。

substring(start,end) 截取范围为：[start,end)，也就是包含 start 而不包含 end。其中，end 可以省略。当 end 省略时，截取的范围为：start 到结尾。

举例

```
<!DOCTYPE html>
<html>
<head>
    <meta charset="utf-8" />
    <title></title>
    <script>
        var str1 = " 绿叶，给你初恋般的感觉 ";
        var str2 = str1.substring(5, 7);
        document.write(str2);
    </script>
</head>
<body>
</body>
</html>
```

浏览器预览效果如图 28-6 所示。

分析

使用 substring(start, end) 方法，截取的时候，表示从 start 开始（包括 start），到 end 结束（不包括 end），也就是集合：[start,end)。一定要注意，截取的下标是从 0 开始的，也就是说 0 表示第一个字符，1 表示第二个字符，……n 表示第 n+1 个字符。对于字符串操作来说，凡是涉及下标，都是从 0 开始，这一点跟下一章数组的下标是一样的。这个例子分析如图 28-7 所示。

图28-6　截取字符串

图28-7　substring()分析图

有些小伙伴就会问了，我都记不住什么时候包含什么时候不包含，这该怎么办呢？没关系，你在使用之前，自己写个小例子测试一下嘛！

举例

```
<!DOCTYPE html>
<html>
<head>
    <meta charset="utf-8" />
```

```
            <title></title>
            <script>
                var str1 = "绿叶学习网 JavaScript 教程";
                var str2 = str1.substring(5, 15);
                document.write(str2);
            </script>
        </head>
        <body>
        </body>
    </html>
```

浏览器预览效果如图 28-8 所示。

分析

当我们把 substring(5, 15) 改为 substring(5) 后，此时预览效果如图 28-9 所示。

图28-8　substring(5, 15)效果

图28-9　substring(5)效果

28.6　替换字符串

在 JavaScript 中，我们可以使用 replace() 方法来用一个字符串替换另外一个字符串的某一部分。

语法

```
字符串名.replace(原字符串，替换字符串)
字符串名.replace(正则表达式，替换字符串)
```

说明

replace() 方法有两种使用形式：一种是直接使用字符串来替换；另外一种是使用正则表达式来替换。不管是哪种形式，"替换字符串"都是第二个参数。

举例　直接使用字符串替换

```
<!DOCTYPE html>
<html>
<head>
    <meta charset="utf-8" />
    <title></title>
    <script>
        var str = "I love javascript!";
        var str_new = str.replace("javascript", "lvye");
```

```
            document.write(str_new);
        </script>
    </head>
    <body>
    </body>
</html>
```

浏览器预览效果如图 28-10 所示。

分析

str.replace("javascript"、"lvye") 表示用 "lvye" 替换 str 中的 "javascript"。

举例 使用正则表达式替换

```
<!DOCTYPE html>
<html>
<head>
    <meta charset="utf-8" />
    <title></title>
    <script>
        var str = "I am loser, you are loser, all are loser.";
        var str_new = str.replace(/loser/g, "hero");
        document.write(str_new);
    </script>
</head>
<body>
</body>
</html>
```

浏览器预览效果如图 28-11 所示。

图28-10　直接使用字符串替换　　　图28-11　使用正则表达式替换

分析

　　str.replace(/loser/g, "hero") 表示使用正则表达式 /loser/g 结合替换字符串 "hero"，来将字符串 str 中的所有 loser 字符替换成 hero 字符。

　　有些小伙伴会觉得 str.replace(/loser/g, "hero") 不就等价于 str.replace("loser", "hero") 吗？其实这两个是不一样的，大家可以测试一下。前者会替换所有的 "loser"，而后者只会替换第一个 "loser"。

　　在实际开发中，当我们直接使用字符串无法实现时，记得考虑使用正则表达式。正则表达式比较复杂，如果想要深入了解，可以看一下绿叶学习网开源的正则表达式教程。由于内容过多，这里就不详细展开了。

28.7 分割字符串

在 JavaScript 中，我们可以使用 split() 方法把一个字符串分割成一个数组，这个数组存放的是原来字符串的所有字符片段。有多少个片段，数组元素个数就是多少。

这一节由于涉及数组对象，所以建议小伙伴们跳过这一节，等学了"第 29 章 数组对象"再返回来看这一节。因为技术这东西，很多都是两两之间有着藕断丝连的关系，而往往一刀切开来介绍是做不到的。了解到这一点非常重要。小伙伴们在学任何技术时，发现有些东西看不懂，继续学下去就对了。学到后面，知识就串起来了，然后返回来再看，之前纠结半天不懂的知识突然就能懂了。这跟我一直强调这本书至少要看两遍的道理是一样的。

语法

```
字符串名.split("分割符")
```

说明

分割符可以是一个字符、多个字符或一个正则表达式。此外，分割符并不作为返回数组元素的一部分。

有点难理解？还是先看一个例子来得直观些。

举例

```html
<!DOCTYPE html>
<html>
<head>
    <meta charset="utf-8" />
    <title></title>
    <script>
        var str = "HTML,CSS,JavaScript";
        var arr = str.split(",");

        document.write("数组第1个元素是:" + arr[0] + "<br/>");
        document.write("数组第2个元素是:" + arr[1] + "<br/>");
        document.write("数组第3个元素是:" + arr[2]);
    </script>
</head>
<body>
</body>
</html>
```

浏览器预览效果如图 28-12 所示。

分析

str.split(",") 表示使用英文逗号作为分割符，然后来分割 str 这个字符串，最后会得到一个数组：["HTML","CSS","JavaScript"]。我们再把这个数组赋值给变量 arr 保存起来。

可能就有人问了：为什么分割字符串之后，系统会

图28-12 split()方法

让这个字符串转换成一个数组？其实这是因为转换成数组之后，我们才能用到数组的方法来更好地进行操作。当然我们还是先学了数组才会知道。

上面这个例子，也可以使用 for 循环来输出，实现代码如下：

```
var str = "HTML,CSS,JavaScript";
var arr = str.split(",");
for (var i = 0; i < arr.length; i++)
{
    document.write(" 数组第 " + (i + 1) + "个元素是：" + arr[i] + "<br/>");
}
```

举例

```
<!DOCTYPE html>
<html>
<head>
    <meta charset="utf-8" />
    <title></title>
    <script>
        var str = "I love lvye";
        var arr = str.split(" ");

        document.write(" 数组第 1 个元素是：" + arr[0] + "<br/>");
        document.write(" 数组第 2 个元素是：" + arr[1] + "<br/>");
        document.write(" 数组第 3 个元素是：" + arr[2]);
    </script>
</head>
<body>
</body>
</html>
```

浏览器预览效果如图 28-13 所示。

分析

str.split(" ") 表示用空格来分割字符串。在字符串中，空格也是作为一个字符来处理的。

str.split(" ") 两个引号之间是有一个空格的。str.split(" ")（有空格）是带有一个字符的字符串。str.split("")（无空格）是一个带有 0 个字符的字符串，也叫空字符串。两者是不一样的，我们可以通过下面这个例子对比一下。

图 28-13　split() 参数是一个空格

举例

```
<!DOCTYPE html>
<html>
<head>
    <meta charset="utf-8" />
    <title></title>
    <script>
        var str = "lvye";
        var arr = str.split("");
        document.write(" 数组第 1 个元素是：" + arr[0] + "<br/>");
        document.write(" 数组第 2 个元素是：" + arr[1] + "<br/>");
```

```
            document.write("数组第3个元素是：" + arr[2] + "<br/>");
            document.write("数组第4个元素是：" + arr[3] + "<br/>");
        </script>
    </head>
    <body>
    </body>
</html>
```

浏览器预览效果如图 28-14 所示。

分析

注意，split(" ") 和 split("") 是不一样的！前者两个引号之间是有空格的，所以表示用空格作为分割符来分割。后者两个引号之间是没有空格的，所以可以用来分割字符串的每一个字符。这个技巧非常棒，也用得很多。

实际上，split() 方法是有两个参数的：第一个参数表示分割符，第二个参数表示获取分割之后截取的前 N 个元素。不过第二个参数我们很少用，了解一下即可。

举例

```
<!DOCTYPE html>
<html>
<head>
    <meta charset="utf-8" />
    <title></title>
    <script>
        var str = "2017-03-15-08-30";
        var arr = str.split("-", 3);
        document.write(arr);
    </script>
</head>
<body>
</body>
</html>
```

浏览器预览效果如图 28-15 所示。

图28-14　split()参数是一个空字符

图28-15　split()实例

只有我们学了"字符串对象"和"数组对象"，才会真正掌握 split() 方法。数组 join() 方法一般都是配合字符串的 split() 方法来使用的。

28.8　检索字符串的位置

在 JavaScript 中，可以使用 indexOf() 方法来找出"某个指定字符串"在字符串中"**首次出**

28.8 检索字符串的位置

现"的下标位置，也可以使用 lastIndexOf() 来找出"某个指定字符串"在字符串中"**最后出现**"的下标位置。

语法

```
字符串名.indexOf(指定字符串)
字符串名.lastIndexOf(指定字符串)
```

说明

如果字符串中包含"指定字符串"，indexOf() 就会返回指定字符串首次出现的下标，而 lastIndexOf() 就会返回指定字符串最后出现的下标；如果字符串中不包含"指定字符串"，indexOf() 或 lastIndexOf() 就会返回 −1。

举例 indexOf()

```
<!DOCTYPE html>
<html>
<head>
    <meta charset="utf-8" />
    <title></title>
    <script>
        var str = "Hello Lvye!";
        document.write(str.indexOf("lvye") + "<br/>");
        document.write(str.indexOf("Lvye") + "<br/>");
        document.write(str.indexOf("Lvyer"));
    </script>
</head>
<body>
</body>
</html>
```

在浏览器预览效果如图 28-16 所示。

分析

对于 str.indexOf("lvye")，由于 str 不包含 "lvye"，所以返回 −1。

对于 str.indexOf("Lvye")，由于 str 包含 "Lvye"，所以返回 "Lvye" 首次出现的下标位置。字符串的位置是从 0 开始的。

对于 str.indexOf("Lvyer")，由于 str 不包含 "Lvyer"，所以返回 −1。特别注意一下，str 包含 "Lvye"，但不包含 "Lvyer"。

图28-16　indexOf()

在实际开发中，indexOf() 用得非常多，我们要重点掌握一下。对于检索字符串，除了 indexOf() 这个方法外，JavaScript 还为我们提供了另外两种方法。match() 和 search()。不过三种方法都大同小异，我们只需要掌握 indexOf() 就够用了。为了减轻记忆负担，match() 和 search() 我们可以忽略掉。

举例

```
<!DOCTYPE html>
<html>
<head>
    <meta charset="utf-8" />
    <title></title>
```

```
<script>
    var str = "Hello Lvye!";
    document.write("e首次出现的下标是:" + str.indexOf("e") + "<br/>");
    document.write("e最后出现的下标是:" + str.lastIndexOf("e"));
</script>
</head>
<body>
</body>
</html>
```

浏览器预览效果如图 28-17 所示。

图28-17

分析

indexOf() 和 lastIndexOf() 不仅可以用于检索字符串，还可以用于检索单个字符。

28.9 统计某一个字符的个数

找出并计算字符串 "Can you can a can as a Canner can can a can" 中所有 c 的个数，不区分大小写。

实现代码如下：

```
<!DOCTYPE html>
<html>
<head>
    <meta charset="utf-8" />
    <title></title>
    <script>
        var str = "Can you can a can as a Canner can can a can";
        var n = 0;

        for(var i=0;i<str.length;i++)
        {
            var char = str.charAt(i);
            // 将每一个字符转换为小写，然后判断是否与 "c" 相等
            if (char.toLowerCase() == "c") {
                n += 1;
            }
        }
        document.write("字符串中含有" + n + "个字母c");
    </script>
```

```
    </head>
    <body>
    </body>
</html>
```

浏览器预览效果如图 28-18 所示。

图28-18 统计某一个字符的个数

28.10 统计字符串中有多少个数字

给大家一个任意字符串，然后统计一下里面有多少个数字。实现方法很简单，使用 for 循环结合 charAt() 方法来获取字符串中的每一个字符，然后判断该字符是否是数字就行。

实现代码如下：

```
<!DOCTYPE html>
<html>
<head>
    <meta charset="utf-8" />
    <title></title>
    <script>
        function getNum(str) {
            var num = 0;

            for (var i = 0; i < str.length; i++) {
                var char = str.charAt(i);
                // 判断是否是数字
                if (!isNaN(char)) {
                    num++;
                }
            }
            return num;
        }
        document.write(getNum("1d3sdsg"));
    </script>
</head>
<body>
</body>
</html>
```

浏览器预览效果如图 28-19 所示。

分析

在 JavaScript 中，我们可以使用 isNaN() 函数来判断一个值是否为 NaN 值。NaN，也就是 Not a Numer（非数字）的意思。如果该值不是数字，则返回 true；如果该值是数字，则返回 false。注意这里用的是 !isNaN()，而不是 isNaN()。isNaN() 函数是一个内置函数，用得不多，我们简单了解一下即可。

图28-19　统计有多少个数字

28.11 练习题

单选题

1. 想要获取字符串中的某一个字符，我们可以使用（　　）来实现。
   A. charAt()   B. replace()
   C. split()   D. indexOf()

2. 下面有一段 JavaScript 程序，其输出结果是（　　）。

```
var str = "Rome was not built in a day.";
document.write(str.indexOf("rome"));
```

   A. 0   B. 1
   C. -1   D. undefined

3. 下面有一段 JavaScript 程序，其输出结果是（　　）。

```
var str1 = "只有那些疯狂到以为自己能够改变世界的人，才能真正改变世界。";
var str2 = str1.substring(11, 19);
document.write(str2);
```

   A. 自己能够改变世界   B. 己能够改变世界的
   C. 能够改变世界的人   D. 够改变世界的人，

4. 下面有一段 JavaScript 程序，其输出结果是（　　）。

```
var str = "I am loser, you are loser, all are loser.";
var str_new = str.replace("loser", "hero");
document.write(str_new);
```

   A. I am hero, you are hero, all are hero.
   B. I am "hero", you are "hero", all are "hero".
   C. I am hero, you are loser, all are loser.
   D. I am "hero", you are loser, all are loser.

编程题

1. 如果有一个字符串 "Rome was not built in a day"，请用程序统计其中有多少个单词（注：单词与单词之间是以空格隔开的）。

2. 请使用这一章学到的字符串方法将字符串 "Hello Lvye" 中的字母 e 全部删除，也就是最终得到的结果是"Hllo Lvy!"。

第29章 数组对象

29.1 数组是什么

在之前的学习中，我们知道：一个变量可以存储一个值。例如，如果想要存储一个字符串 "HTML"，可以这样写：

```
var str = "HTML";
```

如果我让你使用变量来存储五个字符串："HTML"、"CSS"、"JavaScript"、"jQuery"、"Vue.js"。这个时候，大家会怎么写呢？很多人立马就写出了这段代码：

```
var str1 = "HTML";
var str2 = "CSS";
var str3 = "JavaScript";
var str4 = "jQuery";
var str5 = "Vue.js";
```

写完之后，是不是觉得自己傻乎乎的呢？假如我让你存储十几个甚至几十个字符串，那你岂不是每个字符串都要定义一个变量？

在 JavaScript 中，我们可以使用**数组**来存储一组**相同数据类型**（一般情况下）的数据类型。数组是"引用数据类型"，区别于我们在"25.3 数据类型"中介绍的基本数据类型。两者的区别在于：基本数据类型只有一个值，而引用数据类型可以含有多个值。

我们再回到例子中，像上面的一堆变量，使用数组实现如下：

```
var arr = new Array("HTML","CSS","JavaScript","jQuery","Vue.js");
```

简单来说，我们可以用一个数组来保存多个值。现在来看，是不是感到清晰明了？如果想要得到数组的某一项，如 "JavaScript" 这一项，可以使用 arr[2] 来获取。当然，我们在接下来这几节会详细介绍这些语法。

29.2 数组的创建

在 JavaScript 中，我们可以使用 new 关键字来创建一个数组。创建数组，常见有两种形式：一种是"完整形式"；另外一种是"简写形式"。

语法

```
var 数组名 = new Array(元素1, 元素2, ……, 元素n);    // 完整形式
var 数组名 = [元素1, 元素2, ……, 元素n];              // 简写形式
```

说明

简写形式，是使用中括号 [] 括起来的。它其实就是一种快捷方式，在编程语言中一般又叫做"语法糖"。

在实际开发中，我们更倾向于使用简写形式来创建一个数组。

```
var arr = [];                                      // 创建一个空数组
var arr = ["HTML","CSS", "JavaScript"];            // 创建一个包含3个元素的数组
```

29.3 数组的获取

在 JavaScript 中，想要获取数组某一项的值，我们都是使用"下标"的方式来获取。

```
var arr = ["HTML","CSS", "JavaScript"];
```

上面表示创建了一个名为 arr 的数组，该数组中有三个元素（都是字符串）："HTML"、"CSS"、"JavaScript"。如果我们想要获取 arr 某一项的值，就可以使用下标的方式来获取。其中，arr[0] 表示获取第一项的值 "HTML"。arr[1] 表示获取第二项的值 "CSS"，以此类推。

这里要重点说一下：**数组的下标是从 0 开始的，而不是从 1 开始的。**如果你以为获取第一项应该用 arr[1] 的话，那就错了。初学者很容易犯这种错误！

举例

```html
<!DOCTYPE html>
<html>
<head>
    <meta charset="utf-8" />
    <title></title>
    <script>
        // 创建数组
        var arr = ["中国", "广东", "广州", "天河", "暨大"];
        document.write(arr[3]);
    </script>
</head>
<body>
</body>
</html>
```

浏览器预览效果如图 29-1 所示。

分析

arr[3] 表示获取数组 arr 的第四个元素，而不是第三个元素！分析如图 29-2 所示。

图29-1　获取某一个数组元素　　　　　　　　　图29-2　分析图

29.4　数组的赋值

获取数组的某一项的值我们是知道了，如果想要给某一个项赋一个新的值，或者给数组多增加一项，该怎么做呢？其实也是通过数组下标来实现的。

语法

```
arr[i] = 值;
```

举例

```
<!DOCTYPE html>
<html>
<head>
    <meta charset="utf-8" />
    <title></title>
    <script>
        // 创建数组
        var arr = ["HTML", "CSS", "JavaScript"];
        arr[2] = "jQuery";
        document.write(arr[2]);
    </script>
</head>
<body>
</body>
</html>
```

浏览器预览效果如图 29-3 所示。

分析

在这里，arr[2]="jQuery" 表示给 arr[2] 重新赋值为"jQuery"，也就是"JavaScript"被替换成了"jQuery"。此时，数组 arr 为 ["HTML", "CSS", "jQuery"]。由于之前 arr[2] 值已经被覆盖，所以 arr[2] 最终输出结果为"jQuery"。

图29-3　数组的赋值

举例

```
<!DOCTYPE html>
<html>
<head>
    <meta charset="utf-8" />
    <title></title>
    <script>
        // 创建数组
        var arr = ["HTML", "CSS", "JavaScript"];
        arr[3] = "jQuery";
        document.write(arr);
    </script>
</head>
<body>
</body>
</html>
```

浏览器预览效果如图 29-4 所示。

分析

一开始，数组 arr 只有三项：arr[0]、arr[1]、arr[2]。由于我们使用了 arr[3] = "jQuery"，所以 arr 就多增加了一项。因此 arr 最终为 ["HTML", "CSS", "JavaScript","jQuery"]。

图29-4　数组的赋值

29.5　获取数组长度

在 JavaScript 中，我们可以使用 length 属性来获取数组的长度。

语法

```
数组名.length
```

说明

数组的属性有好几个，不过我们只需要掌握 length 这一个就够了，其他暂时不需要去了解。

举例

```
<!DOCTYPE html>
<html>
<head>
    <meta charset="utf-8" />
    <title></title>
    <script>
        // 创建数组
        var arr1 = [];
        var arr2 = [1, 2, 3, 4, 5, 6];

        // 输出数组长度
        document.write(arr1.length + "<br/>");
        document.write(arr2.length);
```

```
        </script>
    </head>
    <body>
    </body>
</html>
```

浏览器预览效果如图 29-5 所示。

分析

var arr1 = [];表示创建一个名为 arr1 的数组，由于数组内没有任何元素，所以数组长度为 0，也就是 arr1.length 为 0。

举例

```
<!DOCTYPE html>
<html>
<head>
    <meta charset="utf-8" />
    <title></title>
    <script>
        // 创建数组
        var arr = [];
        arr[0] = "HTML";
        arr[1] = "CSS";
        arr[2] = "JavaScript";

        // 输出数组长度
        document.write(arr.length);
    </script>
</head>
<body>
</body>
</html>
```

浏览器预览效果如图 29-6 所示。

图29-5 length属性获取数组长度

图29-6 获取数组长度

分析

在这里，我们首先使用 var arr = [];创建了一个名为 arr 的数组，此时数组长度为 0。但是后面我们又用 arr[0]、arr[1]、arr[2] 为 arr 添加了三个元素，因此数组最终长度为 3。

```
var arr = [];
arr[0] = "HTML";
```

```
arr[1] = "CSS";
arr[2] = "JavaScript";
```

上面代码其实等价于：

```
var arr = ["HTML", "CSS", "JavaScript"];
```

现在大家应该能理解数组最终长度为什么是 3 了吧。

举例

```
<!DOCTYPE html>
<html>
<head>
    <meta charset="utf-8" />
    <title></title>
    <script>
        //创建数组
        var arr = [1, 2, 3, 4, 5, 6];

        //输出数组所有元素
        for(var i=0;i<arr.length;i++)
        {
            document.write(arr[i] + "<br/>");
        }
    </script>
</head>
<body>
</body>
</html>
```

浏览器预览效果如图 29-7 所示。

分析

这里我们使用 for 循环来输出数组的每一个元素。这个小技巧很有用，在实际开发中经常用到。length 属性一般都是结合 for 循环来遍历数组中的每一个元素，然后对每一个元素进行相应操作的。

图29-7　length属性的使用

疑问

不是说数组是存储一组"相同数据类型"的数据结构吗？为什么当数组元素为不同数据类型时，JavaScript 也不会报错并且能输出呢？

```
<!DOCTYPE html>
<html>
<head>
    <meta charset="utf-8" />
    <title></title>
    <script>
        var arr = new Array(123, "javascript", false, NaN, undefined, null);
        for (var i = 0; i < arr.length; i++)
        {
            document.write(arr[i] + "<br/>");
```

```
        }
    </script>
</head>
<body>
</body>
</html>
```

浏览器预览效果如图 29-8 所示。

图29-8 数据元素为不同数据类型

其实一个数组是可以存储"不同数据类型"的数据的，只不过我们极少那样做。一般情况下都是用数组来存储"相同数据类型"的数据，所以这样理解就可以了。

29.6 截取数组某部分

在 JavaScript 中，我们可以使用 slice() 方法来获取数组的某一部分。slice，就是"切片"的意思。

语法

```
数组名.slice(start, end);
```

说明

start 表示开始位置，end 表示结束位置。start 和 end 都是整数，都是从 0 开始，其中 end 大于 start。

slice(start,end) 截取范围为：[start,end)，也就是包含 start 而不包含 end。其中，end 可以省略。当 end 省略时，获取的范围为：start 到结尾。slice() 方法跟上一章学的 substring() 非常像，我们可以对比理解一下。

举例

```
<!DOCTYPE html>
<html>
<head>
    <meta charset="utf-8" />
    <title></title>
    <script>
        var arr = ["HTML", "CSS", "JavaScript", "jQuery", "Vue.js"];
        document.write(arr.slice(1, 3));
    </script>
</head>
<body>
```

```
</body>
</html>
```

浏览器预览效果如图 29-9 所示，而分析如图 29-10 所示。

图29-9 截取数组某一部分

图29-10 分析图

分析

slice.(start,end) 截取范围为：[start,end)。一定要注意，截取的下标是从 0 开始的，这个跟数组下标从 0 开始是一样的道理。在这个例子中，我们把 arr.slice(1, 3) 换成 arr.slice(1)，此时浏览器预览效果如图 29-11 所示。

图29-11 arr.slice(1, 3)换成arr.slice(1)

29.7 为数组添加元素

29.7.1 在数组开头添加元素：unshift()

在 JavaScript 中，我们可以使用 unshift() 方法在数组开头添加新元素，并且可以得到一个新的数组（也就是原数组变了）。

语法

```
数组名.unshift(新元素1, 新元素2, ……, 新元素n)
```

说明

新元素 1，新元素 2，……，新元素 n，表示在数组开头添加的新元素。

29.7 为数组添加元素

举例

```
<!DOCTYPE html>
<html>
<head>
    <meta charset="utf-8" />
    <title></title>
    <script>
        var arr = ["JavaScript", "jQuery"];
        arr.unshift("HTML", "CSS");
        document.write(arr);
    </script>
</head>
<body>
</body>
</html>
```

浏览器预览效果如图 29-12 所示。

分析

从这个例子可以直观地看出来，使用 unshift() 方法为数组添加新元素后，该数组已经改变了。此时 arr[0] 不再是 "JavaScript"，而是 "HTML"；arr[1] 也不再是 "jQuery"，而是 "CSS"。此时 arr.length 也由 2 变为 4 了。当然我们可以验证一下，请看下面的例子：

举例

```
<!DOCTYPE html>
<html>
<head>
    <meta charset="utf-8" />
    <title></title>
    <script>
        var arr = ["JavaScript", "jQuery"];
        document.write(" 添 加 前 :<br/>arr[0]:" + arr[0] + "<br/>arr[1]:" + arr[1] + "<br/>");
        arr.unshift("HTML", "CSS");
        document.write(" 添加后 :<br/>arr[0]:" + arr[0] + "<br/>arr[1]:" + arr[1]);
    </script>
</head>
<body>
</body>
</html>
```

浏览器预览效果如图 29-13 所示。

图29-12　unshift()方法

图29-13　输出结果

29.7.2 在数组结尾添加元素：push()

在 JavaScript 中，我们可以使用 push() 方法在数组结尾添加新元素，并且可以得到一个新的数组（也就是原数组变了）。

语法

```
数组名.push(新元素1, 新元素2, ……, 新元素n)
```

说明

新元素 1，新元素 2，……，新元素 n，表示在数组结尾添加的新元素。

举例

```
<!DOCTYPE html>
<html>
<head>
    <meta charset="utf-8" />
    <title></title>
    <script>
        var arr = ["HTML", "CSS"];
        arr.push("JavaScript","jQuery");
        document.write(arr);
    </script>
</head>
<body>
</body>
</html>
```

浏览器预览效果如图 29-14 所示。

分析

从这个例子也可以直观地看出来，使用 push() 方法为数组添加新元素后，该数组也已经改变了。此时 arr[2] 不再是 undefined（未定义值），而是"JavaScript"；arr[3] 也不再是 undefined，而是"jQuery"。当然我们也可以验证一下，请看下面的例子：

图29-14　push()方法

举例

```
<!DOCTYPE html>
<html>
<head>
    <meta charset="utf-8" />
    <title></title>
    <script>
        var arr = ["HTML", "CSS"];
            document.write("添加前:<br/>arr[2]:" + arr[2] + "<br/>arr[3]:" + arr[3] + "<br/>");
        arr.push("JavaScript", "jQuery");
            document.write("添加后:<br/>arr[2]:" + arr[2] + "<br/>arr[3]:" + arr[3]);
    </script>
```

```
</head>
<body>
</body>
</html>
```

浏览器预览效果如图 29-15 所示。

分析

有人会问，像上面这个例子，我们也可以使用 arr[2]="JavaScript" 以及 arr[3]="jQuery" 来在数组结尾来添加新的元素，这是不是意味着 push() 没太多存在的意义呢？其实不是这样的。当我们不知道数组有多少个元素的时候，我们就没法用下标方式来给数组添加新元素。此时，push() 方法就相当有用了，因为它不需要知道你有多少个元素，它的目的就是在数组的最后添加新元素。

图29-15　输出结果

push() 方法在实际开发，特别是面向对象开发的时候用得非常多，可以说是数组中最常用的一个方法，大家要重点掌握。

29.8　删除数组元素

29.8.1　删除数组中第一个元素：shift()

在 JavaScript 中，我们可以使用 shift() 方法来删除数组中的第一个元素，并且可以得到一个新的数组（也就是原数组变了）。

语法

数组名.shift()

说明

unshift() 方法用于在数组开头添加新元素，shift() 方法用于删除数组开头第一个元素，两者是相反操作。

举例

```
<!DOCTYPE html>
<html>
<head>
    <meta charset="utf-8" />
    <title></title>
    <script>
        var arr = ["HTML", "CSS", "JavaScript", "jQuery"];
        arr.shift();
        document.write(arr);
    </script>
</head>
<body>
</body>
</html>
```

浏览器预览效果如图 29-16 所示。

图29-16　shift()方法

分析

可以看出，使用 shift() 方法删除数组第一个元素后，原数组就变了。此时 arr[0] 不再是 "HTML"，而是 "CSS"；arr[1] 不再是 "CSS"，而是 "JavaScript"，以此类推。

29.8.2　删除数组最后一个元素：pop()

在 JavaScript 中，我们可以使用 pop() 方法来删除数组的最后一个元素，并且可以得到一个新数组（也就是原数组变了）。

语法

```
数组名.pop()
```

说明

push() 用于在数组结尾处添加新的元素，pop() 用于删除数组最后一个元素，两者也是相反操作。

举例

```
<!DOCTYPE html>
<html>
<head>
    <meta charset="utf-8" />
    <title></title>
    <script>
        var arr = ["HTML", "CSS", "JavaScript", "jQuery"];
        arr.pop();
        document.write(arr);
    </script>
</head>
<body>
</body>
</html>
```

浏览器预览效果如图 29-17 所示。

29.8 删除数组元素

图29-17　pop()方法

分析

可以看出，使用 pop() 方法删除数组最后一个元素后，原数组也变了。此时 arr[4] 不再是"jQuery"，而是 undefined。我们可以自行测试一下。

举例

```
<!DOCTYPE html>
<html>
<head>
    <meta charset="utf-8" />
    <title></title>
    <script>
        var arr = ["HTML", "CSS", "JavaScript", "jQuery"];
        arr.pop();
        arr.pop();
        document.write(arr.length);
    </script>
</head>
<body>
</body>
</html>
```

浏览器预览效果如图 29-18 所示。

图29-18　pop()方法实例

分析

实际上，unshift、push()、shift()、pop() 这四个元素都会改变数组的结构，因此数组的长度（length 属性）也会改变，我们需要记住这一点。

29.9 数组大小比较：sort()

在 JavaScript 中，我们可以使用 sort() 方法来对数组中所有元素进行大小比较，然后按从大到小或者从小到大进行排序。

语法

```
数组名.sort(函数名)
```

说明

"函数名"是定义数组元素排序的函数的名字。

举例

```
<!DOCTYPE html>
<html>
<head>
    <meta charset="utf-8" />
    <title></title>
    <script>
        //定义一个升序函数
        function up(a, b)
        {
            return a - b;
        }
        //定义一个降序函数
        function down(a, b)
        {
            return b - a;
        }
        //定义数组
        var arr = [3, 9, 1, 12, 50, 21];
        arr.sort(up);
        document.write("升序：" + arr.join("、") + "<br/>");
        arr.sort(down);
        document.write("降序：" + arr.join("、"));
    </script>
</head>
<body>
</body>
</html>
```

浏览器预览效果如图 29-19 所示。

分析

arr.sort(up) 表示将一个函数 up 作为 sort() 方法的参数。什么？函数也可以作为参数？说得一点没错。此外，好多初学的小伙伴都肯定会有各种疑问：为什么升序函数和降序函数要这样定义？为什么把一个函数传到 sort() 方法内就可以自动排序了？

对于这些疑问，暂时来说，我们完全不需要去深究为

图29-19　sort()方法

什么，只需要知道按照上面的格式写就可以得到我们想要的效果。对于这些疑问，等我们学到了 JavaScript 进阶知识就知道怎么一回事了。

29.10　数组颠倒顺序：reverse()

在 JavaScript 中，我们可以使用 reverse() 方法来实现数组中所有元素的反向排列，也就是颠倒数组元素的顺序。reverse，就是"反向"的意思。

语法

```
数组名.reverse();
```

举例

```
<!DOCTYPE html>
<html>
<head>
    <meta charset="utf-8" />
    <title></title>
    <script>
        var arr = [3, 1, 2, 5, 4];
        arr.reverse();
        document.write("反向排列后的数组：" + arr);
    </script>
</head>
<body>
</body>
</html>
```

浏览器预览效果如图 29-20 所示。

图29-20　reverse()方法

29.11　将数组元素连接成字符串：join()

在 JavaScript 中，我们可以使用 join() 方法来将数组中的所有元素连接成一个字符串。

语法

```
数组名.join("连接符");
```

说明

连接符是可选参数，用于指定连接元素之间的符号。默认情况下，则采用英文逗号（,）作为连接符来连接。

举例

```
<!DOCTYPE html>
<html>
<head>
    <meta charset="utf-8" />
    <title></title>
    <script>
        var arr = ["HTML", "CSS", "JavaScript", "jQuery"];
        document.write(arr.join() + "<br/>");
        document.write(arr.join("*"));
    </script>
</head>
<body>
</body>
</html>
```

浏览器预览效果如图 29-21 所示。

图29-21 join()方法

分析

arr.join() 表示使用默认符号（,）作为分隔符，arr.join("*") 表示使用星号（*）作为分隔符。如果我们想要字符之间没有任何东西，该怎么实现呢？请看下一个例子。

举例

```
<!DOCTYPE html>
<html>
<head>
    <meta charset="utf-8" />
    <title></title>
    <script>
        var arr = ["HTML", "CSS", "JavaScript", "jQuery"];
        document.write(arr.join("") + "<br/>");
    </script>
</head>
```

29.11 将数组元素连接成字符串: join()

```
        <body>
        </body>
</html>
```

浏览器预览效果如图 29-22 所示。

图29-22　join()参数为空字符

分析

注意，join(" ") 和 join("") 是不一样的！前者两个引号之间是有空格的，所以表示用空格作为连接符来连接，而后者两个引号之间是没有空格的。

举例

```
<!DOCTYPE html>
<html>
<head>
    <meta charset="utf-8" />
    <title></title>
    <script>
        var str1 = "绿*叶*学*习*网";
        var str2 = str1.split("*").join("#");
        document.write(str2);
    </script>
</head>
<body>
</body>
</html>
```

浏览器预览效果如图 29-23 所示。

分析

在这个例子中，我们实现的效果是将"绿＊叶＊学＊习＊网"转换成"绿＃叶＃学＃习＃网"。对于str1.split("*").join("#") 这句代码，我们分两步来理解。str1.split("*") 表示以星号（*）作为分割符来分割字符串str1，从而得到一个数组即 ["绿","叶","学","习","网"]。由于这是一个数组，所以此时我们可以使用数组的 join() 方法。

图29-23　split()和join()配合使用

实际上，var str2 = str1.split("*").join("#"); 可以分两步来写，它等价于：

```
var arr = str1.split("*");
var str2 = arr.join("#");
```

29.12 数组与字符串的转换操作

给大家提供一个字符串，然后我们需要实现每一个字符都用尖括号括起来的效果。例如给你一个字符串 "绿叶学习网"，最终你要得到："< 绿 >< 叶 >< 学 >< 习 >< 网 >"。

实现代码如下：

```
<!DOCTYPE html>
<html>
<head>
    <meta charset="utf-8" />
    <title></title>
    <script>
        var str1 = " 绿叶学习网 ";
        var str2 = str1.split("").join("><");
        var arr = str2.split("");
        arr.unshift("<");
        arr.push(">");
        var result = arr.join("");
        document.write(result);
    </script>
</head>
<body>
</body>
</html>
```

浏览器预览效果如图 29-24 所示。

分析

var str2 = str1.split("").join("><"); 表示在 str1 所有字符的中间插入 "><"，因此 str2 为 "绿 >< 叶 >< 学 >< 习 >< 网"。

var arr = str2.split(""); 表示将 str2 转换为数组，str2 中每一个字符都是数组的一个元素。因为只有将 str2 转换为数组，我们才可以使用数组的 unshift() 方法和 push() 方法。

图29-24　数组与字符串的转换操作

29.13 计算面积与体积，返回一个数组

大家设计一个函数，这个函数可以计算一个长方体的底部面积和体积，并且函数最终将底部面积和体积的计算结果返回。

实现代码如下：

```
<!DOCTYPE html>
<html>
<head>
    <meta charset="utf-8" />
```

```
        <title></title>
        <script>
            function getSize(width, height, depth)
            {
                var area = width * height;
                var volume = width * height * depth;
                var sizes = [area, volume];
                return sizes;
            }

            var arr = getSize(30, 40, 10);
            document.write("底部面积为:" + arr[0] + "<br/>");
            document.write("体积为:" + arr[1]);
        </script>
</head>
<body>
</body>
</html>
```

浏览器预览效果如图 29-25 所示。

图29-25 函数返回值是一个数组

分析

一般情况下，函数只可以返回一个值或变量。由于这里我们需要返回长方体底部面积和体积两个值，因此我们可以使用数组来保存。

29.14 练习题

单选题

1. 下面有一个数组，该数组中数值最小的和数值最大的元素下标分别是（　　）。

```
var arr = [3, 9, 1, 12, 36, 50, 21]
```

　　A. 2, 5　　　　B. 3, 6　　　　C. 2, 6　　　　D. 3, 5

2. 下面有一段 JavaScript 程序，则最终得到的数组 colors 中第一个元素是（　　）。

```
var colors = ["red", "green", "blue"];
colors[1] = "yellow";
```

　　A. "red"　　　B. "green"　　　C. "yellow"　　　D. "blue"

3. 下面有关数组的说法中，正确的是（　　）。

　　A. 构成数组的所有元素的数据类型必须是相同的

B. 数组元素的下标依次是 1、2、3…
C. 字符串的 split() 方法返回的是一个字符串
D. 可以使用 push() 方法在数组结尾添加新元素

4. 下面有一段 JavaScript 代码，输出结果是（　　）。

```
var arr = [1,2,3,4,5];
var sum = 0;
for(var i = 1;i<arr.length;i++)
{
    sum += arr[i];
}
document.write(sum);
```

  A. 15   B. 14   C. 12345   D. 2345

5. 下面有一段 JavaScript 代码，输出结果是（　　）。

```
var arr = [1,2,3,4,5];
var result = arr.slice(1, 3);
document.write(result);
```

  A. 1,2   B. 2,3   C. 3,4   D. 1,2,3

编程题

1. 如果有一个字符串 "Rome was not built in a day"，请用程序统计该字符串中的字符个数，不允许使用字符串对象的 length 属性。

2. 给大家一个任意的字符串，然后实现把里面的字符串顺序颠倒。例如给你 "abcde"，最后你要得到 "edcba"

第30章 时间对象

30.1 日期对象简介

在浏览网页的过程中,我们经常可以看到各种显示时间的功能,如网页时钟、在线日历、博客时间等,如图30-1、图30-2和图30-3所示。

图30-1 网页时钟

图30-2 在线日历　　　　　　　　　图30-3 博客时间

从上面我们可以感性地了解到时间在网页开发中的各种应用。在JavaScript中,我们可以使用日期对象 Date 来处理时间。

语法

```
var 日期对象名 = new Date();
```

说明

图30-4　分析图

创建一个日期对象，必须使用 new 关键字。其中 Date 对象的方法有很多，主要分为两大类：getXxx() 和 setXxx()。getXxx() 用于获取时间，setXxx() 用于设置时间。

表 30-1　用于获取时间的 getXxx()

方　　法	说　　明
getFullYear()	获取年份，取值为 4 位数字
getMonth()	获取月份，取值为 0（一月）到 11（十二月）之间的整数
getDate()	获取日数，取值为 1~31 之间的整数
getHours()	获取小时数，取值为 0~23 之间的整数
getMinutes()	获取分钟数，取值为 0~59 之间的整数
getSeconds()	获取秒数，取值为 0~59 之间的整数

表 30-2　用于设置时间的 setXxx()

方　　法	说　　明
setFullYear()	可以设置年、月、日
setMonth()	可以设置月、日
setDate()	可以设置日
setHours()	可以设置时、分、秒、毫秒
setMinutes()	可以设置分、秒、毫秒
setSeconds()	可以设置秒、毫秒

最后有一点需要提前跟大家说的，日期对象 Date 看似用途挺多的，但是在实际开发中却用得比较少，除非是在特定领域，如电影购票、餐饮订座之类的。因此对于这一章的学习，我们简单看一遍就可以了，即使你没有记住 Date 对象的方法都没关系。等在实战需要用到的时候，我们再回来这里查一下。

你不需要把所有的东西都记住，记住常用的就可以走得很远。知识其实可以分为两种：一种是"记忆性知识"；另外一种叫"可翻阅知识"。为什么爱因斯坦一直强调他都没怎么记东西呢？不是他真的不记东西，而是他仅仅记住了"记忆性知识"，对于"可翻阅知识"都是等到需要的时候再回去查的。这样极大地提高了学习的效率，甚至会快上好几倍。事实上，很多技术大牛或工作好多年的人也是很多东西不记的，我身边不少人就是这样。

这个也是我从事前后端开发多年，对技术学习心理的小小总结之一。看似简单，但是懂的跟不懂的，随着时间的推移，两种人的差距会越来越大。

30.2 操作年、月、日

30.2.1 获取年、月、日

在 JavaScript 中，我们可以使用 getFullYear()、getMonth() 和 getDate() 这三种方法分别来获取当前时间的年、月、日。

表 30-3　　　　　　　　　获取年、月、日

方　　法	说　　明
getFullYear()	获取年份，取值为 4 位数字
getMonth()	获取月份，取值为 0（一月）到 11（十二月）之间的整数
getDate()	获取日数，取值为 1~31 之间的整数

举例

```
<!DOCTYPE html>
<html>
<head>
    <meta charset="utf-8" />
    <title></title>
    <script>
        var d = new Date();
        var myDay = d.getDate();
        var myMonth = d.getMonth() + 1;
        var myYear = d.getFullYear();
        document.write("今天是" + myYear + "年" + myMonth + "月" + myDay + "日");
    </script>
</head>
<body>
</body>
</html>
```

浏览器预览效果如图30-5所示。

分析

细心的小伙伴会发现，var myMonth = d.getMonth() + 1; 使用了"+1"。其实，getMonth() 方法返回值是 0（一月）到 11（十二月）之间的整数，所以必须加上 1，这样月份才正确。

此外还要注意，获取当前的"日"，不是使用 getDay()，而是使用 getDate()，大家要看清楚啦！对于 getDay() 方法，我们在"获取星期几"这一节会详细介绍，到时可以对比理解一下。

图30-5 获取年、月、日

举例

```
<!DOCTYPE html>
<html>
<head>
    <meta charset="utf-8" />
    <title></title>
    <script>
        var d = new Date();
        var time = d.getHours();
        if (time < 12)
        {
            document.write("早上好！");     // 如果小时数小于12则输出"早上好！"
        }
        else if (time >= 12 && time < 18)
        {
            document.write("下午好！");     // 如果小时数大于12并且小于18, 输出"下午好！"
        }
        else
        {
            document.write("晚上好！");     // 如果上面两个条件都不符合, 则输出"晚上好！"
        }
    </script>
</head>
<body>
</body>
</html>
```

浏览器预览效果如图30-6所示。

图30-6 判断时间段

分析

上面输出结果未必是"早上好"，这个是根据你当前时间来判断的。由于我现在测试的时间是早上 8:00，所以会输出"早上好"。如果你是在 15:00 测试的，就会输出"下午好"，以此类推。

30.2.2 设置年、月、日

在 JavaScript 中，我们可以使用 setFullYear()、setMonth() 和 setDate() 这三个方法来设置对象的年、月、日。

1. setFullYear()

setFullYear() 可以用来设置年、月、日。

语法

时间对象.setFullYear(year,month,day);

说明

year 表示年，是**必选参数**，用一个四位的整数表示，如 2017、2020 等。

month 表示月，是可选参数，用 0～11 之间的整数表示。其中 0 表示 1 月，1 表示 2 月，以此类推。

day 表示日，是可选参数，用 1～31 之间的整数表示。

2. setMonth()

setMonth() 可以用来设置月、日。

语法

时间对象.setMonth(month, day);

说明

month 表示月，是**必选参数**，用 0～11 之间的整数表示。其中 0 表示 1 月，1 表示 2 月，以此类推。

day 表示日，是可选参数，用 1～31 之间的整数表示。

3. setDate()

setDate() 可以用来设置日。

语法

时间对象.setDate(day);

说明

day 表示日，是**必选参数**，用 1～31 之间的整数表示。

举例

```
<!DOCTYPE html>
<html>
<head>
    <meta charset="utf-8" />
    <title></title>
    <script>
        var d = new Date();
        d.setFullYear(1992, 09, 01);
        document.write(" 我设置的时间是:<br/>" + d);
```

```
            </script>
        </head>
        <body>
        </body>
</html>
```

浏览器预览效果如图 30-7 所示。

图30-7　设置年、月、日

分析

这里，小伙伴们可得留意了！getFullYear() 只能获取年，但 setFullYear() 却可以同时设置年、月、日。同理，setMonth() 和 setDate() 也有这个特点。

30.3　操作时、分、秒

30.3.1　获取时、分、秒

在 JavaScript 中，我们可以使用 getHours()、getMinutes()、getSeconds() 这三个方法分别获取当前的时、分、秒。

表 30-4　　　　　　　　　　　　获取时、分、秒

方　　法	说　　明
getHours()	获取小时数，取值为 0~23 之间的整数
getMinutes()	获取分钟数，取值为 0~59 之间的整数
getSeconds()	获取秒数，取值为 0~59 之间的整数

举例

```
<!DOCTYPE html>
<html>
<head>
    <meta charset="utf-8" />
    <title></title>
    <script>
        var d = new Date();
        var myHours = d.getHours();
        var myMinutes = d.getMinutes();
        var mySeconds = d.getSeconds();
```

```
                document.write("当前时间是:" + myHours + ":" + myMinutes + ":" + mySeconds);
        </script>
    </head>
    <body>
    </body>
</html>
```

浏览器预览效果如图 30-8 所示。

图30-8　获取时、分、秒

30.3.2　设置时、分、秒

在 JavaScript 中，我们可以使用 setHours()、setMinutes() 和 setSeconds() 来设置时、分、秒。

1. setHours()

setHours() 可以用来设置时、分、秒、毫秒。

语法

```
时间对象.setHours(hour, min, sec, millisec);
```

说明

hour 是**必选参数**，表示时，取值为 0 ～ 23 之间的整数。
min 是可选参数，表示分，取值为 0 ～ 59 之间的整数。
sec 是可选参数，表示秒，取值为 0 ～ 59 之间的整数。
millisec 是可选参数，表示毫秒，取值为 0 ～ 59 之间的整数。

2. setMinutes()

setMinutes() 可以用来设置分、秒、毫秒。

语法

```
时间对象.setMinutes( min, sec, millisec);
```

说明

min 是**必选参数**，表示分，取值为 0 ～ 59 之间的整数。
sec 是可选参数，表示秒，取值为 0 ～ 59 之间的整数。
millisec 是可选参数，表示毫秒，取值为 0 ～ 59 之间的整数。

3. setSeconds()

setSeconds() 可以用来设置秒、毫秒。

语法

```
时间对象.setSeconds(sec, millisec);
```

说明

sec 是必选参数，表示秒，取值为 0 ~ 59 之间的整数。

millisec 是可选参数，表示毫秒，取值为 0 ~ 59 之间的整数。

举例

```html
<!DOCTYPE html>
<html>
<head>
    <meta charset="utf-8" />
    <title></title>
    <script>
        var d = new Date();
        d.setHours(12, 10, 30);
        document.write("我设置的时间是：<br/>" + d);
    </script>
</head>
<body>
</body>
</html>
```

浏览器预览效果如图 30-9 所示。

图30-9　设置时、分、秒

分析

这里我们同样需要特别留意，getHours() 只能获取小时数，但 setHours() 却可以同时设置时、分、秒、毫秒。同理，setMinutes 和 setSeconds 也有这个特点。

30.4　获取星期几

在 JavaScript 中，我们可以使用 getDay() 方法来获取表示今天是星期几的一个数字。

语法

```
时间对象.getDay();
```

30.4 获取星期几

说明

getDay() 返回一个数字，其中 0 表示星期日（在国外，一周是从星期日开始的），1 表示星期一，2 表示星期二，以此类推。

举例

```
<!DOCTYPE html>
<html>
<head>
    <meta charset="utf-8" />
    <title></title>
    <script>
        var d = new Date();
        document.write("今天是星期" + d.getDay());
    </script>
</head>
<body>
</body>
</html>
```

浏览器预览效果如图 30-10 所示。

图30-10 获取星期几

分析

getDay() 方法返回的是一个数字，如果我们想要将数字转换为中文，例如将"星期 4"变成"星期四"，这个时候该怎么做呢？请看下面的例子。

举例

```
<!DOCTYPE html>
<html>
<head>
    <meta charset="utf-8" />
    <title></title>
    <script>
        var weekday = ["星期日", "星期一", "星期二", "星期三", "星期四", "星期五", "星期六"];
        var d = new Date();
        document.write("今天是" + weekday[d.getDay()]);
    </script>
</head>
<body>
```

```
</body>
</html>
```

浏览器预览效果如图 30-11 所示。

图30-11　中文形式

分析

这里我们定义了一个数组 weekday，用来存储表示星期几的字符串。由于 getDay() 方法返回表示当前星期几的数字，因此可以把返回的数字作为数组的下标，这样就可以通过下标的形式来获取星期几。注意，数组下标是从 0 开始的。

30.5　练习题

单选题

1. 在 JavaScript 中，我们可以使用 Date 对象的（　　）方法来获取当前的月份。
   A. getMonth()　　　　　　　　B. getFullMonth()
   C. getDate()　　　　　　　　　D. getDay()
2. 假设当前系统时间为 2017 年 9 月 1 日星期五，则下面程序的输出结果为（　　）。

```
var today = new Date();
document.write(today.getDate());
```

   A. 5　　　　　　　　　　　　　B. 1
   C. 9　　　　　　　　　　　　　D. 2017

编程题

我们经常可以看到导航页面（如 360 导航页）都会采用"今天是 2017 年 4 月 1 日 星期六"这样的方式来显示时间，请用这一章学到的知识来实现这个功能。

第 31 章 数学对象

31.1 数学对象简介

凡是涉及动画开发、高级编程、算法研究等，都跟数学有极大的联系。以前我们可能总埋怨数学没用，慢慢你会发现数学在编程中的重要性是非常大的。在初学阶段，我们只要学习基本语法就可以，至于怎么做出各种特效，还得学会更高级的技术。

在 JavaScript 中，我们可以使用 Math 对象的属性和方法来实现各种运算。Math 对象为我们提供了大量"内置"的数学常量和数学函数，极大地满足了实际开发需求。

Math 对象跟其他对象不一样，我们不需要使用 new 关键字来创造，而是直接使用它的属性和方法就行。

语法

```
Math.属性
Math.方法
```

接下来，我们针对 Math 对象常用的属性和方法来详细介绍一下。

31.2 Math对象的属性

在 JavaScript 中，Math 对象的属性往往都是数学中经常使用的"常量"，常见的 Math 对象属性如表 31-1。

表 31-1　　　　　　　　　　　　　Math 对象的属性

属　　性	说　　明	对应的数学形式
PI	圆周率	π
LN2	2 的自然对数	$\ln(2)$
LN10	10 的自然对数	$\ln(10)$
LOG2E	以 2 为底的 e 的对数	$\log_2 e$
LOG10E	以 10 为底的 e 的对数	$\log_{10} e$
SORT2	2 的平方根	
SORT1_2	2 的平方根的倒数	

从上面也可以看出，由于 Math 的属性都是常量，所以它们都是大写的。对于 Math 对象的属性，我们只需要掌握 Math.PI 这一个就够了，其他不需要去记忆，等需要的时候再回这里查一下即可。

在实际开发中，所有角度都是以"弧度"为单位的，例如 180° 就应该写成 Math.PI，而 360° 就应该写成 Math.PI*2，以此类推。对于角度，在实际开发中推荐这种写法：**度数 *Math.PI/180**，因为这种写法可以让我们一眼就能看出角度是多少，例如：

```
120*Math.PI/180    //120°
150*Math.PI/180    //150°
```

上面这个技巧非常重要，在以后的各种开发（如 JavaScript 动画、Canvas 动画等）中用得也非常多，大家要认真掌握。

举例

```
<!DOCTYPE html>
<html>
<head>
    <meta charset="utf-8" />
    <title></title>
    <script>
        document.write("圆周率为：" + Math.PI);
    </script>
</head>
<body>
</body>
</html>
```

浏览器预览效果如图 31-1 所示。

图31-1　Math.PI（圆周率）

分析

对于圆周率，有些小伙伴喜欢用数字（如 3.1415）来表示。这种是不精确的，而且会导致计算误差。正确的方法应该是使用 Math.PI 来表示。

31.3 Math对象的方法

Math 对象的方法非常多，如下表所示。这一章我们主要介绍常用的方法，对于不常用的方法，则不展开介绍。

表 31-2　　　　　　　　　　Math 对象中的方法（常用）

方　　法	说　　明
max(a,b,⋯,n)	返回一组数中的最大值
min(a,b,⋯,n)	返回一组数中的最小值
sin(x)	正弦
cos(x)	余弦
tan(x)	正切
asin(x)	反正弦
acos(x)	反余弦
atan(x)	反正切
atan2(x)	反正切
floor(x)	向下取整
ceil(x)	向上取整
random()	生成随机数

表 31-3　　　　　　　　　　Math 对象中的方法（不常用）

方　　法	说　　明
abs(x)	返回 x 的绝对值
sqrt(x)	返回 x 的平方根
log(x)	返回 x 的自然对数（底为 e）
pow(x,y)	返回 x 的 y 次幂
exp(x)	返回 e 的指数

31.4 最大值与最小值

在 JavaScript 中，我们可以使用 max() 方法求出一组数中的最大值，也可以使用 min() 方法求出一组数组中的最小值。

语法

```
Math.max(a,b,⋯,n);
Math.min(a,b,⋯,n);
```

举例

```html
<!DOCTYPE html>
<html>
<head>
    <meta charset="utf-8" />
    <title></title>
    <script>
        var a = Math.max(3, 9, 1, 12, 50, 21);
        var b = Math.min(3, 9, 1, 12, 50, 21);
        document.write("最大值为：" + a + "<br/>");
        document.write("最小值为：" + b);
    </script>
</head>
<body>
</body>
</html>
```

浏览器预览效果如图 31-2 所示。

图31-2 Math.max()和Math.min()

分析

找出一组数的最大值与最小值，大多数的人想到的是使用冒泡排序法来实现，却没想到 JavaScript 还有 Math.max() 和 Math.min() 这两个简单的方法。

31.5 取整运算

31.5.1 向下取整：floor()

在 JavaScript 中，我们可以使用 floor() 方法对一个数进行向下取整。所谓的向下取整，指的是返回小于或等于指定数的最小整数。

语法

```
Math.floor(x)
```

说明

Math.floor(x) 表示返回小于或等于 x 的最小整数。

举例

```
<!DOCTYPE html>
<html>
<head>
    <meta charset="utf-8" />
    <title></title>
    <script>
        document.write("Math.floor(3) 等于 " + Math.floor(3) + "<br/>");
        document.write("Math.floor(0.4) 等于 " + Math.floor(0.4) + "<br/>");
        document.write("Math.floor(0.6) 等于 " + Math.floor(0.6) + "<br/>");
        document.write("Math.floor(-1.1) 等于 " + Math.floor(-1.1) + "<br/>");
        document.write("Math.floor(-1.9) 等于 " + Math.floor(-1.9));
    </script>
</head>
<body>
</body>
</html>
```

浏览器预览效果如图 31-3 所示。

分析

从这个例子我们可以看出：在 Math.floor(x) 中，如果 x 为整数，则返回 x ；如果 x 为小数，则返回小于 x 的最大整数。这就是所谓的"向下取整"。分析如图 31-4 所示。

图31-3　向上取整floor()方法

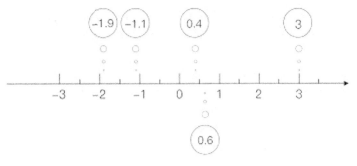

图31-4　坐标轴

31.5.2　向上取整：ceil()

在 JavaScript 中，我们可以使用 ceil() 方法对一个数进行向上取整。所谓的向上取整指的是返回大于或等于指定数的最小整数。

语法

```
Math.ceil(x)
```

说明

Math.ceil(x) 表示返回大于或等于 x 的最小整数。floor() 和 ceil() 这两个方法的命名很有意思，floor() 表示"地板"，也就是向下取整。ceil() 表示"天花板"，也就是向上取整。在以后的学习中，任何一种属性或方法，就根据它们的英文意思去理解就对了。

举例

```
<!DOCTYPE html>
<html>
<head>
    <meta charset="utf-8" />
    <title></title>
    <script>
        document.write("Math.ceil(3) 等于 " + Math.ceil(3) + "<br/>");
        document.write("Math.ceil(0.4) 等于 " + Math.ceil(0.4) + "<br/>");
        document.write("Math.ceil(0.6) 等于 " + Math.ceil(0.6) + "<br/>");
        document.write("Math.ceil(-1.1) 等于 " + Math.ceil(-1.1) + "<br/>");
        document.write("Math.ceil(-1.9) 等于 " + Math.ceil(-1.9));
    </script>
</head>
<body>
</body>
</html>
```

浏览器预览效果如图 31-5 所示。

分析

从这个例子我们可以看出：在 Math.ceil(x) 中，如果 x 为整数，则返回 x；如果 x 为小数，则返回大于 x 的最小整数。这就是所谓的"向上取整"。分析如图 31-6 所示。

图31-5　向下取整ceil()方法　　　　　　图31-6　坐标轴

学完这一节，疑问就来了：floor() 和 ceil() 都是用于取整的，那二者具体都怎么用呢？我在下面两节中就会介绍了。

31.6　三角函数

三角函数在高中时就已经涉及，不过相信不少小伙伴已经把这些知识还给数学老师了。没关系，现在我来带大家慢慢捡起来。

在 Math 对象中，用于三角函数操作的常用方法如表 31-4 所示。

31.6 三角函数

表 31-4　　　　　　　　　　Math 对象中的三角函数方法

方　　法	说　　明
sin(x)	正弦
cos(x)	余弦
tan(x)	正切
asin(x)	反正弦
acos(x)	反余弦
atan(x)	反正切
atan2(x)	反正切

x 表示角度值，用弧度来表示，常用形式为：度数 *Math.PI/180，这一点我们之前说过了。对于上表的三角函数方法，有两点需要跟大家说明一下。

- atan2(x)跟atan(x)是不一样的，atan2(x)能够精确判断角度对应哪一个角，而atan(x)不能。因此在高级动画开发时，我们大多用的是atan2(x)，基本用不到atan(x)。
- 反三角函数用得很少（除了atan2()），一般都是用三角函数，常用的有sin()、cos()和atan2()这三个。

举例

```
<!DOCTYPE html>
<html>
<head>
    <meta charset="utf-8" />
    <title></title>
    <script>
        document.write("sin30° :" + Math.sin(30 * Math.PI / 180) + "<br/>");
        document.write("cos60° :" + Math.cos(60 * Math.PI / 180) + "<br/>");
        document.write("tan45° :" + Math.tan(45 * Math.PI / 180));
    </script>
</head>
<body>
</body>
</html>
```

浏览器预览效果如图 31-7 所示。

分析

咦，sin30°不是等于 0.5 么？为什么会出现上面这种结果呢？其实，这是因为 JavaScript 计算会有一定的精度，但是误差是非常小的，可以忽略不计。

那到底这些三角函数有啥用啊？！现在我们是用不上的，不过这些却是高级动画开发的基础。就像你学数学，不都是一开始先学运算公式，然后才知道用在哪些地方的嘛。当然这本书仅仅是带大家入门而已，对于三角函数在动画开发中的具体应用，可以关注我的另外一本书《Web 前端开发精品课——HTML5 Canvas 开发详解》。

图31-7　三角函数

31.7 生成随机数

在 JavaScript 中，我们可以使用 random() 方法来生成 0～1 之间的一个随机数。random，就是"随机"的意思。特别注意一下，这里的 0～1 是只包含 0 不包含 1 的，也就是 [0, 1)。

语法

```
Math.random()
```

说明

随机数在实际开发是非常有用的，随处可见。像我们绿叶学习网首页的飘雪效果（如图 31-8 所示）中，雪花的位置就是使用随机数来控制的。

图 31-8　绿叶学习网的飘雪效果

下面给小伙伴们介绍一下随机数方面的使用技巧，这些技巧非常有用，要认真掌握喔。

31.7.1 随机生成某个范围内的"任意数"

（1）Math.random()*m

表示生成 0～m 之间的随机数，例如 Math.random()*10 表示生成 0～10 之间的随机数。

（2）Math.random()*m+n

表示生成 n～m+n 之间的随机数，例如 Math.random()*10+8 表示生成 8～18 之间的随机数。

（3）Math.random()*m-n

表示生成 -n～m-n 之间的随机数，例如 Math.random()*10-8 表示生成 -8～2 之间的随机数。

（4）Math.random()*m-m

表示生成 -m～0 之间的随机数，例如 Math.random()*10-10 表示生成 -10～0 之间的随机数。

31.7.2 随机数生成某个范围内的"整数"

上面介绍的都是随机生成某个范围内的任意数（包括整数和小数），但是很多时候我们需要随机生成某个范围内的整数，此时前面学到的 floor() 和 ceil() 这两个方法就能派上用场了。

对于 Math.random()*5 来说，由于 floor() 是向下取整，因此 Math.floor(Math.random()*5) 生成的是 0 ～ 4 之间的随机整数。如果你想生成 0 ～ 5 之间的随机整数，应该写成：

```
Math.floor(Math.random()*(5+1))
```

也就是说，如果你想生成 0 到任意数之间的随机整数，应该这样写：

```
Math.floor(Math.random()*(m+1))
```

如果你想生成 1 到任意数之间的随机整数，应该这样写：

```
Math.floor(Math.random()*m)+1
```

如果你想生成任意数到任意数之间的随机整数，应该这样写：

```
Math.floor(Math.random()*(m-n+1))+n
```

上面是用 floor() 来生成我们想要的随机整数，当然我们也可以使用 ceil() 来实现。只不过呢，我们只需要掌握两个方法中的任意一个就可以了。

怎么样？现在应该很清楚如何去生成你需要的随机数了吧？上面这些技巧是非常棒的，一定要记住。当然我们不需要去死记硬背，这些技巧稍微推理一下就可以得出来了。当然，这些技巧暂时还用不上，等我们学到更高级的知识时就会知道了。

注意：为什么 Math.floor(Math.random()*5) 生成的是 0 ～ 4 之间的整数，而不是 0 ～ 5 之间的整数，这是因为 Math.random() 生成随机数范围是 [0,1) 而不是 [0,1]，即不包含 1。

31.8 生成随机验证码

随机验证码在实际开发中经常用到，看似复杂，实则非常简单。我们只需要用到前面学到的生成随机数的技巧，然后结合字符串与数组操作就可以轻松实现。

举例

```
<!DOCTYPE html>
<html>
<head>
    <meta charset="utf-8" />
    <title></title>
    <script>
        var str = "abcdefghijklmnopqrstuvwxyzABCDEFGHIJKLMNOPQRSTUVWXYZ1234567890";
        var arr = str.split("");
        var result = "";
        for(var i=0;i<4;i++)
        {
            var n = Math.floor(Math.random() * arr.length);
```

```
                result += arr[n];
            }
            document.write(result);
        </script>
    </head>
    <body>
    </body>
</html>
```

浏览器预览效果如图 31-9 所示。

图31-9 随机验证码

分析

上面用 Math.random() 生成了随机验证码,每一次的运行结果都是不一样的。

31.9 生成随机颜色值

生成随机颜色值,在高级动画开发中是经常用到的,这个可以关注我的另外一本书《Web 前端开发精品课——HTML5 Canvas 开发详解》。

举例

```
<!DOCTYPE html>
<html>
<head>
    <meta charset="utf-8" />
    <title></title>
    <script>
        function getRandomColor() {
            var r = Math.floor(Math.random() * (255 + 1));
            var g = Math.floor(Math.random() * (255 + 1));
            var b = Math.floor(Math.random() * (255 + 1));
            var rgb = "rgb(" + r + "," + g + "," + b + ")";
            return rgb;
        }
        document.write(getRandomColor());
    </script>
</head>
<body>
</body>
</html>
```

浏览器预览效果如图 31-10 所示。

图31-10　随机颜色值

31.10　练习题

选择题

如果想要快速找出一组数中的最大值，可以使用（　　）。

A.　max()　　　　　　　　　　B.　Math.max()
C.　min()　　　　　　　　　　D.　Math.min()

填空题

请写出下面范围内的 JavaScript 表达式。

（1）0 到 m 之间的随机整数：_____
（2）1 到 m 之间的随机整数：_____
（3）m 到 n 之间的随机整数：_____

第32章 DOM基础

32.1 核心技术简介

前面 8 章是 JavaScript 的基础部分，介绍的都是基本语法方面的知识。即使是基本语法，我们也并不会说完就算了。在精讲语法的同时，更多的是给大家深入剖析了这些语法的本质，并且在讲解的过程中穿插了大量的实战开发技巧。

走到这里，说明大家已经对基本语法非常熟悉了。事实上，如果你有其他编程语言的基础，会发现这些东西是大同小异的。不过在实际开发中，仅仅靠这些基本语法远远满足不了各种开发需求。虽然所有编程语言都有共同的基本语法，但是它们一定有着自己的独特之处。

在接下来的 JavaScript 提高部分，我们将会给大家讲解 JavaScript 的核心技术，这些才是我们要重点掌握的东西，同时也是更高级技术（如 jQuery、HTML5 等）的基础。学完 JavaScript 提高部分，我们不仅可以制作各种炫丽的特效，还可以结合 HTML 和 CSS 来开发一个真正意义上的页面了。

此外有一点要跟小伙伴们说明一下，后面每一章每一节的知识（当然前面的章节也一样），我都是精心编写的。几乎每一节介绍的都是精华，对于没用的或者过时的知识，我已经全部舍弃掉了。

这一章，我们先来给大家介绍一下 DOM 操作方面的知识。

32.2 DOM是什么

32.2.1 DOM对象

DOM，全称 Document Object Model（文档对象模型），它是由 W3C 定义的一个标准。

很多书一上来就大篇幅地介绍 DOM 的历史以及定义，小伙伴们看了半天也不知道 DOM 是什么东西。在这里，有关 DOM 这些陈年旧事就不展开了，免得初学者看得一头雾水。

在实际开发中，我们有时候需要实现鼠标移到某个元素上面时就改变颜色，或者动态添加元素或者删除元素等。其实这些效果就是通过 DOM 提供给我们的方法来实现的。

简单来说，DOM 里面有很多方法，我们通过它提供的方法来操作一个页面中的某个元素，例如改变这个元素的颜色、点击这个元素实现某些效果、直接把这个元素删除等。

一句话总结：**DOM 操作，可以简单理解成"元素操作"**。

32.2.2 DOM结构

DOM 采用的是"树形结构"，用"树节点"形式来表示页面中的每一个元素。我们先看下面一个例子：

```
<!DOCTYPE html>
<html>
<head>
    <meta charset="utf-8" />
    <title></title>
<body>
    <h1> 绿叶学习网 </h1>
    <p> 绿叶学习网是一个……</p>
    <p> 绿叶学习网成立于……</p>
</body>
</html>
```

对于上面这个 HTML 文档，DOM 会将其解析为如图 32-1 所示的树形结构。

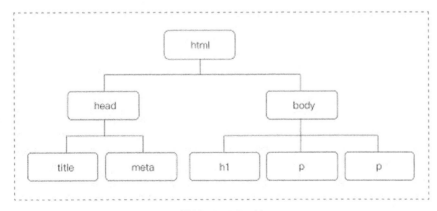

图32-1　DOM树

是不是很像一棵树呢？其实，它也叫"DOM 树"。在这棵树上，html 元素是树根，也叫根元素。

接下来深入一层，我们发现有 head 和 body 这两个分支，它们位于同一层次上，并且有着共同的父节点（即 html），所以它们是兄弟节点。

head 有两个子节点：title 和 meta（这两个是兄弟节点）。body 有三个子节点：h1、p、p。当然，如果还有下一层，我们还可以继续找下去。

利用这种简单的"**家谱关系**"，我们可以把各节点之间的关系清晰地表达出来。那么为什么要把一个 HTML 页面用树形结构表示呢？这也是为了更好地给每一个元素进行定位，以便让我们找到想要的元素。

每一个元素就是一个节点，而每一个节点就是一个对象。也就是说，**我们在操作元素时，其实就是把这个元素看成一个对象，然后使用这个对象的属性和方法来进行相关操作**（这句话对理解 DOM 操作太重要了）。

32.3 节点类型

在 JavaScript 中，节点也是分为很多类型的。DOM 节点共有 12 种类型，不过常见的只有三种（其他不用管）。

- 元素节点
- 属性节点
- 文本节点

很多人看到下面这句代码，就认为只有一个节点，因为只有 div 这一个元素嘛。实际上，这里有三个节点。你没听错，就是三个！

```
<div id="wrapper">绿叶学习网</div>
```

图32-2　三种节点

从图 32-2 的分析可以很清晰看出来了，JavaScript 会把元素、属性以及文本当做不同的节点。表示元素的叫做元素节点，表示属性的叫做属性节点，而表示文本的当然就叫做文本节点。很多人认为节点就一定等于元素，其实这是错的，因为节点有好多种。总而言之：**节点跟元素是不一样的概念，节点是包括元素的**。

在 JavaScript 中，我们可以使用 nodeType 属性来判断一个节点的类型。不同节点的 nodeType 属性值如表 32-1 所示。

表 32-1　　　　　　　　　　　　不同节点的 nodeType 属性值

节 点 类 型	nodeType 值
元素节点	1
属性节点	2
文本节点	3

nodeType 的值是一个数字，而不是像"element"或"attribute"那样的英文字符串。至于怎么用 nodeType 来判断节点类型，后面很快就可以接触到。

此外，对于节点类型，有以下三点需要特别注意的。

- 一个元素就是一个节点，这个节点称之为"元素节点"。
- 属性节点和文本节点看起来像是元素节点的一部分，但实际上，它们是独立的节点，并不属于元素节点。
- 只有元素节点才可以拥有子节点，属性节点和文本节点都无法拥有子节点。

有些人可能感觉节点类型没什么用，事实上这是后面知识的基础。掌握这个概念，才会对后面很多知识有一个清晰的理解。

32.4　获取元素

获取元素，准确来说，就是获取元素节点（注意不是属性节点或文本节点）。对于一个页面，我们想要对某个元素进行操作，就必须通过一定的方式来获取该元素，只有获取到了才能对其进行相应的操作。

咦？这不跟 CSS 选择器相似吗？说得没错。只不过选择器是 CSS 的操作方式，而 JavaScript 却有着属于自己的另一套方法。在 JavaScript 中，我们可以通过以下六种方式来获取指定元素。

- getElementById()
- getElementsByTagName()
- getElementsByClassName()
- querySelector()和querySelectorAll()
- getElementsByName()
- document.title和document.body

上面每一种方法都非常重要，我们要一个个地认真学透。请注意，JavaScript 是严格区分大小写的，所以在书写的时候，这几种方法就不要写错了。例如你把 getElementById() 写成 getelementbyid，就得不到正确的结果。

32.4.1　getElementById()

在 JavaScript 中，如果想通过 id 来选中元素，我们可以使用 getElementById() 来实现。getElementById 这个方法的名字看似很复杂，其实根据英文来理解就很容易了，也就是 get element by id（通过 id 来获取元素）的意思。

实际上，getElementById() 类似于 CSS 中的 id 选择器，只不过 getElementById() 是 JavaScript 的操作方式，而 id 选择器是 CSS 的操作方式。

语法

```
document.getElementById("id名")
```

举例

```html
<!DOCTYPE html>
<html>
<head>
    <meta charset="utf-8" />
    <title></title>
    <script>
        window.onload = function ()
        {
            var oDiv = document.getElementById("div1");
            oDiv.style.color = "red";
        }
    </script>
</head>
<body>
    <div id="div1">JavaScript</div>
</body>
</html>
```

浏览器预览效果如图 32-3 所示。

图32-3　getElementById()方法

分析

```
window.onload = function ()
{
……
}
```

这个是表示在整个页面加载完成后执行的代码块。我们都知道，浏览器是从上到下解析一个页面的。这个例子的 JavaScript 代码在 HTML 代码的上面，如果没有 window.onload，浏览器解析到 document.getElementById("div1") 就会报错，因为它不知道 id 为 div1 的元素究竟是哪位兄弟。

因此我们必须使用 window.onload，使得浏览器把整个页面解析完了再去解析 window.onload 内部的代码，这样就不会报错了。对于 window.onload，我们在"34.6 页面事件"这一节

- 会给大家详细介绍。不过由于 window.onload 用得非常多，我们可以先去看一下这一节再返回这里学习。

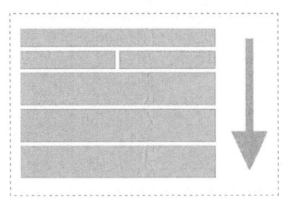

图32-4 浏览器解析方向

在这个例子中，我们使用 getElementById() 方法获取 id 为 div1 的元素，并且把这个 DOM 对象赋值给变量 oDiv，最后使用 oDiv.style.color = "red"；设置这个元素的颜色为红色。注意，getElementById() 方法中的 id 是不需要加井号（#）的，如果你写成 getElementById("#div1") 就是错的。

此外，getElementById() 获取的是一个 DOM 对象，我们在给变量命名的时候，习惯性地以"o"开头，以便跟其他变量区分开来，并且可以让我们一眼就看出来这是一个 DOM 对象。

32.4.2 getElementsByTagName

在 JavaScript 中，如果想通过标签名来选中元素，我们可以使用 getElementsByTagName() 方法来实现。getElementsByTagName，也就是 get elements by tag name（通过标签名来获取元素）的意思。

同样，getElementsByTagName() 类似于 CSS 中的元素选择器。

语法

```
document.getElementsByTagName(" 标签名 ")
```

说明

getElementsByTagName() 方法中"elements"是一个复数，写的时候别漏掉了"s"。这是因为 getElementsByTagName() 获取的是多个元素（即集合），而 getElementById() 获取的仅仅是一个元素。

举例

```
<!DOCTYPE html>
<html>
<head>
    <meta charset="utf-8" />
    <title></title>
    <script>
        window.onload = function ()
        {
```

```
                var oUl = document.getElementById("list");
                var oLi = oUl.getElementsByTagName("li");
                oLi[2].style.color = "red";
            }
        </script>
    </head>
    <body>
        <ul id="list">
            <li>HTML</li>
            <li>CSS</li>
            <li>JavaScript</li>
            <li>jQuery</li>
            <li>Vue.js</li>
        </ul>
    </body>
</html>
```

浏览器预览效果如图 32-5 所示。

图32-5　getElementsByTagName()方法

分析

```
var oUl = document.getElementById("list");
var oLi = oUl.getElementsByTagName("li");
```

在上面代码中，首先使用 getElementById() 方法获取 id 为 list 的 ul 元素，然后使用 getElementsByTagName() 方法获取该 ul 元素下的所有 li 元素。有小伙伴会想，对于上面两句代码，我直接用下面一句代码不就可以了吗？

```
var oLi = document.getElementsByTagName("li");
```

事实上，这是不一样的。document.getElementsByTagName("li") 获取的是"**整个 HTML 页面**"所有的 li 元素，而 oUl.getElementsByTagName("li") 获取的仅仅是"**id 为 list 的 ul 元素**"下所有 li 元素。如果想要精确获取，聪明的你自然就不会使用 document.getElementsByTagName("li") 这种方式来实现了。

从上面我们也知道，getElementsByTagName() 方法获取的是一堆元素。实际上这个方法获取的是一个数组，如果我们想得到某一个元素，可以使用数组下标的形式获取。其中，oLi[0] 表示获取第一个 li 元素，oLi[1] 表示获取第二个 li 元素，以此类推。

准确来说，getElementsByTagName() 方法获取的是一个"类数组"（也叫伪数组），也就是说这不是真正意义上的数组。为什么这样说呢？因为我们只能使用到 length 属性以及下标的

32.4 获取元素

形式，但是对于 push() 等方法是没办法在这里用的，小伙伴试一下就知道了。记住，类数组只能用到两点：length 属性和下标形式。

举例

```html
<!DOCTYPE html>
<html>
<head>
    <meta charset="utf-8" />
    <title></title>
    <script>
        window.onload = function ()
        {
            var arr = ["HTML", "CSS", "JavaScript", "jQuery", "Vue.js"];
            var oUl = document.getElementById("list");
            var oLi = document.getElementsByTagName("li");

            for (var i = 0; i < oLi.length; i++)
            {
                oLi[i].innerHTML = arr[i];
                oLi[i].style.color = "red";
            }
        }
    </script>
</head>
<body>
    <ul id="list">
        <li></li>
        <li></li>
        <li></li>
        <li></li>
        <li></li>
    </ul>
</body>
</html>
```

浏览器预览效果如图 32-6 所示。

分析

oLi.length 表示获取"类数组"oLi 的长度，有多少个元素，长度就是多少。这个技巧挺常用的，记住了喔。

oLi[i].innerHTML = arr[i]; 表示设置 li 元素中的内容为对应下标的数组 arr 中的元素。对于 innerHTML，我们在"33.5 innerHTML 和 textContent"这一节会详细介绍。

图32-6 遍历元素

下面我们来介绍一下 getElementById() 和 getElementsByTagName() 这两个方法的一些重要区别。由于下面两个例子涉及到动态 DOM 以及事件操作的知识，小伙伴们可以先跳过，等学到后面再回到这里看一下。之所以放到这里介绍，也是为了让大家有一个清晰的思路，免得章节安排混乱。

举例 getElementsByTagName() 可以操作动态创建的 DOM

```html
<!DOCTYPE html>
<html>
<head>
    <meta charset="utf-8" />
    <title></title>
    <script>
        window.onload = function ()
        {
                document.body.innerHTML = "<input type='button' value=' 按  钮 '/><input type='button' value=' 按钮 '/><input type='button' value=' 按钮 '/>"
            var oBtn = document.getElementsByTagName("input");

            oBtn[0].onclick = function ()
            {
                alert("表单元素共有：" + oBtn.length + "个");
            };
        }
    </script>
</head>
<body>
</body>
</html>
```

浏览器预览效果如图 32-7 所示。当我们点击第一个按钮后，此时预览效果如图 32-8 所示。

图32-7 getElementsByTagName()操作动态DOM　　图32-8　点击第一个按钮后效果

分析

document.body.innerHTML=……表示动态为 body 元素添加 DOM 元素。oBtn[0].onclick = function() {……} 表示为第一个按钮添加点击事件。从这个例子可以看出，getElementsByTagName() 方法可以操作动态创建的 DOM 元素。但是如果我们使用 getElementById() 就无法实现了，请看下面这个例子。

举例 getElementById() 不可以操作动态创建的 DOM

```html
<!DOCTYPE html>
<html>
<head>
    <meta charset="utf-8" />
```

```
        <title></title>
        <script>
            window.onload = function ()
            {
                document.body.innerHTML = "<input id='btn' type='button' value='按钮'/><input type='button' value='按钮'/><input type='button' value='按钮'/>"
                var oBtn = document.getElementById("btn");

                oBtn.onclick = function ()
                {
                    alert("表单元素共有:" + oBtn.length + "个");
                };
            }
        </script>
    </head>
    <body>
    </body>
</html>
```

浏览器预览效果如图32-9所示。当我们点击第一个按钮后，此时预览效果如图32-10所示。

图32-9　getElementById()不可以操作动态DOM　　图32-10　点击第一个按钮后效果

分析

从这个例子我们可以看出，getElementById()是无法操作动态创建的DOM的。实际上，getElementById()和getElementsByTagName()有以下三个明显的区别（很重要，认真理解一下）。

- getElementById()获取的是一个元素，而getElementsByTagName()获取的是多个元素（伪数组）。
- getElementById()前面只可以接document，也就是document.getElementById()；getElementsByTagName()前面不仅可以接document，还可以接其他DOM对象。
- getElementById()不可以操作动态创建的DOM元素，而getElementsByTagName()可以操作动态创建的DOM元素。

32.4.3　getElementsByClassName()

在JavaScript中，如果想通过class来选中元素，我们可以使用getElementsByClassName()方法来实现。getElementsByClassName，也就是get elements by class name（通过类名来获取元素）的意思。

同样，getElementsByClassName()类似于CSS中的class选择器。

语法

```
document.getElementsByClassName("类名")
```

说明

getElementsByClassName() 方法中"elements"是一个复数，写的时候别漏掉了"s"。跟 getElementsByTagName 相似，getElementsByClassName() 获取的也是一个类数组。

举例

```html
<!DOCTYPE html>
<html>
<head>
    <meta charset="utf-8" />
    <title></title>
    <script>
        window.onload = function ()
        {
            var oLi = document.getElementsByClassName("select");
            oLi[0].style.color = "red";
        }
    </script>
</head>
<body>
    <ul id="list">
        <li>HTML</li>
        <li>CSS</li>
        <li class="select">JavaScript</li>
        <li class="select">jQuery</li>
        <li class="select">Vue.js</li>
    </ul>
</body>
</html>
```

浏览器预览效果如图 32-11 所示。

分析

getElementsByClassName() 获取的也是一个"类数组"。如果我们想得到某一个元素，也是使用数组下标的形式获取的，这一点跟 getElementsByTagName() 很相似。

此外，getElementsByClassName() 不能操作动态 DOM。实际上，对于 getElementById()、getElementsByClassName() 和 getElementsByTagName() 这三个方法来说，只有 getElementsByTagName() 这一个方法能够操作动态 DOM。

图32-11　getElementsByClassName()方法

32.4.4　querySelector()和querySelectorAll()

在多年以前的 JavaScript 开发中，查找元素是开发人员遇到的最头疼的问题。然而现在这个问题已经完美解决了。

JavaScript 新增了 querySelector() 和 querySelectorAll() 这两个方法，使得我们可以使用 CSS 选择器的语法来获取我们所需要的元素。

语法

```
document.querySelector("选择器");
document.querySelectorAll("选择器");
```

说明

querySelector() 表示选取满足选择条件的第一个元素，querySelectorAll() 表示选取满足条件的所有元素。这两个方法是非常简单的，它们的写法跟 CSS 选择器的写法是完全一样的。

```
document.querySelector("#main")
document.querySelector("#list li:nth-child(1)")
document.querySelectorAll("#list li")
document.querySelectorAll("input:checkbox")
```

对于 id 选择器来说，由于页面只有一个元素，建议大家用 getElementById()，而不是用 querySelector() 或 querySelectorAll() 这两个。因为 getElementById() 方法效率更高，性能也更好。其中分析如图 32-12 所示。

图32-12　querySelector()分析图

举例

```
<!DOCTYPE html>
<html>
<head>
    <meta charset="utf-8" />
    <title></title>
    <script>
        window.onload = function ()
        {
            var oDiv = document.querySelectorAll(".test");
            oDiv[1].style.color = "red";
        }
    </script>
</head>
<body>
    <div>JavaScript</div>
    <div class="test">JavaScript</div>
    <div class="test">JavaScript</div>
    <div>JavaScript</div>
    <div class="test">JavaScript</div>
</body>
</html>
```

浏览器预览效果如图 32-13 所示。

图32-13　querySelectorAll()方法

分析

document.querySelectorAll(".test") 表示获取所有 class 为 test 的元素。由于获取的是多个元素，因此这也是一个类数组，想要精确得到某一个元素，也需要使用数组下标的形式来获取。

举例

```html
<!DOCTYPE html>
<html>
<head>
    <meta charset="utf-8" />
    <title></title>
    <script>
        window.onload = function ()
        {
            var oLi = document.querySelector("#list li:nth-child(3)");
            oLi.style.color = "red";
        }
    </script>
</head>
<body>
    <ul id="list">
        <li>HTML</li>
        <li>CSS</li>
        <li>JavaScript</li>
        <li>jQuery</li>
        <li>Vue.js</li>
    </ul>
</body>
</html>
```

浏览器预览效果如图 32-14 所示。

分析

document.querySelector("#list li:nth-child(3)") 表示选取 id 为 list 的元素下的第三个元素，nth-child(n) 属于 CSS3 的选择器。对于 CSS3 的内容，可以翻一下绿叶学习网的 CSS3 教程。

事实上，我们也可以使用 document.querySelectorAll ("#list li:nth-child(3)")[0] 来实现，两者效果是一样的。特别注意一点，querySelectorAll() 方法得到的是一个类数组，即使你获取的只有一个元素，也必须使用下标"[0]"才可以正确

图32-14　querySelector()方法

获取。

querySeletor() 和 querySeletorAll() 非常好用。有了这两个方法，老板再也不用担心我写 JavaScript 慢了！

32.4.5 getElementsByName()

对于表单元素来说，它有一个一般元素都没有的 name 属性。如果想要通过 name 属性来获取表单元素，我们可以使用 getElementsByName() 方法来实现。

语法

```
document.getElementsByName("name 名")
```

说明

getElementsByName() 获取的也是一个类数组，如果想要准确得到某一个元素，可以使用数组下标形式来获取。

getElementsByName() 只用于表单元素，一般只用于单选按钮和复选框。

举例 单选按钮

```
<!DOCTYPE html>
<html>
<head>
    <meta charset="utf-8" />
    <title></title>
    <script>
        window.onload = function ()
        {
            var oInput = document.getElementsByName("status");
            oInput[2].checked = true;
        }
    </script>
</head>
<body>
    你的最高学历：
    <label><input type="radio" name="status" value="本科" />本科</label>
    <label><input type="radio" name="status" value="硕士" />硕士</label>
    <label><input type="radio" name="status" value="博士" />博士</label>
</body>
</html>
```

浏览器预览效果如图 32-15 所示。

图 32-15 获取单选框的值

分析

oInput[2].checked = true; 表示将类数组中的第三个元素的 checked 属性设置为 true，也就是第三个单选按钮被选中。

举例 复选框

```html
<!DOCTYPE html>
<html>
<head>
    <meta charset="utf-8" />
    <title></title>
    <script>
        window.onload = function ()
        {
            var oInput = document.getElementsByName("fruit");
            for (var i = 0; i < oInput.length; i++)
            {
                oInput[i].checked = true;
            }
        }
    </script>
</head>
<body>
    你喜欢的水果：
    <label><input type="checkbox" name="fruit" value="苹果" />苹果</label>
    <label><input type="checkbox" name="fruit" value="香蕉" />香蕉</label>
    <label><input type="checkbox" name="fruit" value="西瓜" />西瓜</label>
</body>
</html>
```

浏览器预览效果如图 32-16 所示。

图32-16 获取复选框的值

分析

这里使用 for 循环来将每一个复选框的 checked 属性都设置为 true（被选中）。

32.4.6 document.title和document.body

由于一个页面只有一个 title 元素和一个 body 元素，因此对于这两个元素的选取，JavaScript 专门为我们提供了两个非常方便的方法：document.title 和 document.body。

举例

```html
<!DOCTYPE html>
<html>
<head>
    <meta charset="utf-8" />
    <title></title>
    <script>
        window.onload = function ()
        {
            document.title = "梦想是什么？";
            document.body.innerHTML = "<strong style='color:red'>梦想就是一种让你感到
```

```
坚持就是幸福的东西。</strong>";
        }
    </script>
</head>
<body>
</body>
</html>
```

浏览器预览效果如图 32-17 所示。

图32-17 document.title和document.body

只有选取了元素，才可以对元素进行相应的操作。因此，这一节所介绍的方法是 DOM 一切操作的基础。

32.5 创建元素

在 JavaScript 中，我们可以使用 createElement() 来创建一个元素节点，也可以使用 createTextNode() 来创建一个文本节点，然后可以将元素节点与文本节点 "组装" 成为我们平常所看到的 "有文本内容的元素"。

这种方式又被称为 "动态 DOM 操作"。所谓的 "动态 DOM"，指的是使用 JavaScript 创建的元素，这个元素一开始在 HTML 中是不存在的。

语法

```
var e1 = document.createElement(" 元素名 ");          // 创建元素节点
var txt = document.createTextNode(" 文本内容 ");       // 创建文本节点
e1.appendChild(txt);                                // 把文本节点插入元素节点中
e2.appendChild(e1);                                 // 把组装好的元素插入已存在的元素中
```

说明

e1 表示 JavaScript 动态创建的元素节点，txt 表示 JavaScript 动态创建的文本节点，e2 表示 HTML 中已经存在的元素节点。

A.appendChild(B) 表示把 B 插入到 A 内部中去，也就是使得 B 成为 A 的子节点。

举例 创建简单元素（不带属性）

```
<!DOCTYPE html>
<html>
<head>
    <meta charset="utf-8" />
    <title></title>
```

```
    <script>
        window.onload = function ()
        {
            var oDiv = document.getElementById("content");
            var oStrong = document.createElement("strong");
            var oTxt = document.createTextNode("绿叶学习网");

            // 将文本节点插入 strong 元素
            oStrong.appendChild(oTxt);
            // 将 strong 元素插入 div 元素（这个 div 在 HTML 已经存在）
            oDiv.appendChild(oStrong);
        }
    </script>
</head>
<body>
    <div id="content"></div>
</body>
</html>
```

浏览器预览效果如图 32-18 所示，而例子的分析如图 32-19 所示。

图32-18　创建简单元素（不带属性）

图32-19　分析图

分析

这里使用 document.createElement("strong") 动态创建了一个 strong 元素，不过此时 strong 元素是没有内容的。然后我们使用 document.createTextNode() 创建了一个文本节点，并且使用 appendChild() 方法（我们在下一节会介绍）把这个文本节点插入到 strong 元素中去。最后再使用 appendChild() 方法把已经创建好的"有内容的 strong 元素（即 "<strong>绿叶学习网</strong>"）"插入到 div 元素中，这时才会显示出内容。

有小伙伴就会想，添加一个元素有必要那么麻烦吗？直接像下面这样，在 HTML 加上不就得了吗？效果都是一样的啊！

```
<!DOCTYPE html>
<html>
<head>
    <meta charset="utf-8" />
    <title></title>
</head>
<body>
    <div id="content"><strong>绿叶学习网</strong></div>
</body>
</html>
```

之所以有这个疑问，那是因为小伙伴们还没有真正理解动态创建 DOM 的意义。其实在 HTML 中直接添加元素，这是静态方法。而使用 JavaScript 添加元素，这是动态方法。在实际开发中，很多动画效果我们使用静态方法是实现不了的。

像绿叶学习网首页的雪花飘落效果（如图 32-20 所示），这些雪花就是动态创建的 img 元素。雪花会不断生成，然后到消失，也就是说你要实现 img 元素的生成和消失。此时你不可能手动在 HTML 中直接添加元素，然后删除元素吧？正确的方法就是使用动态 DOM，也就是使用 JavaScript 不断创建元素和删除元素来实现。

图32-20　绿叶学习网首页的"雪花飘落"效果

操作动态 DOM，在实际开发中用得非常多。这一章，我们先学一下语法，至于怎么用，后面会慢慢接触。上面例子创建的是一个简单的节点，如果想要创建下面这种带有属性的复杂节点，该怎么做呢？

```
<input id="submit" type="button" value=" 提交 "/>
```

举例 创建复杂元素（带属性）

```
<!DOCTYPE html>
<html>
<head>
    <meta charset="utf-8" />
    <title></title>
    <script>
        window.onload = function ()
        {
            var oInput = document.createElement("input");
            oInput.id = "submit";
            oInput.type = "button";
            oInput.value = " 提交 ";

            document.body.appendChild(oInput);
        }
    </script>
</head>
<body>
</body>
</html>
```

浏览器预览效果如图 32-21 所示。

分析

在"32.1 DOM 是什么"这一节之前给大家说过：在 DOM 中，每一个元素节点都被看成是一个对象。既然是对象，我们就可以像给对象属性赋值那样给元素的属性进行赋值。例如想给添加一个 id 属性，就可以这样写：oInput.id = "submit"。想要添加一个 type 属性，就可以这样写：oInput.type="button"，以此类推。

图 32-21 创建复杂元素（带属性）

下面我们尝试来动态创建一个图片，HTML 结构如下：

```
<img class="pic" src="images/haizei.png" style="border:1px solid silver"/>
```

举例 动态创建图片

```
<!DOCTYPE html>
<html>
<head>
    <meta charset="utf-8" />
    <title></title>
    <script>
        window.onload = function ()
        {
            var oImg = document.createElement("img");
            oImg.className = "pic";
            oImg.src = "img/haizei.png";
```

```
                oImg.style.border = "1px solid silver";

                document.body.appendChild(oImg);
            }
        </script>
    </head>
    <body>
    </body>
</html>
```

浏览器预览效果如图 32-22 所示。

分析

在操作动态 DOM 时,设置元素 class 用的是 className 而不是 class,这是初学者最容易忽略的地方。为什么 JavaScript 不用 class,而是用 className 呢?其实我们在"25.2 常量与变量"这一节讲过,JavaScript 有很多关键字和保留字,其中 class 已经作为保留字(可以回去翻一下),所以就另外起了一个 className 来用。了解这个背后的故事,以后我们也不容易犯错。

上面创建的都是一个元素,如果想要创建表格这种多个元素的,该怎么办呢?这时我们可以使用循环语句来实现。

图32-22 动态创建图片

举例 创建多个元素

```
<!DOCTYPE html>
<html>
<head>
    <meta charset="utf-8" />
    <title></title>
    <style type="text/css">
        table {border-collapse:collapse;}
        tr,td
        {
            width:80px;
            height:20px;
            border:1px solid gray;
        }
    </style>
    <script>
        window.onload = function ()
        {
            // 动态创建表格
            var oTable = document.createElement("table");
            for (var i = 0; i < 3; i++)
            {
                var oTr = document.createElement("tr");
                for (var j = 0; j < 3; j++)
                {
                    var oTd = document.createElement("td");
                    oTr.appendChild(oTd);
                }
                oTable.appendChild(oTr);
            }
```

```
                // 添加到 body 中去
                document.body.appendChild(oTable);
        }
    </script>
</head>
<body>
</body>
</html>
```

浏览器预览效果如图 32-23 所示。

图32-23　创建表格

从上面几个例子，我们可以总结一下，如果想要创建一个元素，需要以下四步。
① 创建元素节点：createElement()
② 创建文本节点：createTextNode()
③ 把文本节点插入元素节点：appendChild()
④ 把组装好的元素插入到已有元素中：appendChild()

32.6　插入元素

上一节我们学会了怎么创建元素，如果仅仅是创建一个元素而没有插入到 HTML 文档中，这是一点意义都没有的。这一节我们来学一下怎么把创建好的元素插入到已经存在的元素中去。在 JavaScript 中，插入元素有两种方法。
- appendChild()
- insertBefore()

32.6.1　appendChild()

在 JavaScript 中，我们可以使用 appendChild() 把一个新元素插入到父元素的内部子元素的"末尾"。

语法

```
A.appendChild(B);
```

说明

A 表示父元素，B 表示动态创建好的新元素。后面章节中，如果没有特殊说明，A 都表示父元素，B 都表示子元素。

举例

```
<!DOCTYPE html>
<html>
```

32.6 插入元素

```html
<head>
    <meta charset="utf-8" />
    <title></title>
    <script>
        window.onload = function ()
        {
            var oBtn = document.getElementById("btn");
            // 为按钮添加点击事件
            oBtn.onclick = function ()
            {
                var oUl = document.getElementById("list");
                var oTxt = document.getElementById("txt");

                // 将文本框的内容转换为"文本节点"
                var textNode = document.createTextNode(oTxt.value);
                // 动态创建一个 li 元素
                var oLi = document.createElement("li");

                // 将文本节点插入 li 元素中去
                oLi.appendChild(textNode);
                // 将 li 元素插入 ul 元素中去
                oUl.appendChild(oLi);
            };
        }
    </script>
</head>
<body>
    <ul id="list">
        <li>HTML</li>
        <li>CSS</li>
        <li>JavaScript</li>
    </ul>
    <input id="txt" type="text"/><input id="btn" type="button" value=" 插入 " />
</body>
</html>
```

浏览器预览效果如图 32-24 所示。我们在文本框中输入"jQuery",然后点击"插入"按钮后,此时预览效果如图 32-25 所示。

图32-24 appendChild()方法

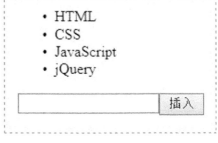

图32-25 点击"插入"按钮后的效果

分析

```
oBtn.onclick = function()
{
    ......
};
```

上面表示为一个元素添加点击事件，所谓的点击事件指的是当我们点击按钮后会做些什么。这个跟前面讲到的 window.onload 是非常相似的，只不过 window.onload 表示页面加载完成后会做些什么，而 oBtn.onclick 表示点击按钮后会做些什么。当然，这种写法我们在后面"34.3 鼠标事件"这一节会详细介绍。

32.6.2 insertBefore()

在 JavaScript 中，我们可以使用 insertBefore() 方法将一个新元素插入到父元素中的某一个子元素"之前"。

语法

```
A.insertBefore(B,ref);
```

说明

A 表示父元素，B 表示新子元素。ref 表示指定子元素，在这个元素之前插入新子元素。

举例

```
<!DOCTYPE html>
<html>
<head>
    <meta charset="utf-8" />
    <title></title>
    <script>
        window.onload = function ()
        {
            var oBtn = document.getElementById("btn");
            oBtn.onclick = function ()
            {
                var oUl = document.getElementById("list");
                var oTxt = document.getElementById("txt");

                // 将文本框的内容转换为"文本节点"
                var textNode = document.createTextNode(oTxt.value);
                // 动态创建一个 li 元素
                var oLi = document.createElement("li");

                // 将文本节点插入 li 元素中
                oLi.appendChild(textNode);
                // 将 li 元素插入到 ul 的第一个子元素前面
                oUl.insertBefore(oLi, oUl.firstElementChild);
            }
        }
```

```
            </script>
        </head>
        <body>
            <ul id="list">
                <li>HTML</li>
                <li>CSS</li>
                <li>JavaScript</li>
            </ul>
            <input id="txt" type="text"/><input id="btn" type="button" value="插入" />
        </body>
    </html>
```

浏览器预览效果如图 32-26 所示。我们在文本框中输入"jQuery",然后点击"插入"按钮后,浏览器预览效果如图 32-27 所示。

图32-26 insertBefore()方法

图32-27 点击"插入"按钮后效果

分析

oUl.firstElementChild 表示获取 ul 元素下的第一个子元素。大家仔细比较一下这两个例子,就能看出 appendChild() 和 insertBefore() 这两种插入方法的不同了。实际上,这两个方法其实刚好是互补关系(如图 32-28 所示),appendChild() 是在父元素最后一个子元素后面插入,而 insertBefore() 是在父元素任意一个子元素之前插入,这样使得我们可以将新元素插入到任何地方。

图32-28 appendChild()和insertBefore()的关系

此外需要注意一点,appendChild() 和 insertBefore() 这两种插入元素的方法都需要获取父元素才可以进行操作。

32.7 删除元素

在 JavaScript 中,我们可以使用 removeChild() 方法来删除父元素下的某个子元素。

语法

```
A.removeChild(B);
```

说明

A 表示父元素，B 表示父元素内部的某个子元素。

举例 删除最后一个子元素

```html
<!DOCTYPE html>
<html>
<head>
    <meta charset="utf-8" />
    <title></title>
    <script>
        window.onload = function ()
        {
            var oBtn = document.getElementById("btn");
            oBtn.onclick = function ()
            {
                var oUl = document.getElementById("list");
                // 删除最后一个子元素
                oUl.removeChild(oUl.lastElementChild);
            }
        }
    </script>
</head>
<body>
    <ul id="list">
        <li>HTML</li>
        <li>CSS</li>
        <li>JavaScript</li>
        <li>jQuery</li>
        <li>Vue.js</li>
    </ul>
    <input id="btn" type="button" value=" 删除 " />
</body>
</html>
```

浏览器预览效果如图 32-29 所示。

图32-29 删除最后一个li元素

32.7 删除元素

分析

oUl.removeChild(oUl.lastElementChild);表示删除 ul 中最后一个 li 元素，其中 oUl.lastElementChild 表示 ul 中的最后一个子元素。如果想要删除第一个子元素，可以使用以下代码来实现：

```
oUl.removeChild(oUl.firstElementChild);
```

那么如果想要删除第二个子元素或者任意一个子元素，该怎么做呢？这个就需要我们学到"33.4 DOM 遍历"这一节才知道。

上面是删除一个子元素的情况，假如我们想要把整个列表删除，又该如何实现呢？很简单啦，直接对 ul 元素进行 removeChild() 操作就可以了，实现代码如下。

举例 删除整个列表

```html
<!DOCTYPE html>
<html>
<head>
    <meta charset="utf-8" />
    <title></title>
    <script>
        window.onload = function ()
        {
            var oBtn = document.getElementById("btn");
            oBtn.onclick = function ()
            {
                var oUl = document.getElementById("list");
                document.body.removeChild(oUl);
            }
        }
    </script>
</head>
<body>
    <ul id="list">
        <li>HTML</li>
        <li>CSS</li>
        <li>JavaScript</li>
        <li>jQuery</li>
        <li>Vue.js</li>
    </ul>
    <input id="btn" type="button" value=" 删除 " />
</body>
</html>
```

浏览器预览效果如图 32-30 所示。

分析

我们点击"删除"按钮后，整个列表都被删除了。通过上面几个例子，我们可以很清楚地知道：在使用 removeChild() 方法删除元素之前，我们必须找到两个元素。

- 被删除的子元素
- 被删除子元素的父元素

图32-30 删除整个列表

32.8 复制元素

在 JavaScript 中，我们可以使用 cloneNode() 方法来实现复制元素。

语法

```
obj.cloneNode(bool)
```

说明

参数 obj 表示被复制的元素，而参数 bool 是一个布尔值，取值如下。
- 1或true：表示复制元素本身以及复制该元素下的所有子元素。
- 0或false：表示仅仅复制元素本身，不复制该元素下的子元素。

举例

```html
<!DOCTYPE html>
<html>
<head>
    <meta charset="utf-8" />
    <title></title>
    <script>
        window.onload = function ()
        {
            var oBtn = document.getElementById("btn");
            oBtn.onclick = function ()
            {
                var oUl = document.getElementById("list");
                document.body.appendChild(oUl.cloneNode(1));
            }
        }
    </script>
</head>
<body>
    <ul id="list">
        <li>HTML</li>
        <li>CSS</li>
        <li>JavaScript</li>
    </ul>
    <input id="btn" type="button" value="复制" />
</body>
</html>
```

浏览器预览效果如图 32-31 所示。当我们点击"复制"按钮后，此时预览效果如图 32-32 所示。

32.9 替换元素

图32-31 点击按钮前的效果

图32-32 点击按钮后的效果

分析

当我们点击"复制"按钮后，就会在 body 中把整个列表复制并插入。cloneChild() 方法很简单，没太多要讲的东西。

32.9 替换元素

在 JavaScript 中，我们可以使用 replaceChild() 方法来实现替换元素。

语法

```
A.replaceChild(new,old);
```

说明

A 表示父元素，new 表示新子元素，old 表示旧子元素。

举例

```
<!DOCTYPE html>
<html>
<head>
    <meta charset="utf-8" />
    <title></title>
    <script>
        window.onload = function ()
        {
            var oBtn = document.getElementById("btn");
            oBtn.onclick = function ()
            {
                // 获取body中的第一个元素
                var oFirst = document.querySelector("body *:first-child");

                // 获取二个文本框
                var oTag = document.getElementById("tag");
                var oTxt = document.getElementById("txt");
                // 根据两个文本框的值来创建一个新节点
                var oNewTag = document.createElement(oTag.value);
                var oNewTxt = document.createTextNode(oTxt.value);

                oNewTag.appendChild(oNewTxt);
```

```
                document.body.replaceChild(oNewTag, oFirst);
            }
        }
    </script>
</head>
<body>
    <p>JavaScript</p>
    <hr/>
    输入标签：<input id="tag" type="text" /><br />
    输入内容：<input id="txt" type="text" /><br />
    <input id="btn" type="button" value=" 替换 " />
</body>
</html>
```

浏览器预览效果如图 32-33 所示。

分析

当我们在第一个文本框输入"h1"，在第二个文本框输入"jQuery"，然后点击"替换"按钮，此时浏览器预览效果如图 32-34 所示。

图32-33　replaceChild()方法　　　　　图32-34　点击"替换"按钮后的效果

从上面可以知道，想要实现替换元素，就必须提供三个节点：父元素、新元素和旧元素。

32.10　练习题

单选题

1. 在 DOM 操作中，我们可以使用（　　）方法把一个新元素插入到父元素的内部子元素的末尾。

　　A. insertBefore()　　　　　　　　B. appendChild()
　　C. insert()　　　　　　　　　　　D. append()

2. 下面有关获取元素方法的说法中，不正确的是（　　）。

　　A. getElementById() 返回的是单个 DOM 对象
　　B. getElementsByTagName() 返回的是多个 DOM 对象
　　C. getElementsByName() 一般用于获取表单元素
　　D. document.body 等价于 document.getElementsByTagName（"body"）

3. A.appendChild(B) 这一句代码表示（　　）。

　　A. 把 A 插入到 B 的内部开始　　　B. 把 A 插入到 B 的内部末尾
　　C. 把 B 插入到 A 的内部开始　　　D. 把 B 插入到 A 的内部末尾

4. 下面有关 DOM 操作的说法中，正确的是（　　）。

A. 属性节点和文本节点属于元素节点的一部分
B. getElementById() 可以写成 getelementbyid()，两者是一样的
C. 可以使用 nodeType 属性来判断节点的类型
D. nodeType 属性返回值是一个字符串

5. 下面有一段 HTML 代码，其中可以正确获取 p 元素的方法是（   ）。

```
<!DOCTYPE html>
<html>
<head>
    <meta charset="utf-8" />
    <title></title>
</head>
<body>
    <div></div>
    <div></div>
    <p></p>
    <strong></strong>
</body>
</html>
```

A. document.getElementsByTagName("p")
B. document.getElementsByTagName("p")[0]
C. document.getElementsByTagName("p")[1]
D. getElementsByTagName("p")[0]

6. 下面有一段 HTML 代码，其中可以正确获取 p 元素的方法是（   ）。

```
<!DOCTYPE html>
<html>
<head>
    <meta charset="utf-8" />
    <title></title>
</head>
<body>
    <div></div>
    <div></div>
    <p id="content" class="column"></p>
    <strong></strong>
</body>
</html>
```

A. document.getElementsByTagName("p")
B. document.getElementsByClassName("column")[0]
C. document.getElementById("#content")
D. document.querySelector("p")

第33章 DOM进阶

33.1 HTML属性操作（对象属性）

HTML 属性操作，指的是使用 JavaScript 来操作一个元素的 HTML 属性。像下面有一个 input 元素，指的就是操作它的 id、type、value 等，其他元素也类似。

```
<input id="btn" type="button" value=" 提交 "/>
```

在 JavaScript 中，有两种操作 HTML 元素属性的方式：一种是使用"对象属性"；另外一种是使用"对象方法"。这一节，我们先来介绍怎么用"对象属性"方式来操作。

不管是用"对象属性"方式，还是用"对象方法"方式，都涉及以下两种操作。
- 获取HTML属性值
- 设置HTML属性值

元素操作，准确来说，操作的是"元素节点"。属性操作，准确来说，操作的是"属性节点"。对于元素操作，我们上一章已经详细介绍过了，下面来介绍一下属性操作。

33.1.1 获取HTML属性值

获取 HTML 元素的属性值，一般都是通过属性名，来找到该属性对应的值。

语法

```
obj.attr
```

33.1 HTML属性操作（对象属性）

说明

obj 是元素名，它一个 DOM 对象。所谓的 DOM 对象，指的是 getElementById()、getElementsByTagName() 等方法获取到的元素节点。我们在后面章节中说到的 DOM 对象，指的就是这个，一定要记住了。

attr 是属性名，对于一个对象来说，当然是通过点运算符（.）来获取它的属性值。

举例 获取静态 HTML 中的属性值

```html
<!DOCTYPE html>
<html>
<head>
    <meta charset="utf-8" />
    <title></title>
    <script>
        window.onload = function ()
        {
            var oBtn = document.getElementById("btn");
            oBtn.onclick = function ()
            {
                alert(oBtn.id);
            };
        }
    </script>
</head>
<body>
    <input id="btn" class="myBtn" type="button" value="获取"/>
</body>
</html>
```

浏览器预览效果如图 33-1 所示。

分析

想要获得某个属性的值，首先需要使用 getElementById() 等方法找到这个元素节点，然后才可以获取到该属性的值。

oBtn.id 表示获取按钮的 id 属性值。同样，想要获取 type 属性值可以写成 oBtn.type，以此类推。是不是非常简单呢？不过需要特别提醒人家一点，如果想要获取一个元素的 class，写成 oBtn.class 是错误的，正确的应该写成 oBtn.className。

图33-1 获取静态HTML中的属性值

使用"obj.attr"这种方式，不仅可以用来获取静态 HTML 元素的属性值，还可以用来获取动态创建的 DOM 元素中的属性值。请看下面的例子。

举例 获取动态 DOM 中的属性值

```html
<!DOCTYPE html>
<html>
<head>
    <meta charset="utf-8" />
```

```
            <title></title>
            <script>
                window.onload = function ()
                {
                    // 动态创建一个按钮
                    var oInput = document.createElement("input");
                    oInput.id = "submit";
                    oInput.type = "button";
                    oInput.value = " 提交 ";
                    document.body.appendChild(oInput);

                    // 为按钮添加点击事件
                    oInput.onclick = function ()
                    {
                        alert(oInput.id);
                    };
                }
            </script>
        </head>
        <body>
        </body>
    </html>
```

浏览器预览效果如图 33-2 所示。

分析

这里动态创建了一个按钮：<input id="submit" type="button" value=" 提交 "/>。然后我们给这个动态创建出来的按钮加上点击事件，并且在点击事件中使用 oInput.id 来获取 id 属性的取值。

在实际开发中，更多情况下我们想要获取的是表单元素的值。其中文本框、单选按钮、复选框、下拉列表中的值都是通过 value 属性来获取的，下面我们尝试实现一下。这些技巧在实际开发中用得非常多，小伙伴们认真掌握一下。

图33-2　获取动态DOM中的属性值

举例 获取文本框的值

```
    <!DOCTYPE html>
    <html>
    <head>
        <meta charset="utf-8" />
        <title></title>
        <script>
            window.onload = function ()
            {
                var oBtn = document.getElementById("btn");
                oBtn.onclick = function ()
                {
                    var oTxt = document.getElementById("txt");
                    alert(oTxt.value);
                };
```

```
            }
        </script>
    </head>
    <body>
        <input id="txt" type="text"/>
        <input id="btn" type="button" value=" 获取 "/>
    </body>
</html>
```

浏览器预览效果如图 33-3 所示。

分析

我们在文本框输入内容，然后点击"获取"按钮，就能获取文本框中的内容。oTxt.value 表示通过 value 属性来获取值。我们可能会觉得很奇怪，文本框压根就没有定义一个 value 属性，怎么可以通过 oTxt.value 来获取它的值呢？其实对于单行文本框，HTML 默认给它添加了一个 value 属性，只不过这个 value 属性是空的。也就是说，<input id="txt" type="text"/> 其实等价于：

图33-3 获取文本框的值

```
<input id="txt" type="text" value=""/>
```

其他表单元素也有类似的特点，都有一个默认的 value 值。此外对于多行文本框，同样也是通过 value 属性来获取内容的，我们可以自己测试一下。

举例 获取单选框的值

```
<!DOCTYPE html>
<html>
<head>
    <meta charset="utf-8" />
    <title></title>
    <script>
        window.onload = function ()
        {
            var oBtn = document.getElementById("btn");
            var oFruit = document.getElementsByName("fruit");

            oBtn.onclick = function ()
            {
                // 使用 for 循环遍历所有的单选框
                for(var i=0;i<oFruit.length;i++)
                {
                    // 判断当前遍历的单选框是否选中（也就是 checked 是否为 true）
                    if(oFruit[i].checked)
                    {
                        alert(oFruit[i].value);
                    }
                }
            };
        }
    </script>
```

```html
    </head>
    <body>
        <div>
            <label><input type="radio" name="fruit" value="苹果" checked/> 苹果 </label>
            <label><input type="radio" name="fruit" value="香蕉" />香蕉 </label>
            <label><input type="radio" name="fruit" value="西瓜" />西瓜 </label>
        </div>
        <input id="btn" type="button" value="获取" />
    </body>
</html>
```

浏览器预览效果如图33-4所示。

分析

document.getElementsByName("fruit") 表示获取所有 name 属性值为 fruit 的表单元素。getElementsByName() 只限用于表单元素，它获取的也是一个元素集合，也就是类数组。

举例 获取复选框的值

图33-4　获取单选框的值

```html
<!DOCTYPE html>
<html>
<head>
    <meta charset="utf-8" />
    <title></title>
    <script>
        window.onload = function ()
        {
            var oBtn = document.getElementById("btn");
            var oFruit = document.getElementsByName("fruit");
            var str = "";

            oBtn.onclick = function ()
            {
                for(var i=0;i<oFruit.length;i++)
                {
                    if(oFruit[i].checked)
                    {
                        str += oFruit[i].value;
                    }
                }
                alert(str);
            };
        }
    </script>
</head>
<body>
    <div>
        <label><input type="checkbox" name="fruit" value="苹果" />苹果 </label>
        <label><input type="checkbox" name="fruit" value="香蕉" />香蕉 </label>
        <label><input type="checkbox" name="fruit" value="西瓜" />西瓜 </label>
```

33.1 HTML属性操作（对象属性）

```
        </div>
        <input id="btn" type="button" value=" 获取 " />
    </body>
</html>
```

浏览器预览效果如图 33-5 所示。

图33-5　获取复选框的值

分析

复选框是可以多选的，我们随便选中几个，然后点击"获取"按钮，就可以得到所选中复选框的值了。

举例 获取下拉菜单的值

```
<!DOCTYPE html>
<html>
<head>
    <meta charset="utf-8" />
    <title></title>
    <script>
        window.onload = function ()
        {
            var oBtn = document.getElementById("btn");
            var oSelect = document.getElementById("select");

            oBtn.onclick = function ()
            {
                alert(oSelect.value);
            };
        }
    </script>
</head>
<body>
    <select id="select">
        <option value=" 北京 "> 北京 </option>
        <option value=" 上海 "> 上海 </option>
        <option value=" 广州 "> 广州 </option>
        <option value=" 深圳 "> 深圳 </option>
        <option value=" 杭州 "> 杭州 </option>
    </select>
    <input id="btn" type="button" value=" 获取 " />
</body>
</html>
```

385

浏览器预览效果如图 33-6 所示。

分析

在这个例子中，当我们随便选中一项，然后点击"获取"按钮，就能获取当前选中项的 value 值。

下拉菜单有点特殊，当用户选中一个 option 时，该 option 的 value 值就会自动变成当前 select 元素的 value 值。其中 value 是传给后台处理的，而标签中的文本是给用户看的。这两个值大多数时候是一样的，只是有时会不一样，这个取决于实际开发需求。

图33-6　获取下拉菜单的值

上面我们介绍了怎么获取文本框、单选按钮、多选按钮、下拉菜单中的值，基本已经包括了所有的情况。这些技巧在实际开发中经常用到，大家要好好掌握。

33.1.2　设置HTML属性值

设置 HTML 元素的属性值，同样也是通过属性名来设置的，非常简单。

语法

```
obj.attr = "值";
```

说明

obj 是元素名，它一个 DOM 对象，attr 是属性名。

举例

```html
<!DOCTYPE html>
<html>
<head>
    <meta charset="utf-8" />
    <title></title>
    <script>
        window.onload = function ()
        {
            var oBtn = document.getElementById("btn");
            oBtn.onclick = function ()
            {
                oBtn.value = "button";
            };
        }
    </script>
</head>
<body>
    <input id="btn" type="button" value=" 修改 " />
</body>
</html>
```

浏览器预览效果如图 33-7 所示。

33.1 HTML属性操作（对象属性）

图33-7　设置HTML属性值

分析

可能小伙伴们对这种写法感到有一点熟悉，事实上在前文介绍的创建元素时，也是使用 obj.attr 的方式来为元素设置属性的。当然，对于动态 DOM 来说，我们不仅可以使用 obj.attr，也可以使用下一节介绍的 setAttribute() 方法来实现，大家可以去试一下。

举例

```
<!DOCTYPE html>
<html>
<head>
    <meta charset="utf-8" />
    <title></title>
    <script>
        window.onload = function ()
        {
            var oBtn = document.getElementById("btn");
            var oPic = document.getElementById("pic");
            var flag = true;

            oBtn.onclick = function ()
            {
                if (flag){
                    oPic.src = "img/2.png";
                    flag = false;
                } else {
                    oPic.src = "img/1.png";
                    flag = true;
                }
            };
        }
    </script>
</head>
<body>
    <input id="btn" type="button" value="修改" /><br/>
    <img id="pic" src="images/1.png"/>
</body>
</html>
```

浏览器预览效果如图 33-8 所示。当我们点击"修改"按钮之后，此时预览效果如图 33-9 所示。

图33-8 实际案例　　　　　　　　图33-9 点击"修改"按钮后的效果

分析

这里使用了一个布尔变量 flag 来标识两种状态，使得两张图片可以来回切换。

33.2 HTML属性操作（对象方法）

上一节我们介绍了怎么用"对象属性"方式来操作 HTML 属性，这一节再给大家详细介绍怎么用"对象方法"方式来操作 HTML 属性。为了操作 HTML 元素的属性，JavaScript 为我们提供了四种方法。

- getAttribute()
- setAttribute()
- removeAttribute()
- hasAttribute()

33.2.1 getAttribute()

在 JavaScript 中，我们可以使用 getAttribute() 方法来获取元素的某个属性的值。

语法

```
obj.getAttribute("attr")
```

说明

obj 是元素名，attr 是属性名。getAttribute() 方法只有一个参数。注意，attr 是要用英文引号括起来的，初学者很容易忽略这个问题。下面两种获取属性值的形式是等价的：

```
obj.getAttribute("attr")
obj.attr
```

这两种方式都可以用来获取静态 HTML 的属性值以及动态 DOM 的属性值。

举例 获取固有属性值

```
<!DOCTYPE html>
<html>
<head>
    <meta charset="utf-8" />
```

33.2 HTML属性操作（对象方法）

```
        <title></title>
        <script>
            window.onload = function ()
            {
                var oBtn = document.getElementById("btn");
                oBtn.onclick = function ()
                {
                    alert(oBtn.getAttribute("id"));
                }
            }
        </script>
    </head>
    <body>
        <input id="btn" class="myBtn" type="button" value=" 获取 "/>
    </body>
</html>
```

浏览器预览效果如图 33-10 所示。

分析

在这个例子中，我们可以使用 oInput.id 来代替 oInput.getAttribute("id")，因为这两个是等价的。此外，使用 obj.getAttribute("attr") 这种方式，同样不仅可以用来获取静态 HTML 元素的属性值，还可以用来获取动态 DOM 元素中的属性值。这一点跟"obj.attr"是相同的。

现在最大的疑问就来了，为什么 JavaScript 要提供两种方式来操作 HTML 属性呢？JavaScript 创建者是不是有点闲得没事做了呢？那肯定不是。我们先来看一个例子。

图33-10　获取固有属性值

举例　获取自定义属性值

```
<!DOCTYPE html>
<html>
<head>
    <meta charset="utf-8" />
    <title></title>
    <script>
        window.onload = function ()
        {
            var oBtn = document.getElementById("btn");

            oBtn.onclick = function ()
            {
                alert(oBtn.data);
            };
        }
    </script>
</head>
<body>
    <input id="btn" type="button" value=" 插入 " data="JavaScript"/>
</body>
</html>
```

浏览器预览效果如图 33-11 所示。当我们点击"提交"按钮后，此时预览效果如图 33-12 所示。

图33-11　获取自定义属性值　　　图33-12　点击"提交"按钮后的效果

分析

这里我们为 input 元素自定义了一个 data 属性。所谓的自定义属性，指的是这个属性是用户自己定义的而不是元素自带的。此时我们使用 obj.attr（也就是对象属性方式）是无法实现的，只能用 getAttribute("attr")，也就是用对象方法方式来实现。

当我们把 oBtn.data 改为 oBtn.getAttribute（"data"），然后点击"提交"按钮，此时浏览器预览效果如图 33-13 所示。

对于自定义属性，我们可能不太熟悉。其实在 CSS3 动画以及实际开发中用得是非常多的，当然这个是后面高级部分的知识了。

图33-13　oBtn.data改为 oBtn.getAttribute("data")效果

33.2.2　setAttribute()

在 JavaScript 中，我们可以使用 setAttribute() 方法来设置元素的某个属性的值。

语法

```
obj.setAttribute("attr"," 值 ")
```

说明

obj 是元素名，attr 是属性名。setAttribute() 方法有两个参数，第一个参数是属性名，第二个参数是你要设置的属性值。下面两种设置属性值的形式是等价的：

```
obj.setAttribute("attr"," 值 ")
obj.attr = " 值 ";
```

举例

```
<!DOCTYPE html>
<html>
<head>
    <meta charset="utf-8" />
    <title></title>
    <script>
        window.onload = function ()
        {
            var oBtn = document.getElementById("btn");
            oBtn.onclick = function ()
```

33.2 HTML属性操作（对象方法）

```
            {
                oBtn.setAttribute("value", "button");
            };
        }
    </script>
</head>
<body>
    <input id="btn" type="button" value=" 修改 " />
</body>
</html>
```

浏览器预览效果如图 33-14 所示。当我们点击"修改"按钮之后，浏览器预览效果如图 33-15 所示。

图33-14　setAttribute()方法　　　　图33-15　点击"修改"按钮后的效果

分析

这里我们也可以使用 oInput.value = "button"; 来代替 oInput.setAttribute ("value","button")。同样，对于自定义属性的值设置，我们也只能用 setAttribute() 方法来实现。

33.2.3 removeAttribute()

在 JavaScript 中，我们可以使用 removeAttribute() 方法来删除元素的某个属性。

语法

```
obj.removeAttribute("attr")
```

说明

想要删除元素的某个属性，我们只有 removeAttribute() 这一个方法。此时，使用"对象属性"操作方式就无法实现了，因为那种方式没有提供这样的方法。

举例

```
<!DOCTYPE html>
<html>
<head>
    <meta charset="utf-8" />
    <title></title>
    <style type="text/css">
        .main{color:red;font-weight:bold;}
    </style>
    <script>
```

```
            window.onload = function ()
            {
                var oP = document.getElementsByTagName("p");
                oP[0].onclick = function ()
                {
                    oP[0].removeAttribute("class");
                };
            }
        </script>
    </head>
    <body>
        <p class="main">你偷走了我的影子，不论你在哪里，我都会一直想着你。</p>
    </body>
</html>
```

浏览器预览效果如图 33-16 所示。

分析

这里使用 getElementsByTagName() 方法来获取 p 元素，然后为 p 添加一个点击事件。在点击事件中，我们使用 removeAttribute() 方法来删除 class 属性。

removeAttribute() 更多情况下是结合 class 属性来"整体"控制元素的样式属性的，我们再来看一个例子。

图33-16　removeAttribute()方法

举例

```
<!DOCTYPE html>
<html>
<head>
    <meta charset="utf-8" />
    <title></title>
    <style type="text/css">
        .main{color:red;font-weight:bold;}
    </style>
    <script>
        window.onload = function ()
        {
            var oP = document.getElementsByTagName("p");
            var oBtnAdd = document.getElementById("btn_add");
            var oBtnRemove = document.getElementById("btn_remove");

            // 添加 class
            oBtnAdd.onclick = function () {
                oP[0].className = "main";
            };

            // 删除 class
            oBtnRemove.onclick = function () {
                oP[0].removeAttribute("class");
            };
        }
    </script>
</head>
<body>
```

```
        <p>你偷走了我的影子，不论你在哪里，我都会一直想着你。</p>
        <input id="btn_add" type="button" value=" 添加样式 " />
        <input id="btn_remove" type="button" value=" 删除样式 " />
    </body>
</html>
```

浏览器预览效果如图 33-17 所示。

分析

如果我们用 oP[0].className="";来代替 oP[0].removeAttribute("class");，效果也是一样的。

想要为一个元素添加一个 class（即使不存在 class 属性），可以使用：

图33-17　添加样式与删除样式

```
oP[0].className = "main";
```

想要为一个元素删除一个 class，可以使用：

```
oP[0].className = "";
oP[0].removeAttribuge("class");
```

33.2.4　hasAttribute()

在 JavaScript 中，我们可以使用 hasAttribute() 方法来判断元素是否含有某个属性。

语法

```
obj.hasAttribute("attr")
```

说明

hasAttribute() 方法返回一个布尔值，如果包含该属性，则返回 true。如果不包含该属性，则返回 false。

实际上我们直接使用 removeAttribute() 删除元素的属性是不太正确的，比较严谨的做法是先用 hasAttribute() 判断这个属性是否存在，如果存在了才去删除。

举例

```
<!DOCTYPE html>
<html>
<head>
    <meta charset="utf-8" />
    <title></title>
    <style type="text/css">
        .main {color: red;font-weight: bold;}
    </style>
    <script>
        window.onload = function ()
        {
            var oP = document.getElementsByTagName("p");

            if (oP[0].hasAttribute("class"))
            {
```

```
                oP[0].onclick = function ()
                {
                    oP[0].removeAttribute("class");
                };
            }
        }
    </script>
</head>
<body>
    <p class="main">你偷走了我的影子，不论你在哪里，我都会一直想着你。</p>
</body>
</html>
```

浏览器预览效果如图 33-18 所示。

最后，对于操作 HTML 属性的两种方式，我们总结一下。

- "对象属性方式"和"对象方法方式"，这两种方式都不仅可以操作静态HTML的属性，也可以操作动态DOM的属性。
- 只有"对象方法方式"才可以操作自定义属性。

图33-18　hasAttribute()方法

33.3　CSS属性操作

CSS 属性操作，指的是使用 JavaScript 来操作一个元素的 CSS 样式。在 JavaScript 中，CSS 属性操作同样有两种。

- 获取CSS属性值
- 设置CSS属性值

33.3.1　获取CSS属性值

在 JavaScript 中，我们可以使用 getComputedStyle() 方法来获取一个 CSS 属性的取值。

语法

```
getComputedStyle(obj).attr
```

说明

obj 表示 DOM 对象，也就是通过 getElementById()、getElementsByTagName() 等方法获取的元素节点。

attr 表示 CSS 属性名。我们要特别注意一点，这里的属性名使用的是"骆驼峰型"的 CSS 属性名。何为"骆驼峰型"呢？举个例子，font-size 应该写成 fontSize，border-bottom-width 应该写成 borderBottomWidth（有没有感觉像骆驼峰），以此类推。

那像 CSS3 中，-webkit-box-shadow 这种奇葩的兼容性属性名该怎么写呢？也很简单，应该写成 webkitBoxShadow。对于 CSS3，可以关注绿叶学习网的 CSS3 教程。

getComputedStyle() 有一定的兼容性，它支持 Google、Firefox 和 IE9 及以上，不支持 IE6、IE7 和 IE8。对于 IE6、IE7 和 IE8，可以使用 currentStyle 来实现兼容。不过由于 IE 逐渐

33.3 CSS属性操作

退出历史舞台，我们可以直接舍弃 currentStyle，也就是不需要兼容低版本 IE 了。

举例

```html
<!DOCTYPE html>
<html>
<head>
    <meta charset="utf-8" />
    <title></title>
    <style type="text/css">
        #box
        {
            width:100px;
            height:100px;
            background-color:hotpink;
        }
    </style>
    <script>
        window.onload = function ()
        {
            var oBtn = document.getElementById("btn");
            var oBox = document.getElementById("box");

            oBtn.onclick = function ()
            {
                alert(getComputedStyle(oBox).backgroundColor);
            };
        }
    </script>
</head>
<body>
    <input id="btn" type="button" value=" 获取颜色 " />
    <div id="box"></div>
</body>
</html>
```

浏览器预览效果如图 33-19 所示。当我们点击"获取颜色"按钮后，此时预览效果如图 33-20 所示。

图33-19 获取CSS属性值

图33-20 点击"获取颜色"按钮后的效果

分析

getComputedStyle() 方法其实有两种写法，以下两种是等价的：

```
getComputedStyle(oBox).backgroundColor
getComputedStyle(oBox)["backgroundColor"]
```

也就是说，getComputedStyle(obj).attr 等价于 getComputedStyle(obj)["attr"]。

事实上，凡是对象的属性都有这两种写法，例如 oBtn.id 可以写成 oBtn["id"]，document.getElementById("btn") 可以写成 document["getElementById"]("btn")，以此类推。当然，这些是属于 JavaScript 进阶中面向对象的内容，大家可以关注一下绿叶学习网。

33.3.2 设置CSS属性值

在 JavaScript 中，想要设置一个 CSS 属性的值，我们有两种方式来实现。
- style对象
- cssText()方法

1. style对象

使用 style 对象来设置一个 CSS 属性的值，其实就是在元素的 style 属性来添加样式，这个设置的是"行内样式"。

语法

```
obj.style.attr = "值";
```

说明

obj 表示 DOM 对象，attr 表示 CSS 属性名，采用的同样是"骆驼峰"型。

obj.style.attr 等价于 obj.style["attr"]，例如 oDiv.style.width 等价于 oDiv.style["width"]。

举例

```
<!DOCTYPE html>
<html>
<head>
    <meta charset="utf-8" />
    <title></title>
    <style type="text/css">
        #box
        {
            width: 100px;
            height: 100px;
            background-color: hotpink;
        }
    </style>
    <script>
        window.onload = function ()
        {
            var oBtn = document.getElementById("btn");
            var oBox = document.getElementById("box");

            oBtn.onclick = function ()
            {
                oBox.style.backgroundColor = "lightskyblue";
            };
        }
    </script>
</head>
<body>
    <input id="btn" type="button" value="设置" />
```

```
        <div id="box"></div>
    </body>
</html>
```

浏览器预览效果如图 33-21 所示。当我们点击"设置"按钮后，此时预览效果如图 33-22 所示。

图33-21 style对象　　图33-22 点击"设置"按钮后的效果

分析

对于复合属性（如 border、font 等）来说，操作方式也是一样的，例如：

```
oBox.style.border = "2px solid blue";
```

举例

```
<!DOCTYPE html>
<html>
<head>
    <meta charset="utf-8" />
    <title></title>
    <style type="text/css">
        #box
        {
            width:100px;
            height:100px;
            background-color:hotpink;
        }
    </style>
    <script>
        window.onload = function ()
        {
            var oBtn = document.getElementById("btn");
            var oBox = document.getElementById("box");

            oBtn.onclick = function ()
            {
                //获取2个文本框的值（也就是输入的内容）
                var attr = document.getElementById("attr").value;
                var val = document.getElementById("val").value;
                oBox.style[attr] = val;
            };
        }
    </script>
</head>
<body>
```

```
属性:<input id="attr" type="text"/><br/>
取值:<input id="val" type="text"/><br/>
<input id="btn" type="button" value=" 设置 " />
<div id="box"></div>
</body>
</html>
```

浏览器预览效果如图 33-23 所示。当我们在第一个文本框输入"background Color",在第二个文本框输入"lightskyblue",点击"设置"按钮,此时浏览器预览效果如图 33-24 所示。

图33-23　style对象实例　　　　　图33-24　点击"设置"按钮后的效果

分析

我们获取的文本框 value 值其实是字符串,也就是说变量 attr 和 val 都是字符串。因此不能使用 obj.style.attr 这种方式来设置 CSS 属性,而必须使用 obj.style["attr"] 这种方式,这个我们要认真琢磨清楚。

使用 style 来设置 CSS 属性,最终是在元素的 style 属性添加的。对于上面这个例子,我们打开浏览器控制台(按 F12 键)可以看出来,如图 33-25 所示。

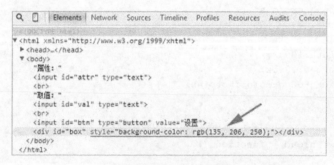

图10-25　控制台效果

如果想要为上面一个元素同时添加多个样式,如 width:50px;height:50px;background-color:lightskyblue;,此时用 style 来实现,就得一个个来写,实现代码如下:

```
oDiv.style.width = "50px";
oDiv.style.height = "50px";
oDiv.style.backgroundColor = "lightskyblue";
```

这样一个个来写,我们自己都觉得很繁琐。那么有没有一种高效的实现方式呢?当然,那就是 cssText 属性。

2. cssText属性

在 JavaScript 中,我们可以使用 cssText 属性来同时设置多个 CSS 属性,这也是在元素的

style 属性中添加的。

语法

```
obj.style.cssText = "值";
```

说明

obj 表示 DOM 对象，cssText 的值是一个字符串，例如：

```
oDiv.style.cssText = "width:100px;height:100px;border:1px solid gray;";
```

注意，这个字符串中的属性名不再使用骆驼峰型写法，而是用平常的 CSS 写法，例如 background-color 应该写成 background-color，而不是 backgroundColor。

举例

```html
<!DOCTYPE html>
<html>
<head>
    <meta charset="utf-8" />
    <title></title>
    <style type="text/css">
        #box
        {
            width:100px;
            height:100px;
            background-color:hotpink;
        }
    </style>
    <script>
        window.onload = function ()
        {
            var oBtn = document.getElementById("btn");
            var oBox = document.getElementById("box");

            oBtn.onclick = function ()
            {
                // 获取二个文本框的值（也就是输入的内容）
                var txt = document.getElementById("txt").value;
                oBox.style.cssText = txt;
            };
        }
    </script>
</head>
<body>
    <input id="txt" type="text"/>
    <input id="btn" type="button" value="设置" />
    <div id="box"></div>
</body>
</html>
```

浏览器预览效果如图 33-26 所示。

第33章 DOM 进阶

图33-26　cssText属性

分析

当我们在文本框输入下面一串字符串后，点击"设置"按钮后，浏览器预览效果如下图所示。

```
width:50px;height:50px;background-color:lightskyblue;
```

使用 cssText 来设置 CSS 属性，最终也是在元素的 style 属性中添加的。对于上面这个例子，我们打开浏览器控制台（按 F12 键）可以看出来，如图 33-27 所示。

图33-27　控制台效果

在实际开发的时候，如果想要为一个元素同时设置多个 CSS 属性，我们很少使用 cssText 来实现，而更倾向于使用操作 HTML 属性的方式给元素加上一个 class 属性值，从而把样式整体给元素添加上。这个技巧非常非常棒，在实际开发中经常用到。

举例

```html
<!DOCTYPE html>
<html>
<head>
    <meta charset="utf-8" />
    <title></title>
    <style type="text/css">
        .oldBox
        {
            width: 100px;
            height: 100px;
            background-color: hotpink;
        }
        .newBox
        {
            width:50px;
            height:50px;
            background-color:lightskyblue;
```

```
            }
        </style>
        <script>
            window.onload = function ()
            {
                var oBtn = document.getElementById("btn");
                var oBox = document.getElementById("box");

                oBtn.onclick = function ()
                {
                    oBox.className = "newBox";
                };
            }
        </script>
    </head>
    <body>
        <input id="btn" type="button" value=" 切换 " />
        <div id="box" class="oldBox"></div>
    </body>
</html>
```

浏览器预览效果如图 33-28 所示。

图33-28　使用class控制样式

33.3.3　最后一个问题

上面已经把 CSS 属性操作介绍得差不多了，不过还剩下最后一个问题，那就是：获取 CSS 属性值，不可以用 obj.style.attr 或 obj.cssText.attr 吗？为什么一定要用 getComputedStyle() 呢？对于这个疑问，我们可以先用例子试一下嘛。

举例 内部样式

```
<!DOCTYPE html>
<html>
<head>
    <meta charset="utf-8" />
    <title></title>
    <style type="text/css">
        #box
        {
            width: 100px;
```

```
                height: 100px;
                background-color: hotpink;
            }
        </style>
        <script>
            window.onload = function ()
            {
                var oBtn = document.getElementById("btn");
                var oBox = document.getElementById("box");

                oBtn.onclick = function ()
                {
                    alert(oBox.style.width);
                };
            }
        </script>
    </head>
    <body>
        <input id="btn" type="button" value="获取宽度" />
        <div id="box"></div>
    </body>
</html>
```

浏览器预览效果如图 33-29 所示。

分析

当我们点击按钮后，会发现对话框的内容是空的，也就是没有获取成功。为什么呢？其实我们都知道，obj.style.attr 只可以获取元素 style 属性中设置的 CSS 属性，对于内部样式或者外部样式，它是没办法获取的。请看下面的例子。

图33-29　内部样式

举例　行内样式

```
<!DOCTYPE html>
<html>
<head>
    <meta charset="utf-8" />
    <title></title>
    <script>
        window.onload = function ()
        {
            var oBtn = document.getElementById("btn");
            var oBox = document.getElementById("box");

            oBtn.onclick = function ()
            {
                alert(oBox.style.width);
            };
        }
    </script>
</head>
```

33.3 CSS属性操作

```
<body>
    <input id="btn" type="button" value=" 获取宽度 " />
    <div id="box" style="width:100px;height:100px;background-color:hotpink"> </div>
</body>
</html>
```

浏览器预览效果如图 33-30 所示。

分析

在这个例子中，我们使用行内样式，点击按钮后，就可以获取到宽度了。可能有些人会想到使用 oBx.cssText.width，其实 JavaScript 是没有这种写法的。到这里，相信大家都知道为什么只能用 getComputedStyle() 方法了吧。

getComputedStyle()，从名字上就可以看出来：get computed style（获取计算后的样式）。所谓"计算后的样式"，就是不管你是内部样式，还是行内样式，最终获取的是根据 CSS 优先级计算后的结果。CSS 优先级是相当重要的，也是属于 CSS 进阶的技巧，对于这个技巧，可以关注《Web 前端开发精品课——HTML 与 CSS 进阶教程》。

图33-30　行内样式

举例　getComputedStyle()

```
<!DOCTYPE html>
<html>
<head>
    <meta charset="utf-8" />
    <title></title>
    <style type="text/css">
        #box{width:150px !important;}
    </style>
    <script>
        window.onload = function ()
        {
            var oBtn = document.getElementById("btn");
            var oBox = document.getElementById("box");

            oBtn.onclick = function ()
            {
                var width = getComputedStyle(oBox).width;
                alert(" 元素宽度为 :" + width);
            };
        }
    </script>
</head>
<body>
    <input id="btn" type="button" value=" 获取宽度 " />
    <div id="box" style="width:100px;height:100px;background-color:hotpink"> </div>
</body>
</html>
```

浏览器预览效果如图 33-31 所示。当我们点击"获取宽度"按钮后，会弹出对话框，如图 33-32 所示。

图33-31　getComputedStyle()方法

图33-32　点击按钮后的效果

分析

从预览效果就可以看出来了，由于使用了 !important，根据 CSS 优先级的计算，box 的最终宽度为 150px。如果用 oBox.style.width，获取的结果却是 100px，然而我们都知道这是不正确的。

疑问

使用 style 对象来设置样式时，为什么我们不能使用 background-color 这种写法，而必须使用 backgroundColor 这种骆驼峰型写法呢？

大家别忘了，在 obj.style.backgroundColor 中，backgroundColor 其实也是一个变量，变量中是不允许出现中划线的，因为中划线在 JavaScript 中是减号的意思。

33.4　DOM遍历

DOM 遍历，可以简单理解为"查找元素"。举个例子，如果你使用 getElementById() 等方法获取一个元素，然后又想得到该元素的父元素、子元素，甚至是下一个兄弟元素，这就是 DOM 遍历。

你至少要知道 DOM 遍历是查找元素的意思，因为很多地方都会用到这个术语。在 JavaScript 中，对于 DOM 遍历，我们可以分为以下三种情况。

- 查找父元素
- 查找子元素
- 查找兄弟元素

DOM 遍历，也就是查找元素，主要以"当前所选元素"为基点，然后查找它的父元素、子元素或者兄弟元素。

33.4.1　查找父元素

在 JavaScript 中，我们可以使用 parentNode 属性来获得某个元素的父元素。

语法

```
obj.parentNode
```

说明

obj 是一个 DOM 对象，指的是使用 getElementById()、getElementsByTagName() 等方法获取的元素。

33.4 DOM遍历

举例

```html
<!DOCTYPE html>
<html>
<head>
    <meta charset="utf-8" />
    <title></title>
    <style type="text/css">
        table{border-collapse:collapse;}
        table,tr,td{border:1px solid gray;}
    </style>
    <script>
        window.onload = function ()
        {
            var oTd = document.getElementsByTagName("td");

            // 遍历每一个td元素
            for (var i = 0; i < oTd.length; i++)
            {
                // 为每一个td元素添加点击事件
                oTd[i].onclick = function ()
                {
                    // 获得当前td的父元素（即tr）
                    var oParent = this.parentNode;

                    // 为当前td的父元素添加样式
                    oParent.style.color = "white";
                    oParent.style.backgroundColor = "red";
                };
            }
        }
    </script>
</head>
<body>
    <table>
        <caption>考试成绩表</caption>
        <tr>
            <td>小明</td>
            <td>80</td>
            <td>80</td>
            <td>80</td>
        </tr>
        <tr>
            <td>小红</td>
            <td>90</td>
            <td>90</td>
            <td>90</td>
        </tr>
        <tr>
            <td>小杰</td>
            <td>100</td>
            <td>100</td>
```

```
            <td>100</td>
        </tr>
    </table>
</body>
</html>
```

浏览器预览效果如图 33-33 所示。

分析

这个例子实现的效果是：当我们随便点击一个单元格时，就会为该单元格所在的行设置样式。也就是说，我们要找到当前 td 元素的父元素（即 tr）。如果我们尝试使用 querySeletor() 和 querySelectorAll()，是没办法实现的。

不少初学者在接触 DOM 操作的时候，不知道什么时候用类数组，什么时候不用类数组？其实凡是单数的就不用，例如 parentNode 只有一个，用啥数组呢？

图10-33 查找父元素

33.4.2 查找子元素

在 JavaScript 中，我们可以使用以下两组方式来获得父元素中的所有子元素或某个子元素。
- childNodes、firstChild、lastChild
- children、firstElementChild、lastElementChild

其中，childNodes 获取的是所有的子节点。注意，这个子节点是包括元素节点以及文本节点的。而 children 获取的是所有的元素节点，不包括文本节点。

举例 childNodes 与 children 的比较

```
<!DOCTYPE html>
<html>
<head>
    <meta charset="utf-8" />
    <title></title>
    <script>
        window.onload = function ()
        {
            var oUl = document.getElementById("list");
            var childNodesLen = oUl.childNodes.length;
            var childrenLen = oUl.children.length;

            alert("childNodes 的长度为：" + childNodesLen + "\n" + "children 的长度为：" + childrenLen);
        }
    </script>
</head>
<body>
    <ul id="list">
        <li>HTML</li>
        <li>CSS</li>
        <li>JavaScript</li>
    </ul>
```

```
        </body>
</html>
```

浏览器预览效果如图 33-34 所示。

分析

children.length 获取的是元素节点的长度，返回结果为 3，这个很好理解。childNodes.length 获取的是子节点的长度，返回结果却是 7，这是怎么回事呢？

其实对于 ul 元素来说，childNodes 包括了三个子元素节点和四个子文本节点。我们可以看到每一个 li 元素之间都是换行的，对吧？每一次换行都是一个空白节点，JavaScript 会把这些空白节点当成文本节点来处理，如图 33-35 所示。

再回到这个例子，由于每一次换行都是一个子节点，我们数一下就知道是四个了。注意，第一个 li 前面也有一次换行，最后一个 li 后面也有一次换行，因为都在 ul 元素里面嘛，肯定要算上的。

图33-34　childNodes与children的比较

图33-35　空白节点

举例

```
<!DOCTYPE html>
<html>
<head>
    <meta charset="utf-8" />
    <title></title>
    <script>
        window.onload = function ()
        {
            var oBtn = document.getElementById("btn");
            var oUl = document.getElementById("list");

            oBtn.onclick = function ()
            {
                oUl.removeChild(oUl.lastChild);
            }
        }
    </script>
</head>
<body>
    <ul id="list">
        <li>HTML</li>
        <li>CSS</li>
```

```html
            <li>JavaScript</li>
            <li>jQuery</li>
            <li>Vue.js</li>
        </ul>
        <input id="btn" type="button" value=" 删除 " />
    </body>
</html>
```

浏览器预览效果如图 33-36 所示。

分析

当我们尝试点击"删除"按钮时，会发现一个很奇怪的现象：需要点击两次才可以删除一个 li 元素！

为什么会这样呢？其实好多小伙伴都忘了：两个元素之间的"换行空格"其实也是一个节点。因此在删除节点的时候，第一次点击删除的是"文本节点"，第二次点击删除的才是 li 元素。解决办法有两个。

- 将 li 元素间的"换行空格"去掉。
- 使用 nodeType 来判断。我们都知道，元素节点的 nodeType 属性值为 1，文本节点的 nodeType 属性值为 3。然后使用 if 判断，如果 oUl.lastChild.nodeType 值为 3，则执行 removeChild() 两次，第一次删除"空白节点"，第二次删除元素。如果 oUl.lastChild.nodeType 值不为 3，则只执行 removeChild() 一次。改进后的代码如下：

图33-36　删除最后一个节点

举例

```html
<!DOCTYPE html>
<html>
<head>
    <meta charset="utf-8" />
    <title></title>
    <script>
        window.onload = function ()
        {
            var oBtn = document.getElementById("btn");
            var oUl = document.getElementById("list");

            oBtn.onclick = function ()
            {
                if (oUl.lastChild.nodeType == 3) {
                    oUl.removeChild(oUl.lastChild);
                    oUl.removeChild(oUl.lastChild);
                } else {
                    oUl.removeChild(oUl.lastChild);
                }
            }
        }
    </script>
</head>
<body>
    <ul id="list">
        <li>HTML</li>
        <li>CSS</li>
```

```
            <li>JavaScript</li>
            <li>jQuery</li>
            <li>Vue.js</li>
        </ul>
        <input id="btn" type="button" value=" 删除 " />
    </body>
</html>
```

浏览器预览效果如图 33-37 所示。

分析

此时我们也可以看出来了，使用 childNodes、firstChild、lastChild 来操作元素节点是非常麻烦的，因为它们都把文本节点（一般是空白节点）算进来了。实际上上面这种是旧的做法，JavaScript 为了让我们可以快速开发，提供了新的方法，也就是只针对元素节点的操作属性：children、firstElementChild、lastElementChild。

图10-37 删除最后一个元素（复杂）

举例

```
<!DOCTYPE html>
<html>
<head>
    <meta charset="utf-8" />
    <title></title>
    <script>
        window.onload = function ()
        {
            var oBtn = document.getElementById("btn");
            var oUl = document.getElementById("list");

            oBtn.onclick = function ()
            {
                oUl.removeChild(oUl.lastElementChild);
            }
        }
    </script>
</head>
<body>
    <ul id="list">
        <li>HTML</li>
        <li>CSS</li>
        <li>JavaScript</li>
        <li>jQuery</li>
        <li>Vue.js</li>
    </ul>
    <input id="btn" type="button" value=" 删除 " />
</body>
</html>
```

浏览器预览效果如图 33-38 所示。

图33-38　删除最后一个元素（简单）

分析

这里我们使用 oUl.removeChild(oUl.lastElementChild); 一句代码就可以轻松搞定。此外，firstElementChild 获取的是第一个子元素节点，lastElementChild 获取的是最后一个子元素节点，如果我们想要获取任意一个子元素节点，可以使用 children[i] 的方式来实现。

33.4.3 查找兄弟元素

在 JavaScript 中，我们可以使用以下两组方式来获得兄弟元素。
- previousSibling、nextSibling
- previousElementSibling、nextElementSibling

previousSibling 查找前一个兄弟节点，nextSibling 查找后一个兄弟节点。previousElementSibling 查找前一个兄弟元素节点，nextElementSibling 查找后一个兄弟元素节点。

跟查找子元素的两组方式一样，previousSibling 和 nextSibling 查找出来的可能是文本节点（一般是空白节点），因此如果你希望只操作元素节点，建议用 previousElementSibling 和 nextElementSibling。

举例

```
<!DOCTYPE html>
<html>
<head>
    <meta charset="utf-8" />
    <title></title>
    <script>
        window.onload = function ()
        {
            var oBtn = document.getElementById("btn");
            var oUl = document.getElementById("list");

            oBtn.onclick = function ()
            {
                var preElement = oUl.children[2].previousElementSibling;
                oUl.removeChild(preElement);
            };
        }
    </script>
```

33.5 innerHTML和innerText

```
</head>
<body>
    <ul id="list">
        <li>HTML</li>
        <li>CSS</li>
        <li>JavaScript</li>
        <li>jQuery</li>
        <li>Vue.js</li>
    </ul>
    <input id="btn" type="button" value=" 删除 " />
</body>
</html>
```

浏览器预览效果如图 33-39 所示。

分析

我们实现的是把第三个列表项前一个兄弟元素删除。这里如果用 previousSibling 来代替 previousElementSibling，就实现不了了。

疑问

DOM 遍历提供的这些查找方法，跟之前"获取元素"这一节介绍的获取元素方法有什么不同？

图33-39 查找兄弟元素

DOM 遍历这些方法其实就是对"32.4 获取元素"那些方法的一个补充。DOM 遍历中的方法让我们可以实现前者所无法实现的操作，例如获取某一个元素的父元素、获取当前点击位置下的子元素等。

33.5 innerHTML和innerText

在前面的学习中，如果想要创建一个动态 DOM 元素，我们都是将元素节点、属性节点、文本节点一个个使用 appendChild() 等方法拼凑起来。如果插入的元素比较简单，这种方法还可以。要是插入的元素非常复杂的话，就不太适合了。

在 JavaScript 中，我们可以使用 innerHTML 属性很方便地获取和设置一个元素的**内部元素**，也可以使用 innerText 属性获取和设置一个元素的**内部文本**。

举例

```
<!DOCTYPE html>
<html>
<head>
    <meta charset="utf-8" />
    <title></title>
    <script>
        window.onload = function ()
        {
            var oImg = document.createElement("img");
            oImg.className = "pic";
            oImg.src = "images/haizei.png";
            oImg.style.border = "1px solid silver";
```

```
            document.body.appendChild(oImg);
        }
    </script>
</head>
<body>
</body>
</html>
```

浏览器预览效果如图 33-40 所示。

图33-40 动态创建图片

分析

像这个例子，如果我们用 innerHTML 来实现，就非常简单了，代码如下：

```
document.body.innerHTML = '<img class="pic" src="images/haizei.png" style="border:1px solid silver"/>';
```

举例 获取 innerHTML 和 innerText

```
<!DOCTYPE html>
<html>
<head>
    <meta charset="utf-8" />
    <title></title>
    <script>
        window.onload = function ()
        {
            var oP = document.getElementById("content");
            document.getElementById("txt1").value = oP.innerHTML;
            document.getElementById("txt2").value = oP.innerText;
        }
    </script>
</head>
<body>
    <p id="content"><strong style="color:hotpink;">绿叶学习网</strong></p>
    innerHTML 是：<input id="txt1" type="text"><br />
    innerText 是：<input id="txt2" type="text">
</body>
</html>
```

33.5 innerHTML和innerText

浏览器预览效果如图33-41所示。

分析

从这个例子可以看出，innerHTML 获取的是元素内部所有的内容，而 innerText 获取的仅仅是文本内容。

图33-41 获取innerHTML和innerText

举例

```
<!DOCTYPE html>
<html>
<head>
    <meta charset="utf-8" />
    <title></title>
    <script>
        window.onload = function ()
        {
            var oDiv = document.getElementsByTagName("div")[0];
            oDiv.innerHTML = '<span> 绿叶学习网 </span>\
                        <span style="color:hotpink;">JavaScript</span>\
                        <span style="color:deepskyblue;"> 入门教程 </span>';
        }
    </script>
</head>
<body>
    <div></div>
</body>
</html>
```

浏览器预览效果如图33-42所示。

图10-42 innerHTML添加内容

分析

如果让大家使用之前的 appendChild() 方法来实现，这可真是难为我们这些程序员了。细心的小伙伴可能还注意到了一点，这个例子中 innerHTML 后面的字符串居然可以换行来写！一般情况下，代码里面的字符串是不能换行的，但是为了提升可读性，我们往往希望将字符串截断分行显示。方法很简单，只需要在字符串每一行后面加上个反斜杠（\）就可以了。这是一个非常实用的小技巧。

对于 innerHTML 和 innerText 这两个属性的区别，从表 33-1 中就可以很清晰地比较出来。

表 33-1   innerHTML 和 innerText 的区别

HTML 代码	innerHTML	innerText
\<div\> 绿叶学习网 \</div\>	绿叶学习网	绿叶学习网
\<div\>\<em\> 绿叶学习网 \</em\>\</div\>	\<em\> 绿叶学习网 \</em\>	绿叶学习网
\<div\>\<em\>\</em\>\</div\>	\<em\>\</em\>	（空字符串）

疑问

很多书上不是说 innerText 兼容不好吗？为什么还要用它呢？

在以前，只有 IE、Chrome 等支持 innerText，而 Firefox 不支持。现在 Firefox 新版本已经全面支持 innerText 了，对于旧版本的 Firefox 的兼容性，不需要去理睬。

Web 前端速度如此之快，我们都是往前看，而不是往后看的。现在还有谁故意去装一个旧版本的 Firefox 呢？

事实上，还有一个跟 innerText 等价的属性，那就是 textContent。在以前，为了兼容所有浏览器，我们用的都是这个。当然现在也可以使用 textContent 来代替 innerText，效果是一样的。不过为了减轻记忆负担，我们记住 innerText 就行了。innerText，从字面上来看，刚好对应于 innerHTML，很容易记住。

33.6 练习题

单选题

1. 如果我们想要获取某一个元素的 width 属性值，应该使用哪一个方法来实现？（　　）
   A. getComputedStyle(obj).width　　　B. getComputedStyle(obj)[width]
   C. obj.style.width　　　　　　　　　D. obj.style["width"]
2. 在下面的 HTML 结构中，div 元素的 innerHTML 获取的结果是（　　）。

```
<div>存在即 <span> 合理 </span><strong></strong></div>
```

   A. 存在即合理
   B. 存在即 \<span\> 合理 \</span\>
   C. 存在即 \<span\> 合理 \</span\>\<strong\>\</strong\>
   D. \<span\> 合理 \</span\>

3. 下面有关 DOM 操作的说法中，正确的是（　　）。
   A. obj.attr 和 obj.getAttribute("attr") 这两种方法功能是完全一样的
   B. 可以使用 hasAttribute() 方法来判断元素是否含有某个属性
   C. children、firstElementChild、lastElementChild 都是包含元素节点以及文本节点的
   D. innerHTML 获取的仅仅是文本内容

4. 下面有一段 HTML 代码，如果我们已经获取到了 p 元素，其 DOM 对象名为 obj。则下列有关 DOM 遍历的说法中，正确的是（　　）。

```
<!DOCTYPE html>
<html>
<head>
    <meta charset="utf-8" />
    <title></title>
</head>
<body>
    <div></div>
    <div></div>
    <p><span><span></p>
    <strong></strong>
</body>
</html>
```

   A. 如果只想获取 p 的父元素节点，可以使用 obj.parentNode
   B. 如果只想获取 p 的上一个兄弟元素节点，可以使用 obj.previousSibling
   C. 如果只想获取 p 的下一个兄弟元素节点，可以使用 nextSibling
   D. 如果只想获取 p 的所有子元素节点，可以使用 obj.childNodes

编程题

请使用两种方法在 body 元素中插入一个按钮：\<input id="btn" type= "button" value=" 按钮 "/\>，一种是使用 appendChild() 方法，另外一种是使用 innerHTML 属性。

第 34 章 事件基础

34.1 事件是什么

在之前的学习中，我们接触过鼠标点击事件（即 onclick）。那事件究竟是什么呢？举个例子，当我们点击一个按钮时，会弹出一个对话框。其中"点击"就是一个事件，"弹出对话框"就是我们在点击这个事件里面做的事情。

在 JavaScript 中，一个事件应该有三部分。

- 事件主角：是按钮呢？还是div元素呢？还是其他？
- 事件类型：是点击呢，还是移动呢？还是其他？
- 事件过程：这个事件都发生了些什么？

当然还有目睹整个事件的用户。像点击事件，也需要用户点了按钮才会发生，没人点就不会发生。很好理解吧？一个"事件"就这样诞生了。

在 JavaScript 中，事件一般是用户对页面的一些"小动作"引起的，例如按下鼠标、移动鼠标等，这些都会触发相应的一个事件。JavaScript 中常见的事件共有以下五种。

- 鼠标事件
- 键盘事件
- 表单事件
- 编辑事件
- 页面事件

事件操作是 JavaScript 的核心，可以这样说：**不懂事件操作，JavaScript 等于白学**。在 JavaScript 入门阶段，我们主要给大家讲解最实用的事件，大家掌握这些就可以走得很远了。

34.2 事件调用方式

在 JavaScript 中，调用事件的方式有两种。
- 在script标签中调用
- 在元素中调用

34.2.1 在script标签中调用

在 script 标签中调用事件，指的是在 <script></script> 标签内部调用事件。

语法

```
obj.事件名 = function()
{
    ……
};
```

说明

obj 是一个 DOM 对象，所谓的 DOM 对象，指的是使用 getElementById()、getElementsByTagName() 等方法获取的元素节点。

由于上面是一个赋值语句，而语句一般都是要以英文分号结束的，所以最后需要添加一个英文分号（;）。虽然不加上也不会报错，不过为了规范，还是加上比较好。

举例

```html
<!DOCTYPE html>
<html>
<head>
    <meta charset="utf-8" />
    <title></title>
    <script>
        window.onload = function ()
        {
            // 获取元素
            var oBtn = document.getElementById("btn");
            // 为元素添加点击事件
            oBtn.onclick = function ()
            {
                alert(" 绿叶学习网 ");
            };
        }
    </script>
</head>
<body>
    <input id="btn" type="button" value=" 弹出 " />
</body>
</html>
```

浏览器预览效果如图34-1所示。当我们点击"弹出"按钮后，此时预览效果如图34-2所示。

图34-1 在script标签中调用事件

图34-2 点击按钮后的效果

分析

```
oBtn.onclick = function () {alert("绿叶学习网");};
```

图34-3 分析图

是不是与给元素属性赋值很相似呢？其实，这种事件调用方式从本质上来说就是操作元素的属性。只不过这个属性不是一般的属性，而是"事件属性"。上面这句代码的意思就是给元素的 onclick 属性赋值，这个值是一个函数来的。你没看错，函数也是可以赋值给一个变量的，这个我们学到后面就知道了。

小伙伴们一定要从操作元素的 HTML 属性这个角度来看待事件操作，这能让你对事件操作理解得更深。

34.2.2 在元素中调用事件

在元素中调用事件，指的是直接在 HTML 属性中来调用事件，这个属性又叫"事件属性"。

举例

```
<!DOCTYPE html>
<html>
<head>
    <meta charset="utf-8" />
    <title></title>
    <script>
        function alertMes()
        {
```

```
            alert("绿叶学习网");
        }
    </script>
</head>
<body>
    <input type="button" onclick="alertMes()" value=" 弹出 " />
</body>
</html>
```

浏览器预览效果如图 34-4 所示。当我们点击"弹出"按钮后,预览效果如图 34-5 所示。

图34-4　在元素中调用事件　　　　　　图34-5　点击按钮后的效果

分析

事实上,上面这个例子还可以写成下面这种形式,两者是等价的。

```
<!DOCTYPE html>
<html>
<head>
    <meta charset="utf-8" />
    <title></title>
</head>
<body>
    <input type="button" onclick="alert('绿叶学习网')" value=" 弹出 " />
</body>
</html>
```

在 script 标签中调用事件,我们需要使用 getElementById()、getElementsBy TagName() 等方法来获取想要的元素,然后才能对其进行事件操作。

在元素属性中调用事件,我们是不需要使用 getElementById()、getElementsByTagName() 等方法来获取想要的元素的,因为系统已经知道事件的主角是哪个元素了。

在实际开发中,我们更倾向于在 script 标签中调用事件,因为这种方式可以使得结构(HTML)与行为(JavaScript)分离,代码更具有可读性和维护性。

34.3　鼠标事件

从这一节开始,我们正式开始实操 JavaScript 中的各种事件。事件操作是 JavaScript 核心之一,也是本书的重中之重,因为 JavaScript 本身就是一门基于事件的编程语言。

在 JavaScript 中,常见的鼠标事件如表 34-1 所示。

表 34-1　　　　　　　　　　　　　　鼠标事件

事　　件	说　　明
onclick	鼠标单击事件
onmouseover	鼠标移入事件
onmouseout	鼠标移出事件
onmousedown	鼠标按下事件
onmouseup	鼠标松开事件
onmousemove	鼠标移动事件

鼠标事件非常多，这里我们只列出最实用的，免得增加大家的记忆负担。从上表可以看出，事件名都是以"on"开头的。其实这些事件名，从英文角度来理解就很好记忆的。

34.3.1　鼠标单击

单击事件 onclick，我们在之前已经接触过非常多了，例如点击某个按钮弹出一个提示框。这里要特别注意一点，单击事件不只是按钮才有，我们可以为任何元素添加单击事件！

举例 为 div 元素添加单击事件

```
<!DOCTYPE html>
<html>
<head>
    <meta charset="utf-8" />
    <title></title>
    <style type="text/css">
        #btn
        {
            display: inline-block;
            width: 80px;
            height: 24px;
            line-height: 24px;
            font-family: 微软雅黑;
            font-size:15px;
            text-align: center;
            border-radius: 3px;
            background-color: deepskyblue;
            color: White;
            cursor: pointer;
        }
        #btn:hover {background-color: dodgerblue;}
    </style>
    <script>
        window.onload = function ()
        {
            var oDiv = document.getElementById("btn");
            oDiv.onclick = function ()
            {
```

```
                alert(" 玩我么？ ");
            };
        };
    </script>
</head>
<body>
    <div id="btn"> 调试代码 </div>
</body>
</html>
```

浏览器预览效果如图 34-6 所示。

分析

这里我们使用 div 元素模拟出一个按钮，并且为它添加了单击事件。当我们点击 "调试代码" 按钮之后，就会弹出提示框。之所以举这个例子，也是给小伙伴们说明一点：**我们可以为任何元素添加单击事件！**

在实际开发中，为了获得更好的用户体验，我们一般不会使用表单按钮，而更倾向于使用其他元素结合 CSS 模拟出来。因为表单按钮的外观实在令人不敢恭维。

举例

```
<!DOCTYPE html>
<html>
<head>
    <meta charset="utf-8" />
    <title></title>
    <script>
        window.onload = function ()
        {
            var oBtn = document.getElementById("btn");

            oBtn.onclick = alertMes;
            function alertMes() {
                alert(" 欢迎来到绿叶学习网！ ");
            };
        }
    </script>
</head>
<body>
    <input id="btn" type="button" value=" 按钮 "/>
</body>
</html>
```

浏览器预览效果如图 34-7 所示。

图34-6　为div元素添加单击事件

图34-7　鼠标点击事件

分析

```
oBtn.onclick = alertMes;
function alertMes()
{
    alert("欢迎来到绿叶学习网！");
};
    上面这种代码其实可以等价于：
oBtn.onclick = function ()
{
    alert("欢迎来到绿叶学习网！");
};
```

这两种写法是等价的，小伙伴们要了解一下。

34.3.2 鼠标移入和鼠标移出

当用户将鼠标移入到某个元素上面时，就会触发 onmouseover 事件。如果将鼠标移出某个元素时，就会触发 onmouseout 事件。onmouseover 和 onmouseout 平常都是形影不离的。

onmouseover 和 onmouseout 分别用于控制鼠标"移入"和"移出"这两种状态。例如在下拉菜单导航中，鼠标移入会显示二级导航，鼠标移出则会收起二级导航。

举例

```html
<!DOCTYPE html>
<html>
<head>
    <meta charset="utf-8" />
    <title></title>
    <script>
        window.onload = function ()
        {
            var oP = document.getElementById("content");

            oP.onmouseover = function ()
            {
                this.style.color = "red";
            };
            oP.onmouseout = function ()
            {
                this.style.color = "black";
            };
        };
    </script>
</head>
<body>
    <p id="content">绿叶学习网</p>
</body>
</html>
```

浏览器预览效果如图 34-8 所示。

图34-8　鼠标移入和移出

分析

这里的 this 指向的是 oP，也就是说 this.style.color = "red"；其实等价于：

```
oP.style.color = "red";
```

this 的使用是非常复杂的，这里我们只是让初学者熟悉一下。下一章会给小伙伴们详细讲解。

上面这个例子虽然简单，但是方法已经交给大家了。大家可以尝试使用 onmouseover 和 onmouseout 这两个事件来设计下拉菜单效果，考验能力的时候到了。

34.3.3　鼠标按下和鼠标松开

当用户按下鼠标时，会触发 onmousedown 事件；当用户松开鼠标时，则会触发 onmouseup 事件。

onmousedown 表示鼠标按下的一瞬间所触发的事件，而 onmouseup 表示鼠标松开的一瞬间所触发的事件。当然我们都知道，只有"按下"才有"松开"这一说。

举例

```
<!DOCTYPE html>
<html>
<head>
    <meta charset="utf-8" />
    <title></title>
    <script>
        window.onload = function ()
        {
            var oDiv = document.getElementById("title");
            var oBtn = document.getElementById("btn");

            oBtn.onmousedown = function ()
            {
                oDiv.style.color = "red";
            };
            oBtn.onmouseup = function ()
            {
                oDiv.style.color = "black";
            };
        };
```

```
        </script>
    </head>
    <body>
        <h1 id="title">绿叶学习网</h1>
        <hr />
        <input id="btn" type="button" value="button" />
    </body>
</html>
```

浏览器预览效果如图 34-9 所示。

图34-9　鼠标按下和鼠标松开

分析

在实际开发中，onmousedown、onmouseup 和 onmousemove 这三个经常配合使用，来实现拖拽、抛掷等效果，不过这些效果非常复杂，属于 JavaScript 进阶知识。

34.4　键盘事件

在 JavaScript 中，常用的键盘事件共有两种。
- 键盘按下：onkeydown
- 键盘松开：onkeyup

onkeydown 表示按下键盘按键一瞬间所触发的事件，而 onkeyup 表示松开键盘按键一瞬间所触发的事件。对于键盘按键来说，都是先有"按下"才有"松开"，也就是 onkeydown 发生在 onkeyup 之前。

举例 统计输入字符的长度

```
<!DOCTYPE html>
<html>
<head>
    <meta charset="utf-8" />
    <title></title>
    <script>
        window.onload = function ()
        {
            var oTxt = document.getElementById("txt");
            var oNum = document.getElementById("num");

            oTxt.onkeyup = function ()
            {
```

```
                    var str = oTxt.value;
                    oNum.innerHTML = str.length;
                };
            };
        </script>
    </head>
    <body>
        <input id="txt" type="text" />
        <div>字符串长度为：<span id="num">0</span></div>
    </body>
</html>
```

浏览器预览效果如图 34-10 所示。

分析

在这个例子中，我们实现的效果是：用户输入字符串后，会自动计算字符串的长度。

实现原理很简单，每输入一个字符，我们都需要敲击一下键盘按键。然后每次输完该字符，也就是松开键盘按键时，都会触发一次 onkeyup 事件，此时我们计算字符串的长度就可以了。

图34-10　键盘事件统计输入字符的长度

举例 验证输入是否正确

```
<!DOCTYPE html>
<html>
    <head>
        <meta charset="utf-8" />
        <title></title>
        <script>
            window.onload = function ()
            {
                var oTxt = document.getElementById("txt");
                var oDiv = document.getElementById("content");
                // 定义一个变量，保存正则表达式
                var myregex = /^[0-9]*$/;

                oTxt.onkeyup = function ()
                {
                    // 判断是否输入为数字
                    if (myregex.test(oTxt.value)) {
                        oDiv.innerHTML = " 输入正确 ";
                    } else {
                        oDiv.innerHTML = " 必须输入数字 ";
                    }
                };

            };
        </script>
    </head>
    <body>
        <input id="txt" type="text" />
```

```
        <div id="content" style="color:red;"></div>
    </body>
</html>
```

浏览器预览效果如图 34-11 所示。当我们输入文本时，此时预览效果如图 34-12 所示。

图34-11 键盘事件实现表单验证

图34-12 输入文本后的效果

分析

几乎每一个网站的注册功能都会涉及表单验证，例如判断用户名是否已注册、密码长度是否满足、邮箱格式是否正确等。而表单验证，就肯定离不开正则表达式。其实正则表达式也是 JavaScript 中非常重要的内容，大家可以关注绿叶学习网的在线正则表达式教程。

键盘事件一般有两个用途：表单操作和动画控制。对于动画控制，常见于游戏开发，例如《英雄联盟》中控制人物的行走或放大招，就是通过键盘来控制的。用键盘事件来控制动画一般比较难，我们放到后面再介绍。

34.5 表单事件

在 JavaScript 中，常用的表单事件有三种。
- onfocus和onblur
- onselect
- onchange

实际上，除了上面这几个，还有一个 submit 事件。不过 submit 事件一般结合后端技术来使用，所以我们暂时可以不管。

34.5.1 onfocus和onblur

onfocus 表示获取焦点时触发的事件，而 onblur 表示失去焦点时触发的事件，两者是相反操作。

onfocus 和 onblur 这两个事件往往都是配合一起使用的。例如用户准备在文本框中输入内容时，此时它会获得光标，就会触发 onfocus 事件。当文本框失去光标时，就会触发 onblur 事件。

并不是所有的 HTML 元素都有焦点事件，具有"获取焦点"和"失去焦点"特点的元素只有两种。
- 表单元素（单选框、复选框、单行文本框、多行文本框、下拉列表）
- 超链接

判断一个元素是否具有焦点很简单，我们打开一个页面后按 Tab 键，能够选中的就是具有焦点特性的元素。在实际开发中，焦点事件（onfocus 和 onblur）一般用于单行文本框和多行文本框这两个，其他地方用得较少。

举例 搜索框

```
<!DOCTYPE html>
<html>
<head>
    <meta charset="utf-8" />
    <title></title>
    <style type="text/css">
        #search{color:#bbbbbb;}
    </style>
    <script>
        window.onload = function ()
        {
            // 获取元素对象
            var oSearch = document.getElementById("search");

            // 获取焦点
            oSearch.onfocus = function ()
            {
                if (this.value == "百度一下，你就知道")
                {
                    this.value = "";
                }
            };
            // 失去焦点
            oSearch.onblur = function ()
            {
                if (this.value == "")
                {
                    this.value = "百度一下，你就知道";
                }
            };
        }
    </script>
</head>
<body>
    <input id="search" type="text" value="百度一下，你就知道"/>
    <input id="Button1" type="button" value="搜索" />
</body>
</html>
```

浏览器预览效果如图 34-13 所示。

分析

在这个例子中，当文本框获得焦点（也就是有光标）时，提示文字就会消失。当文本框失去焦点时，如果没有输入任何内容，提示文字会重新出现。现在，小伙伴们应该可以感性地认识到"获取焦点"和"失去焦点"是怎么一回事了。

图34-13 获得焦点和失去焦点

上面搜索框的外观还有待改善，不过技巧已经教给大家了。我们可以动手尝试去实现一下更

34.5 表单事件

加好看的搜索框，会从中学到很多东西的。

像上面这种搜索框的提示文字效果，其实我们也可以使用 HTML5 表单元素新增的 placeholder 属性来实现，代码如下：

```
<input id="search" type="text" placeholder="百度一下，你就知道" />
```

对于焦点事件来说，还有一点要补充的。默认情况下，文本框是不会自动获取焦点的，而必须点击文本框才会获取。但是我们却经常看到很多页面一打开的时候，文本框就已经自动获取到了焦点，例如百度首页（大家可以去看看）。那么这个效果是怎么实现的呢？很简单，用一个 focus() 方法就可以轻松搞定。

举例 focus() 方法

```
<!DOCTYPE html>
<html>
<head>
    <meta charset="utf-8" />
    <title></title>
    <script>
        window.onload = function ()
        {
            var oTxt = document.getElementById("txt");
            oTxt.focus();
        }
    </script>
</head>
<body>
    <input id="txt" type="text"/>
</body>
</html>
```

浏览器预览效果如图 34-14 所示。

分析

focus() 跟 onfocus 是不一样的。focus() 是一个方法，仅仅用于让元素获取焦点。而 onfocus 是一个属性，它是用于事件操作的。

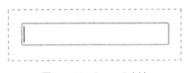

图34-14 focus()方法

34.5.2 onselect

在 JavaScript 中，当我们选中"单行文本框"或"多行文本框"中的内容时，就会触发 onselect 事件。

举例

```
<!DOCTYPE html>
<html>
<head>
    <meta charset="utf-8" />
    <title></title>
    <script>
        window.onload = function ()
```

```
            {
                var oTxt1 = document.getElementById("txt1");
                var oTxt2 = document.getElementById("txt2");

                oTxt1.onselect = function ()
                {
                    alert("你选中了单行文本框中的内容");
                };
                oTxt2.onselect = function ()
                {
                    alert("你选中了多行文本框中的内容");
                };
            }
        </script>
    </head>
    <body>
        <input id="txt1" type="text" value="如果我真的存在，也是因为你需要我。"/><br />
        <textarea id="txt2" cols="20" rows="5">如果我真的存在，也是因为你需要我。</textarea>
    </body>
</html>
```

浏览器预览效果如图 34-15 所示。

分析

当我们选中单行文本框或多行文本框中的内容时，都会弹出对应的对话框。onselect 事件在实际开发中用得极少，我们了解一下就行，不需要深入。再回到实际开发中，我们在使用搜索框的时候，每次点击搜索框，它就自动帮我们把文本框内的文本全选中了（大家先去看看百度搜索是不是这样的），这个又是怎么实现的呢？这就用到了 select() 方法。

图34-15 onselect()方法

举例

```
<!DOCTYPE html>
<html>
<head>
    <meta charset="utf-8" />
    <title></title>
    <script>
        window.onload = function ()
        {
            var oSearch = document.getElementById("search");
            oSearch.onclick = function ()
            {
                this.select();
            };
        }
    </script>
</head>
<body>
    <input id="search" type="text" value="百度一下，你就知道" />
```

```
            </body>
</html>
```

浏览器预览效果如图 34-16 所示。当我们点击文本框时，预览效果如图 34-17 所示：

图34-16　select()方法　　　　　　图34-17　点击文本框后的效果

分析

select() 跟 onselect 是不一样的。select() 是一个方法，仅仅用于全选文本。而 onselect 是一个属性，它是用于事件操作的。select() 和 onselect 的关系，跟 focus() 和 onfocus 的关系是相似的。

34.5.3　onchange

在 JavaScript 中，onchange 事件常用于"具有多个选项的表单元素"中。
- 单选框选择某一项时触发
- 复选框选择某一项时触发
- 下拉列表选择某一项时触发

举例 单选框

```
<!DOCTYPE html>
<html>
<head>
    <meta charset="utf-8" />
    <title></title>
    <script>
        window.onload = function ()
        {
            var oFruit = document.getElementsByName("fruit");
            var oP = document.getElementById("content");

            for (var i = 0; I < oFruit.length; i++)
            {
                oFruit[i].onchange = function ()
                {
                    if (this.checked)
                    {
                        oP.innerHTML = "你选择的是：" + this.value;
                    }
                };
            }
        }
    </script>
</head>
<body>
    <div>
```

```
            <label><input type="radio" name="fruit" value="苹果" />苹果</label>
            <label><input type="radio" name="fruit" value="香蕉" />香蕉</label>
            <label><input type="radio" name="fruit" value="西瓜" />西瓜</label>
        </div>
        <p id="content"></p>
    </body>
</html>
```

浏览器预览效果如图 34-18 所示。当我们选中任意一项时，就会立即显示出结果来，效果如图 34-19 所示。

图34-18　onchange用于单选框

图34-19　选中某一项效果

分析

这里我们使用 getElementsByName () 方法获得具有同一个 name 属性值的表单元素，然后使用 for 循环遍历，目的是为了给每一个单选按钮都添加 onchange 事件。当我们选中任意一个单选按钮（也就是触发 onchange 事件）时，判断当前单选按钮是否选中（this.checked）。如果选中，就将选中的单选按钮的值（this.value）赋值给 oP.innerHTML。

举例 复选框的全选与反选

```
<!DOCTYPE html>
<html>
<head>
    <meta charset="utf-8" />
    <title></title>
    <script>
        window.onload = function ()
        {
            var oSelectAll = document.getElementById("selectAll");
            var oFruit = document.getElementsByName("fruit");

            oSelectAll.onchange = function ()
            {
                // 如果选中，即 this.checked 返回 true
                if (this.checked) {
                    for (var i = 0; i < oFruit.length; i++)
                    {
                        oFruit[i].checked = true;
                    }
                } else {
                    for (var i = 0; i < oFruit.length; i++)
                    {
                        oFruit[i].checked = false;
                    }
                }
            };
```

34.5 表单事件

```
            }
        </script>
    </head>
    <body>
        <div>
            <p><label><input id="selectAll" type="checkbox"/>全选/反选：</label></p>
            <label><input type="checkbox" name="fruit" value="苹果" />苹果</label>
            <label><input type="checkbox" name="fruit" value="香蕉" />香蕉</label>
            <label><input type="checkbox" name="fruit" value="西瓜" />西瓜</label>
        </div>
    </body>
</html>
```

浏览器预览效果如图 34-20 所示。

分析

当"全选"复选框被选中时，下面所有复选框就会被全部选中。然后再次点击"全选"按钮，此时下面所有复选框就会取消选中。

图34-20 onchange用于复选框的全选与反选

哪个元素在搞事（触发事件），this 就是哪个。我们一定要清楚这一点，后面会经常碰到。

举例 下拉列表

```
<!DOCTYPE html>
<html>
<head>
    <meta charset="utf-8" />
    <title></title>
    <script>
        window.onload = function ()
        {
            var oList = document.getElementById("list");

            oList.onchange = function ()
            {
                var link = this.options[this.selectedIndex].value;
                window.open(link);
            };
        }
    </script>
</head>
<body>
    <select id="list">
        <option value="http://wwww.baidu.com">百度</option>
        <option value="http://www.sina.com.cn">新浪</option>
        <option value="http://www.qq.com">腾讯</option>
        <option value="http://www.sohu.com">搜狐</option>
    </select>
</body>
</html>
```

浏览器预览效果如图 34-21 所示。

分析

当我们选择下拉列表中的某一项时，就会触发 onchange 事件，然后就会在新的窗口打开对应的页面。下拉菜单的这种效果还是比较常见的，我们可以了解一下。

图34-21 onchange用于下拉列表

对于 select 元素来说，我们可以使用 obj.options[n] 来得到某一个列表项，这个列表项也是一个 DOM 对象。并且我们可以使用 obj.selectedIndex 来获取你所选择的这个列表项的下标。这两个都是下拉列表所独有的也是经常用的方法。

此外，window.open() 表示打开一个新的窗口，我们在"36.2 窗口操作"这一节详细介绍。

有一点要提醒大家的：选择下拉列表的某一项时，触发的是 onchange 事件，而不是 onselect 事件。onselect 事件仅仅在选择文本框中的内容时才会触发，我们要清楚这两者的区别。

34.6 编辑事件

在 JavaScript 中，常用的编辑事件有三种。
- oncopy
- onselectstart
- oncontextmenu

34.6.1 oncopy

在 JavaScript 中，我们可以使用 oncopy 事件来防止页面内容被复制。

语法

```
document.body.oncopy = function ()
{
    return false;
}
```

举例

```
<!DOCTYPE html>
<html>
<head>
    <meta charset="utf-8" />
    <title></title>
    <script>
        window.onload = function ()
        {
            document.body.oncopy = function ()
            {
                return false;
            }
        }
    </script>
</head>
<body>
```

```
        <div>不要用战术上的勤奋，来掩盖战略上的懒惰。</div>
    </body>
</html>
```

浏览器预览效果如图 34-22 所示。

图34-22　oncopy防止文本被复制

分析

大家可能会问：选取文本后点击鼠标右键，发现还是可以用"复制"这个选项啊！其实就算你可以用，点击"复制"选项后再粘贴，会发现粘贴不出内容来。

34.6.2　onselectstart

在 JavaScript 中，我们可以使用 onselectstart 事件来防止页面内容被选取。

语法

```
document.body.onselectstart=function()
{
    return false;
}
```

举例

```
<!DOCTYPE html>
<html>
<head>
    <meta charset="utf-8" />
    <title></title>
    <script>
        window.onload = function ()
        {
            document.body.onselectstart = function ()
            {
                return false;
            }
        }
    </script>
</head>
<body>
    <div>成功的人总喜欢神化自己，为的是让其他人觉得成功很难。</div>
</body>
</html>
```

浏览器预览效果如图 34-23 所示。

图34-23　onselectstart防止文本被选取

分析

防止页面内容被选取，从本质上来说也是为了防止用户复制内容。为了防止用户复制内容，我们有两种实现方式：oncopy 事件和 onselectstart 事件。

34.6.3　oncontextmenu

在 JavaScript 中，我们可以使用 oncontextmenu 事件来禁用鼠标右键。

语法

```
document.oncontextmenu = function ()
{
    return false;
}
```

举例

```
<!DOCTYPE html>
<html>
<head>
    <meta charset="utf-8" />
    <title></title>
    <script>
        window.onload = function () {
            document.oncontextmenu = function () {
                return false;
            }
        }
    </script>
</head>
<body>
    <div>每个人的人生掌握在自己的手里，而不是别人的评价里。</div>
</body>
</html>
```

浏览器预览效果如图 34-24 所示。

分析

虽然鼠标右键功能被禁止了，但是我们依旧可以用快捷键，如使用 Ctrl+C 快捷键来复制内容，使用 Ctrl+S 来保存网页等。

总体来说，oncopy、onselectstart、oncontextmenu 这三个在大多数情况下都是用来保护版权的。不过为了更好的用户体验，我们还是少用为妙，除非是迫不得已的情况。

图34-24　oncontextmenu禁止鼠标右键

34.7 页面事件

之前我们学了各种事件，除了这些事件之外，还有一种非常重要的事件——页面事件。在 JavaScript 中，常用的页面事件只有两个。
- onload
- onbeforeunload

34.7.1 onload

在 JavaScript 中，onload 表示文档加载完成后再执行的一个事件。

语法

```
window.onload = function(){
    ……
}
```

说明

并不是所有情况都需要用到 window.onload，一般来说只有在想要"获取页面中某一个元素"的时候才用。onload 事件非常重要，也是 JavaScript 中用得最多的事件之一，我们在此之前应该见识到了。

举例

```
<!DOCTYPE html>
<html>
<head>
    <meta charset="utf-8" />
    <title></title>
    <script>
        var oBtn = document.getElementById("btn");
        oBtn.onclick = function ()
        {
            alert("JavaScript");
        };
    </script>
</head>
<body>
```

```
        <input id="btn" type="button" value=" 提交 " />
</body>
</html>
```

浏览器预览效果如图 34-25 所示。

分析

当我们点击"提交"按钮时,浏览器会报错。其实这是因为在默认情况下,浏览器解析一个页面是从上到下进行的。当解析到 var oBtn = document.getElementById("btn"); 这一句时,浏览器找不到 id 为"btn"的元素。

正确的解决方法就是使用 window.onload,实现代码如下:

```
<!DOCTYPE html>
<html>
<head>
    <meta charset="utf-8" />
    <title></title>
    <script>
        window.onload = function ()
        {
            var oBtn = document.getElementById("btn");
            oBtn.onclick = function ()
            {
                alert("JavaScript");
            };
        }
    </script>
</head>
<body>
        <input id="btn" type="button" value=" 提交 " />
</body>
</html>
```

浏览器预览效果如图 34-26 所示。

图34-25　没有加window.onload　　图34-26　加上window.onload

分析

这里,浏览器从上到下解析到 window.onload 时,就会先不解析 window.onload 里面的代码,而是继续往下解析,直到把整个 HTML 文档解析完了之后才回去执行 window.onload 里面的代码。

有人就会问了,像下面这个例子中,为什么不需要加上 window.onload 都可以获取到元素呢?

举例

```
<!DOCTYPE html>
<html>
```

```
<head>
    <meta charset="utf-8" />
    <title></title>
    <script>
        function change()
        {
            var oTitle = document.getElementById("title");
            oTitle.style.color = "white";
            oTitle.style.backgroundColor = "hotpink";
        }
    </script>
</head>
<body>
    <h3 id="title">绿叶学习网</h3>
    <input type="button" value="改变样式" onclick="change()" />
</body>
</html>
```

浏览器预览效果如图 34-27 所示。

分析

对于函数来说，有一句非常重要的话，不知道小伙伴还记不记得：**如果一个函数仅仅是定义而没有被调用的话，则函数本身是不会执行的。**

从上面我们可以知道，浏览器从上到下解析 HTML 文档，当它解析到函数的定义部分时，它也会直接跳过。如果浏览器立刻解析的话，那函数岂不是自动执行了？那这还是函数么？

图34-27　在元素中调用事件

这里的函数是在用户点击这个按钮的时候执行的，那时候文档已经加载好了。

34.7.2　onbeforeunload

在 JavaScript 中，onbeforeunload 表示离开页面之前触发的一个事件。

语法

```
window.onbeforeunload = function(){
    ……
}
```

说明

与 window.onload 相对的应该是 window.onunload，不过一般情况下我们极少用到 window.onunload，而更倾向于使用 window.onbeforeunload。

举例

```
<!DOCTYPE html>
<html>
<head>
    <meta charset="utf-8" />
    <title></title>
    <script>
        window.onload = function ()
        {
```

```
            alert("欢迎来到绿叶学习网！");
        }
        window.onbeforeunload = function (e)
        {
            e.returnValue = "记得下来再来喔！";
        }
    </script>
</head>
<body>
</body>
</html>
```

打开页面的时候，浏览器预览效果如图34-28所示。关闭页面的时候，在浏览器预览效果如图34-29所示。

图34-28 onbeforeunload事件

图34-29 关闭页面时的效果

分析

e是一个event对象。对于event对象，在下一章会详细介绍。

34.8 练习题

单选题

1. 在页面中，当按下键盘任意一个键时都会触发（   ）事件。
   A. onfocus   B. onsubmit
   C. onmousedown   D. onkeydown

2. 下面有关事件操作的说法中，正确的是（   ）。
   A. onfocus 和 focus() 这两个方法是等价的
   B. 选择下拉列表的某一项时，会触发 onselect 事件
   C. 对于 select 元素来说，我们可以使用 obj.options[n] 的方式来得到某一个列表项
   D. 在键盘事件中，onkeyup 事件发生 onkeydown 事件在之前

第35章 事件进阶

35.1 事件监听器

在 JavaScript 中，想要给元素添加一个事件，其实我们有两种方式。
- 事件处理器
- 事件监听器

35.1.1 事件处理器

在前面的学习中，如果想要给元素添加一个事件，我们都是通过操作 HTML 属性的方式来实现，这种方式其实也叫做"事件处理器"，例如：

```
oBtn.onclick = function(){……};
```

事件处理器的用法非常简单，代码写出来也很易读。不过这种添加事件的方式是有一定缺陷的。先来看一个例子：

举例

```
<!DOCTYPE html>
<html>
<head>
    <meta charset="utf-8" />
    <title></title>
    <script>
```

```
        window.onload = function ()
        {
            var oBtn = document.getElementById("btn");

            oBtn.onclick = function () {
                alert("第1次");
            };
            oBtn.onclick = function () {
                alert("第2次");
            };
            oBtn.onclick = function () {
                alert("第3次");
            };
        }
    </script>
</head>
<body>
    <input id="btn" type="button" value=" 按钮 "/>
</body>
</html>
```

浏览器预览效果如图 35-1 所示。当我们点击按钮后，此时预览效果如图 35-2 所示。

图35-1　事件处理器

图35-2　点击按钮后的效果

分析

在这个例子中，我们一开始的目的是想给按钮添加三次 onclick 事件，但 JavaScript 最终只会执行最后一次 onclick。从上面也可以看出来了，事件处理器是没办法为一个元素添加多个相同事件的。

你可能心想："那又如何？"没错，对于同一个元素来说，确实很少需要添加多个相同事件。可是，有些情况下确实需要这么做才行。比如在点击提交表单按钮时，需要验证由用户输入的全部数据，然后再通过 AJAX 将其提交给服务器。

如果想要为一个元素添加多个相同的事件，该如何实现呢？这就需要用到另外一种添加事件的方式了，那就是事件监听器。

35.1.2　事件监听器

1. 绑定事件

所谓事件监听器，指的是使用 addEventListener() 方法来为一个元素添加事件，我们又称之为"绑定事件"。

35.1 事件监听器

语法

```
obj.addEventListener(type , fn , false)
```

说明

obj 是一个 DOM 对象，指的是使用 getElementById()、getElementsByTag Name() 等方法获取到的元素节点。

type 是一个字符串，指的是事件类型。例如单击事件用"click"，鼠标移入用"mouseover"等。一定要注意，这个事件类型是不需要加上 on 前缀的。

fn 是一个函数名，或者一个匿名函数。

false 表示事件冒泡阶段调用。对于事件冒泡，属于 JavaScript 进阶知识，这里简单了解即可。

此外，由于 IE8 及以下版本已经被 Chrome 打得快退出历史舞台了，所以对于 addEventListener() 的兼容性我们不需要考虑 IE。

举例

```
<!DOCTYPE html>
<html>
<head>
    <meta charset="utf-8" />
    <title></title>
    <script>
        window.onload = function ()
        {
            var oBtn = document.getElementById("btn");
            oBtn.addEventListener("click", alertMes, false);

            function alertMes()
            {
                alert("JavaScript");
            }
        }
    </script>
</head>
<body>
    <input id="btn" type="button" value="按钮" />
</body>
</html>
```

浏览器预览效果如图 35-3 所示。

图35-3　addEventListener()绑定事件

分析

```
//fn 是一个函数名
oBtn.addEventListener("click", alertMes, false);
function alertMes()
{
    alert("JavaScript");
}
//fn 是一个匿名函数
oBtn.addEventListener("click", function () {
    alert("JavaScript");
}, false);
```

上面两段代码是等价的，一种是使用函数名，另外一种是使用匿名函数。

举例

```
<!DOCTYPE html>
<html>
<head>
    <meta charset="utf-8" />
    <title></title>
    <script>
        window.onload = function ()
        {
            var oBtn = document.getElementById("btn");

            oBtn.addEventListener("click", function () {
                alert("第1次");
            }, false);
            oBtn.addEventListener("click", function () {
                alert("第2次");
            }, false);
            oBtn.addEventListener("click", function () {
                alert("第3次");
            }, false);
        }
    </script>
</head>
<body>
    <input id="btn" type="button" value=" 按钮 "/>
</body>
</html>
```

浏览器预览效果如图 35-4 所示。

图35-4 添加多次点击事件

35.1 事件监听器

分析

当我们点击按钮后，浏览器会依次弹出三个对话框。也就是说，我们可以使用事件监听器这种方式来为同一个元素添加多个相同的事件，而这一点是事件处理器做不到的。

此外，一般情况下，如果想要为元素仅仅添加一个事件的话，下面两种方式其实是等价的。

```
obj.addEventListener("click", function () {……);}, false);
obj.onclick = function () {……};
```

举例 多次调用 window.onload

```html
<!DOCTYPE html>
<html>
<head>
    <meta charset="utf-8" />
    <title></title>
    <script>
        // 第 1 次调用 window.onload
        window.onload = function ()
        {
            var oBtn1 = document.getElementById("btn1");
            oBtn1.onclick = function ()
            {
                alert("第 1 次");
            };
        }

        // 第 2 次调用 window.onload
        window.onload = function ()
        {
            var oBtn2 = document.getElementById("btn2");
            oBtn2.onclick = function ()
            {
                alert("第 2 次");
            };
        }

        // 第 3 次调用 window.onload
        window.onload = function ()
        {
            var oBtn3 = document.getElementById("btn3");
            oBtn3.onclick = function ()
            {
                alert("第 3 次");
            };
        }
    </script>
</head>
<body>
    <input id="btn1" type="button" value="按钮 1" /><br/>
    <input id="btn2" type="button" value="按钮 2" /><br />
    <input id="btn3" type="button" value="按钮 3" />
```

```
</body>
</html>
```

浏览器预览效果如图 35-5 所示。

分析

在实际开发中，我们有可能会使用多次 window.onload，但是会发现 JavaScript 只执行最后一次 window.onload。为了解决这个问题，我们就可以使用 addEventListener() 来实现。在这个例子中，我们只需要将每一个 window.onload 改为以下代码即可：

图35-5　添加多次window.onload

```
window.addEventListener("load",function(){……},false);
```

事实上，还有一种解决方法，那就是使用网上流传甚广的 addLoadEvent() 函数。addLoadEvent 不是 JavaScript 内置函数，而是需要自己定义的。其中，addLoadEvent() 函数代码如下：

```javascript
// 装饰者模式
function addLoadEvent(func)
{
    var oldonload = window.onload;
    if (typeof window.onload != "function")
    {
        window.onload = func;
    }else {
        window.onload = function()
        {
            oldonload();
            func();
        }
    }
}
```

然后我们只需要调用 addLoadEvent() 函数，就等于调用 window.onload 了。调用方法如下：

```javascript
addLoadEvent(function(){
    ……
});
```

对于 addLoadEvent() 函数的定义代码，初学者暂时不需要去理解。有兴趣的小伙伴可以自行查阅一下。

2. 解绑事件

在 JavaScript 中，我们可以使用 removeEventListener() 方法为元素解绑（或解除）某个事件。解绑事件与绑定事件是相反的操作。

语法

```
obj.removeEventListener(type , fn , false);
```

说明

obj 是一个 DOM 对象，指的是使用 getElementById()、getElementsByTagName() 等方法获取

到的元素节点。

type 是一个字符串，指的是事件类型。例如，单击事件用"click"，鼠标移入用"mouseover"等。一定要注意，这里我们是不需要加上 on 前缀的。

对于 removeEventListener() 方法来说，fn 必须是一个函数名，而不能是一个函数。

举例 解除"事件监听器"添加的事件

```
<!DOCTYPE html>
<html>
<head>
    <meta charset="utf-8" />
    <title></title>
    <script>
        window.onload = function ()
        {
            var oDiv = document.getElementById("content");
            var oBtn = document.getElementById("btn");

            // 为div添加事件
            oDiv.addEventListener("click", changeColor, false);

            // 点击按钮后，为div解除事件
            oBtn.addEventListener("click", function () {
                oDiv.removeEventListener("click", changeColor, false);
            }, false);

            function changeColor()
            {
                this.style.color = "hotpink";
            }
        }
    </script>
</head>
<body>
    <p id="content">绿叶学习网</p>
    <input id="btn" type="button" value=" 解除 " />
</body>
</html>
```

浏览器预览效果如图 35-6 所示。

分析

当我们点击"解除"按钮后，再点击 p 元素，就发现 p 元素的点击事件无效了。有一点要跟大家说清楚的：如果你想要使用 removeEventListener() 方法来解除一个事件，那么当初使用 addEventListener() 添加事件的时候，就一定要用定义函数的形式。

我们观察这个例子会发现，removeEventListener() 跟 addEventListener() 的语法形式是一模一样的，直接抄过去就对了。

图35-6 解除"事件监听器"添加的事件

```
addEventListener("click",fn,false);
removeEventListener("click",fn,false);
```

实际上，removeEventListener() 只可以解除"事件监听器"添加的事件，而无法解除"事件处理器"添加的事件。如果想要解除"事件处理器"添加的事件，我们可以使用 obj.事件名 = null; 来实现，请看下面的例子：

举例 解除"事件处理器"添加的事件

```
<!DOCTYPE html>
<html>
<head>
    <meta charset="utf-8" />
    <title></title>
    <script>
        window.onload = function ()
        {
            var oDiv = document.getElementById("content");
            var oBtn = document.getElementById("btn");

            // 为div添加事件
            oDiv.onclick = changeColor;

            // 点击按钮后，为div解除事件
            oBtn.addEventListener("click", function () {
                oDiv.onclick = null;
            }, false);

            function changeColor()
            {
                this.style.color = "hotpink";
            }
        }
    </script>
</head>
<body>
    <p id="content">绿叶学习网</p>
    <input id="btn" type="button" value="解除" />
</body>
</html>
```

浏览器预览效果如图 35-7 所示。

分析

学了那么多，我们自然而然就会问：解除事件都有什么用呢？一般情况下我们都是添加完事件就算了，没必要去解除事件啊！其实大多数情况确实如此，但是不少情况下是必须要解除事件的。先来看一个例子。

图35-7 解除"事件处理器"添加的事件

举例

```
<!DOCTYPE html>
<html>
<head>
    <meta charset="utf-8" />
```

```
        <title></title>
        <script>
            window.onload = function ()
            {
                var oBtn = document.getElementById("btn");
                oBtn.addEventListener("click", alertMes, false);

                function alertMes()
                {
                    alert(" 那你很棒棒噢~");
                    oBtn.removeEventListener("click", alertMes, false);
                }
            }
        </script>
    </head>
    <body>
        <input id="btn" type="button" value=" 弹出 " />
    </body>
</html>
```

浏览器预览效果如图 35-8 所示。

分析

这个例子实现的效果是：限制按钮只可以执行一次点击事件。实现思路很简单，在点击事件函数的最后解除事件就可以了。在实际开发中，像拖拽效果，我们在 onmouseup 事件中就必须要解除 onmousemove 事件，如果没有解除就会有 bug。当然，拖拽效果是比较复杂的，这里不详细展开。对于解除事件，我们学到后面就知道它有什么用了。

图35-8　解除事件的应用

35.2　event对象

当一个事件发生的时候，这个事件有关的详细信息都会临时保存到一个指定的地方，这个地方就是 event 对象。每一个事件，都有一个对应的 event 对象。给大家打个比喻，我们都知道飞机都有黑匣子，对吧？每次飞机出事（一个事件）后，我们都可以从黑匣子（event 对象）中获取详细的信息。

在 JavaScript 中，我们可以通过 event 对象来获取一个事件的详细信息。其中 event 对象常用属性如表 35-1 所示。

表 35-1　　　　　　　　　　　　event 对象的属性

属　　性	说　　明
type	事件类型
keyCode	键码值
shiftKey	是否按下 Shift 键
ctrlKey	是否按下 Ctrl 键
altKey	是否按下 Alt 键

35.2.1 type

在 JavaScript 中，我们可以使用 event 对象的 type 属性来获取事件的类型。

举例

```
<!DOCTYPE html>
<html>
<head>
    <meta charset="utf-8" />
    <title></title>
    <script>
        window.onload = function ()
        {
            var oBtn = document.getElementById("btn");
            oBtn.onclick = function (e)
            {
                alert(e.type);
            };
        }
    </script>
</head>
<body>
    <input id="btn" type="button" value=" 按钮 " />
</body>
</html>
```

浏览器预览效果如图 35-9 所示。

分析

几乎所有的初学者（包括当年的我）都会有一个疑问：这个 e 是什么？为什么写个 e.type 就可以获取到事件的类型呢？

实际上，每次调用一个事件的时候，JavaScript 都会默认给这个事件函数加上一个隐藏的参数，这个参数就是 event 对象。一般来说，event 对象是作为事件函数的第一个参数传入的。

图35-9　event.type

其实 e 仅仅是一个变量名，它存储的是一个 event 对象。也就是说，e 可以换成其他名字，如 ev、event、a 等，大家可以测试一下。

event 对象在 IE8 及以下版本还有一定的兼容性，可能还需要采取 var e=e||window.event; 来处理。不过随着 IE 退出历史舞台，这些兼容性问题我们慢慢可以不用管了，这里简单了解一下就行。

35.2.2 keyCode

在 JavaScript 中，如果我们想要获取按下了键盘中的哪个键，可以使用 event 对象的 keyCode 属性来获取。

语法

event.keyCode

说明

event.keyCode 返回的是一个数值，常用的按键及对应的键码如表 35-2 所示。

表 35-2　　　　　　　　　　　常用的按键及对应的键码

按　　键	键　　码
W（上）	87
S（下）	83
A（左）	65
D（右）	68
↑	38
↓	40
←	37
→	39

如果是 Shift、Ctrl 和 Alt 这三个键，我们不需要通过 keyCode 属性来获取，而是可以直接通过 shiftKey、ctrlKey 和 altKey 这三个属性来获取。

举例 禁用 Shfit、Alt、Ctrl 键

```
<!DOCTYPE html>
<html>
<head>
    <meta charset="utf-8" />
    <title></title>
    <script>
        window.onload = function () {
            document.onkeydown = function (e) {
                if (e.shiftKey || e.altKey || e.ctrlKey) {
                    alert(" 禁止使用 shift、alt、ctrl 键！ ")
                }
            }
        }
    </script>
</head>
<body>
<p>　鱼对水说：你看不见我的眼泪，因为我在水中。<br/> 水对鱼说；我能感觉到你的眼泪，因为你在我心中。
</p>
</body>
</html>
```

浏览器预览效果如图 35-10 所示。

第35章 事件进阶

图12-10 禁止Shfit、Alt、Ctrl键

分析

e.keyCode 返回的是一个数字，而 e.shiftKey、e.ctrlKey、e.altKey 这三个返回的都是布尔值（true 或 false），我们注意一下两者的区别。

举例 获取"上下左右"方向键

```
<!DOCTYPE html>
<html>
<head>
    <meta charset="utf-8" />
    <title></title>
    <script>
        window.onload = function ()
        {
            var oSpan= document.getElementsByTagName("span")[0];

            window.addEventListener("keydown", function (e)
            {
                if (e.keyCode == 38 || e.keyCode == 87) {
                    oSpan.innerHTML = " 上 ";
                } else if (e.keyCode == 39 || e.keyCode == 68) {
                    oSpan.innerHTML = " 右 ";
                } else if (e.keyCode == 40 || e.keyCode == 83) {
                    oSpan.innerHTML = " 下 ";
                } else if (e.keyCode == 37 || e.keyCode == 65) {
                    oSpan.innerHTML = " 左 ";
                } else {
                    oSpan.innerHTML = "";
                }
            }, false)
        }
    </script>
</head>
<body>
    <div>你控制的方向是：<span style="font-weight:bold;color:hotpink;"> </span></div>
</body>
</html>
```

浏览器预览效果如图 35-11 所示。

图35-11 获取"上下左右"方向键

分析

在游戏开发中,我们一般都是通过键盘中的↑、↓、←、→以及W、S、A、D这八个键来控制人物行走的方向,这个技巧用得非常多。当然以我们现在的水平,离游戏开发还很远。有兴趣的小伙伴可以关注《Web前端开发精品课——HTML5 Canvas开发详解》。

35.3 this

在JavaScript中,this是非常复杂的。这一节我们只针对this在事件操作中的使用情况进行介绍。

在事件操作中,可以这样理解:**哪个DOM对象(元素节点)调用了this所在的函数,那么this指向的就是哪个DOM对象。**

举例

```
<!DOCTYPE html>
<html>
<head>
    <meta charset="utf-8" />
    <title></title>
    <script>
        window.onload = function ()
        {
            var oDiv = document.getElementsByTagName("div")[0];
            oDiv.onclick = function ()
            {
                this.style.color = "hotpink";
            }
        }
    </script>
</head>
<body>
    <div>绿叶,给你初恋般的感觉~</div>
</body>
</html>
```

浏览器预览效果如图35-12所示。

图35-12　this在匿名函数中

分析

this 所在的函数是一个匿名函数，然后这个匿名函数被 oDiv 调用了，因此 this 指向的就是 oDiv。

这里，this.style.color = "hotpink"; 等价于 oBtn.style.color = "hotpink";，我们可以自行测试一下。

举例

```
<!DOCTYPE html>
<html>
<head>
    <meta charset="utf-8" />
    <title></title>
    <script>
        window.onload = function ()
        {
            var oDiv = document.getElementsByTagName("div")[0];

            oDiv.onclick = changeColor;
            function changeColor()
            {
                this.style.color = "hotpink";
            }
        }
    </script>
</head>
<body>
    <div>绿叶，给你初恋般的感觉~</div>
</body>
</html>
```

浏览器预览效果如图 35-13 所示。

图35-13　this在一般函数中

35.3 this

分析

this 所在的函数是 changeColor，然后 changeColor 函数被 oDiv 调用了，因此 this 指向的就是 oDiv。事实上，上面两个例子是等价的。

举例

```
<!DOCTYPE html>
<html>
<head>
    <meta charset="utf-8" />
    <title></title>
    <script>
        window.onload = function ()
        {
            var oDiv = document.getElementsByTagName("div")[0];
            var oP = document.getElementsByTagName("p")[0];

            oDiv.onclick = changeColor;
            oP.onclick = changeColor;
            function changeColor()
            {
                this.style.color = "hotpink";
            }
        }
    </script>
</head>
<body>
    <div>绿叶，给你初恋般的感觉~</div>
    <p>绿叶，给你初恋般的感觉~</p>
</body>
</html>
```

浏览器预览效果如图 35-14 所示。

分析

这里 changeColor() 函数被两个元素节点调用，那它究竟指向的是哪一个呢？其实 this 只有在被调用的时候才确定下来的。当我们点击 div 元素时，此时 this 所在的函数 changeColor 被 div 元素调用，因此 this 指向的是 div 元素。当我们点击 p 元素时，此时 this 所在的函数 changeColor 被 p 元素调用，因此 this 指向的是 p 元素。

总而言之：哪个 DOM 对象（元素节点）调用了 this 所在的函数，那么 this 指向的就是哪个 DOM 对象。

图35-14 this的指向

举例

```
<!DOCTYPE html>
<html>
<head>
    <meta charset="utf-8" />
    <title></title>
    <script>
        window.onload = function ()
```

```
            {
                var oUl = document.getElementById("list");
                var oLi = oUl.getElementsByTagName("li");

                for (var i = 0; i < oLi.length; i++)
                {
                    oLi[i].onclick = function ()
                    {
                        oLi[i].style.color = "hotpink";
                    }
                }
            }
        </script>
    </head>
    <body>
        <ul id="list">
            <li>HTML</li>
            <li>CSS</li>
            <li>JavaScript</li>
        </ul>
    </body>
</html>
```

浏览器预览效果如图 35-15 所示。

分析

一开始想要实现的效果是：点击哪一个 li 元素，就改变这个 li 元素的颜色。很多人自然而然就写下了上面这种代码。然后测试的时候，会发现完全没有效果。这是怎么回事呢？我们试着把 oLi[i].style.color = "hotpink"; 这一句换成 this.style.color = "hotpink"; 就有效果了。

那么为什么用 oLi[i] 就不正确，而必须要用 this 呢？其实这就是典型的闭包问题。对于闭包，属于 JavaScript 进阶知识。

图35-15　闭包造成的bug

在事件函数中，想要使用当前元素节点，我们尽量使用 this 来代替 oBtn、oLi[i] 等这种 DOM 对象的写法。

35.4　练习题

单选题

下面有关事件操作的说法中，正确的是（　　）。

A. 可以使用事件监听器为一个元素添加多个相同的事件

B. 一般情况下，给一个元素绑定事件后就无需解绑该事件了，这也说明解绑事件没有任何用处

C. removeEventListener() 方法不仅可以解除"事件处理器"添加的事件，也可以解除"事件监听器"添加的事件

D. oBtn.onclick = function(){}; 跟 oBtn.addEventListener("click", function(){}, false); 是完全等价的

第36章 window对象

36.1 window对象简介

在 JavaScript 中，一个浏览器窗口就是一个 window 对象（这句话很重要）。图 36-1 中有三个窗口，也就是三个不同的 window 对象。

图36-1 3个窗口

简单来说，JavaScript 会把一个窗口看成一个对象，这样我们就可以用这个对象的属性和方法来操作这个窗口。实际上，我们每次打开一个页面时，浏览器都会自动为这个页面创建一个 window 对象。

window 对象存放了这个页面的所有信息，为了更好分类处理这些信息，window 对象下面又分为很多对象，如图 36-2 以及表 36-1 所示。

图36-2　window对象及其子对象

表 36-1　　　　　　　　　　　window 对象下的子对象

子对象	说明
document	文档对象，用于操作页面元素
location	地址对象，用于操作 URL 地址
navigator	浏览器对象，用于获取浏览器版本信息
history	历史对象，用于操作浏览历史
screen	屏幕对象，用于操作屏幕宽度高度

你没看错，document 对象也是 window 对象下的一个子对象。很多人以为一个窗口就是一个 document 对象，其实这样理解是错的。因为一个窗口不仅仅包括 HTML 文档，还包括浏览器信息、浏览历史和浏览地址等。而 document 对象专门用来操作 HTML 文档中的元素。一句话概括就是："一个窗口就是一个 window 对象，这个窗口里面的 HTML 文档就是一个 document 对象，document 对象是 window 对象的子对象。"

window 对象及下面的 location、navigator 等子对象，由于都是操作浏览器窗口的，所以我们又称之为"BOM"，也就是 Browser Object Module（浏览器对象模型）。BOM 这个术语很常见，我们至少要知道它是什么意思。BOM 和 DOM 都是"某某对象模型"，所谓的对象模型，可以简单理解为把它们看成是一个对象来处理。

此外，你也可以把 window 下的子对象看成是它的属性，只不过这个属性也是一个对象，所以我们才称之为"子对象"。对象一般都有属性和方法，表36-1介绍的是 window 对象的属性。实际上，window 对象也有非常多的方法，常用的如表 36-2 所示。

表 36-2　　　　　　　　　　　window 对象常用方法

方法	说明
alert()	提示对话框
confirm()	判断对话框
prompt()	输入对话框

续表

方法	说明
open()	打开窗口
close()	关闭窗口
setTimeout()	开启"一次性"定时器
clearTimeout()	关闭"一次性"定时器
setInterval()	开启"重复性"定时器
clearInterval()	关闭"重复性"定时器

对于 window 对象来说，无论是它的属性还是方法，都可以省略 window 前缀。例如 window.alert() 可以简写为 alert()，window.open() 可以简写为 open()，甚至 window.document.getElementById() 可以简写为 document.getElementById()，以此类推。

window 对象的属性和方法是非常多的，但是大多数都用不上。在这一章中，我们只针对最实用的来讲解，掌握好这些已经完全够了。

36.2 窗口操作

在 JavaScript 中，窗口常见的操作有两种：一种是"打开窗口"；另外一种是"关闭窗口"。打开窗口和关闭窗口，在实际开发中是经常用到的。

在绿叶学习网的在线工具中（如图 13-3 所示），当点击"调试代码"按钮时，就会打开一个新的窗口，并且把内容输出到新的窗口页面中去。这个功能涉及了打开窗口的操作。

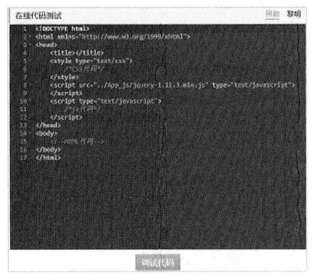

图13-3　绿叶学习网的在线工具

36.2.1 打开窗口

在 JavaScript 中，我们可以使用 window 对象的 open() 方法来打开一个新窗口。

语法

```
window.open(url, target)
```

说明

window.open() 可以直接简写为 open()，不过我们一般都习惯加上 window 前缀。window.open() 参数有很多，但是只有 url 和 target 这两个用得上。

url 指的是新窗口的地址，如果 url 为空，则表示打开一个空白窗口。空白窗口很有用，我们可以使用 document.write() 往空白窗口输出文本，甚至输出一个 HTML 页面。

target 表示打开方式，它的取值跟 a 标签中 target 属性的取值是一样的，常用取值有两个：_blank 和 _self。当 target 为 _blank（默认值）时，表示在新窗口打开；当 target 为 _self 时，表示在当前窗口打开。

举例 打开新窗口

```
<!DOCTYPE html>
<html>
<head>
    <meta charset="utf-8" />
    <title></title>
    <script>
        window.onload = function ()
        {
            var oBtn = document.getElementById("btn");
            oBtn.onclick = function ()
            {
                window.open("http://www.lvyestudy.com");
            };
        }
    </script>
</head>
<body>
    <input id="btn" type="button" value=" 打开 "/>
</body>
</html>
```

浏览器预览效果如图 36-4 所示。

分析

window.open("http://www.lvyestudy.com") 其实等价于 window.open("http://www.lvyestudy.com", "_blank")，表示在新窗口打开。如果改为 window.open("http://www.lvyestudy.com", "_self")，则表示在当前窗口打开。

图36-4　打开新窗口

举例 打开空白窗口

```
<!DOCTYPE html>
<html>
<head>
```

```
        <meta charset="utf-8" />
        <title></title>
        <script>
            window.onload = function ()
            {
                var oBtn = document.getElementById("btn");
                oBtn.onclick = function ()
                {
                    var opener = window.open();
                    opener.document.write("这是一个新窗口");
                    opener.document.body.style.backgroundColor = "lightskyblue";
                };
            }
        </script>
    </head>
    <body>
        <input id="btn" type="button" value="打开" />
    </body>
</html>
```

浏览器预览效果如图36-5所示。当我们点击"打开"按钮后，此时预览效果如图36-6所示。

图36-5　打开空白窗口

图36-6　点击按钮后的效果

分析

这段代码实现的效果是：打开一个新的空白窗口，然后往里面输出内容。可能很多人会对 var opener = window.open();这句代码感到疑惑：为什么 window.open() 可以赋值给一个变量呢？

实际上，window.open() 就像函数调用一样，会返回（也就是 return）一个值，这个值就是新窗口对应的 window 对象。也就是说，此时 opener 就是这个新窗口的 window 对象。既然我们可以获取到新窗口的 window 对象，那么想要在新窗口页面干点什么，如输出点内容、控制元素样式等，就很简单了。

有一点需要提醒大家，如果你打开的是同一个域名下的页面或空白窗口，就可以像上面那样操作新窗口的元素或样式。但是如果你打开的是另外一个域名下面的页面，是不允许操作新窗口的内容的，因为这涉及跨越权限的问题。举个例子，如果你用 window.open() 打开百度首页，人家百度肯定不允许你随意去操作它的页面，道理很简单。

举例　往空白窗口输出一个页面

```
<!DOCTYPE html>
<html>
```

```html
<head>
    <meta charset="utf-8" />
    <title></title>
    <script>
        window.onload = function ()
        {
            var oBtn = document.getElementById("btn");
            var opener = null;

            oBtn.onclick = function ()
            {
                opener = window.open();
                var strHtml = '<!DOCTYPE html>\
                        <html>\
                        <head>\
                            <title></title>\
                        </head>\
                        <body>\
                            <strong>小心偷影子的人，他会带走你的心。</strong>\
                        </body>\
                        </html>';

                opener.document.write(strHtml);
            };
        }
    </script>
</head>
<body>
    <input id="btn" type="button" value="打开" />
</body>
</html>
```

浏览器预览效果如图 36-7 所示。当我们点击"打开"按钮后，此时浏览器预览效果如图 36-8 所示。

图36-7　往空白窗口输出一个页面

图36-8　点击按钮后的效果

分析

opener 是一个空白页面窗口，我们就可以使用 document.write() 方法来输出一个 HTML 文档了。利用这个技巧，我们可以开发出一个在线代码测试小工具出来，非常棒喔。

36.2 窗口操作

举例 操作空白窗口中的元素

```html
<!DOCTYPE html>
<html>
<head>
    <meta charset="utf-8" />
    <title></title>
    <script>
        window.onload = function ()
        {
            var oBtn = document.getElementsByTagName("input");
            var opener = null;

            oBtn[0].onclick = function ()
            {
                opener = window.open();
                var strHtml = '<!DOCTYPE html>\
                    <html>\
                    <head>\
                        <title></title>\
                    </head>\
                    <body>\
                        <div>小心偷影子的人，他会带走你的心。</div>\
                    </body>\
                    </html>';
                opener.document.write(strHtml);
            };
            oBtn[1].onclick = function ()
            {
                var oDiv = opener.document.getElementsByTagName("div")[0];
                oDiv.style.fontWeight = "bold";
                oDiv.style.color = "hotpink";
            };
        }
    </script>
</head>
<body>
    <input type="button" value=" 打开新窗口 " />
    <input type="button" value=" 操作新窗口 " />
</body>
</html>
```

浏览器预览效果如图 36-9 所示。

当我们点击"打开新窗口"按钮后，此时预览效果如图 36-10 所示。

然后再点击"操作新窗口"按钮后，预览效果如图 36-11 所示。

图36-9 操作空白窗口中的元素

图36-10　点击"打开新窗口"按钮后的效果　　图36-11　点击"操作新窗口"按钮后的效果

分析

只要我们获取到 opener（也就是新窗口的 window 对象），就可以像平常那样随意操作页面的元素，是不是感觉非常棒！

36.2.2　关闭窗口

在 JavaScript 中，我们可以使用 window.close() 来关闭一个新窗口。

语法

```
window.close()
```

说明

window.close() 方法是没有参数的。

举例　关闭当前窗口

```
<!DOCTYPE html>
<html>
<head>
    <meta charset="utf-8" />
    <title></title>
    <script>
        window.onload = function ()
        {
            var oBtn = document.getElementById("btn");
            oBtn.onclick = function ()
            {
                window.close();
            };
        }
    </script>
</head>
<body>
    <input id="btn" type="button" value="关闭" />
</body>
</html>
```

浏览器预览效果如图 36-12 所示。

36.2 窗口操作

图36-12 关闭当前窗口

分析

当我们点击"关闭"按钮后,就会关闭当前窗口。那如果想要实现打开一个新窗口,然后关闭该新窗口,该怎么做呢?请看下面的例子。

举例 关闭新窗口

```
<!DOCTYPE html>
<html>
<head>
    <meta charset="utf-8" />
    <title></title>
    <script>
        window.onload = function ()
        {
            var btnOpen = document.getElementById("btn_open");
            var btnClose = document.getElementById("btn_close");
            var opener = null;

            btnOpen.onclick = function ()
            {
                opener = window.open("http://www.lvyestudy.com");
            };
            btnClose.onclick = function () {
                opener.close();
            }
        }
    </script>
</head>
<body>
    <input id="btn_open" type="button" value=" 打开新窗口 " />
    <input id="btn_close" type="button" value=" 关闭新窗口 " />
</body>
</html>
```

浏览器预览效果如图 36-13 所示。

分析

当我们点击"打开新窗口"按钮后,再点击"关闭新窗口"按钮,就会把新窗口关闭掉。window.close() 关闭的是当前窗口,opener.close() 关闭的是新窗口。从本质上来说,window 和 opener 都是 window 对象,只不过 window 指向的是当前窗口,opener 指向的是新窗口。对于这两个,小伙

图36-13 关闭新窗口

463

伴们一定要认真琢磨清楚。

此外，窗口最大化、最小化、控制窗口大小、移动窗口等，这些操作在实际开发中用处不大，可以忽略掉。

36.3 对话框

在 JavaScript 中，对话框有三种：alert()、confirm() 和 prompt()。这三种都是 window 对象的方法。前面我们说过，对于 window 对象的属性和方法，是可以省略 window 前缀的，例如 window.alert() 可以简写为 alert()。

36.3.1 alert()

在 JavaScript 中，alert() 对话框一般仅仅用于提示文字。这个方法在之前用得很多了，这里我们就不用多说。对于 alert()，只需记住一点就行：在 alert() 中实现文本换行，用的是 "\n"。

语法

```
alert("提示文字")
```

举例

```
<!DOCTYPE html>
<html>
<head>
    <meta charset="utf-8" />
    <title></title>
    <script>
        alert("HTML\nCSS\nJavaScript");
    </script>
</head>
<body>
</body>
</html>
```

浏览器预览效果如图 36-14 所示。

图36-14　alert()对话框

36.3.2 confirm()

在 JavaScript 中，confirm() 对话框不仅提示文字，还提供确认。

语法

```
confirm(" 提示文字 ")
```

说明

如果用户点击"确定"按钮，则 confirm() 返回 true；如果用户点击"取消"按钮，则 confirm() 返回 false。

举例

```
<!DOCTYPE html>
<html>
<head>
    <meta charset="utf-8" />
    <title></title>
    <script>
        window.onload = function ()
        {
            var oBtn = document.getElementById("btn");

            oBtn.onclick = function ()
            {
                if (confirm(" 确定要跳转到绿叶首页吗？ ")) {
                    window.location.href = "http://www.lvyestudy.com";
                }else{
                    document.write(" 你取消了跳转 ");
                }
            };
        }
    </script>
</head>
<body>
    <input id="btn" type="button" value=" 回到首页 "/>
</body>
</html>
```

浏览器预览效果如图 36-15 所示。当我们点击"回到首页"按钮后，浏览器预览效果如图 36-16 所示。

图36-15　confirm()对话框

图36-16　点击按钮后的效果

分析

在弹出的 confirm() 对话框中,当我们点击"确定"按钮时,confirm() 会返回 true,然后当前窗口就会跳转到绿叶学习网首页。当我们点击"取消"按钮时,confirm() 会返回 false,然后就会输出内容。

36.3.3 prompt()

在 JavaScript 中,prompt() 对话框不仅提示文字,还返回一个字符串。

语法

```
prompt("提示文字")
```

举例

```html
<!DOCTYPE html>
<html>
<head>
    <meta charset="utf-8" />
    <title></title>
    <script>
        window.onload = function ()
        {
            var oBtn = document.getElementById("btn");

            oBtn.onclick = function ()
            {
                var name = prompt("请输入你的名字");
                document.write("欢迎来到 <strong>" + name + "</strong>");
            };
        }
    </script>
</head>
<body>
    <input id="btn" type="button" value="按钮"/>
</body>
</html>
```

浏览器预览效果如图 36-17 所示。当我们点击按钮后,此时预览效果如图 36-18 所示。

图36-17 prompt()对话框

图36-18 点击按钮后的效果

分析

在弹出的对话框中，有一个输入文本框。输入内容，然后点击对话框中的"确定"，就会返回刚刚你输入的文本。

对于 alert()、confirm() 和 prompt() 这三种对话框，我们总结一下，如表 36-3 所示。

表 36-3　　　　　　　　　　　　　三种对话框

方　　法	说　　明
alert()	仅提示文字，没有返回值
confirm()	具有提示文字，返回"布尔值"（true 或 false）
prompt()	具有提示文字，返回"字符串"

在实际开发中，这三种对话框经常用到。不过我们不会采用浏览器默认的对话框，因为这些默认对话框外观真的是太丑了。为了获得更好的用户体验，我们倾向于使用 div 元素来模拟出来，并且结合 CSS3、JavaScript 等实现酷炫的动画效果。

下面就是使用 div 元素模拟出来的对话框，简约扁平，并且还带有各种 3D 动画，用户体验非常好。本书附有源代码，大家可以下载来看看。

图36-19　类似alert()的对话框

图36-20　类似confirm()的对话框

图36-21　类似prompt()的对话框

36.4　定时器

在浏览器网页的过程中，我们经常可以看到这样的动画：轮播效果中，图片每隔几秒就切换一次；在线时钟中，秒针每隔一秒转一次。拿我们的绿叶学习网（www.lvyestudy.com）来说，首页的图片轮播（如图 13-22 所示）每隔 5 秒就"爆炸"一次，十分酷炫，大家可以去感受一下。

图36-22 酷爆的图片轮播（绿叶学习网）

上面说到的这些动画特效中，其实就用到了定时器。所谓的定时器，指的是每隔一段时间就执行一次代码。在JavaScript中，对于定时器的实现，有以下两组方法。
- setTimeout()和clearTimeout()
- setInterval和clearInterval()

36.4.1 setTimeout()和clearTimeout()

在JavaScript中，我们可以使用setTimeout()方法来**一次性**地调用函数，并且可以使用clearTimeout()来取消执行setTimeout()。

语法

```
setTimeout(code, time);
```

说明

参数code可以是一段代码，可以是一个函数，也可以是一个函数名。

参数time是时间，单位为毫秒，表示要过多长时间才执行code中的代码。

举例 code 是一段代码

```
<!DOCTYPE html>
<html>
<head>
    <meta charset="utf-8" />
    <title></title>
    <script>
        window.onload = function ()
        {
            setTimeout('alert("欢迎来到绿叶学习网");', 2000);
        }
    </script>
</head>
<body>
    <p>2秒后提示欢迎语。</p>
</body>
</html>
```

浏览器预览效果如图 36-23 所示。

分析

打开页面两秒后，会弹出对话框，如图 13-24 所示。由于 setTimeout() 方法只会执行一次，所以只会弹出一次对话框。

图36-23　code是一段代码

图36-24　弹出的对话框

举例 code 是一段函数

```
<!DOCTYPE html>
<html>
<head>
    <meta charset="utf-8" />
    <title></title>
    <script>
        window.onload = function ()
        {
            setTimeout(function () {
                alert(" 欢迎！ ");
            }, 2000);
        }
    </script>
</head>
<body>
    <p>2 秒后提示欢迎语。</p>
</body>
</html>
```

浏览器预览效果如图 36-25 所示。

图36-25　code是一段函数

分析

这里 setTimeout() 第一个参数是一个函数，这个函数是没有名字的，也叫匿名函数。我们从图 13-26 中就可以很清楚地看出来第一个参数是一段函数。

图36-26　setTimeout()分析图

举例 code 是一个函数名

```html
<!DOCTYPE html>
<html>
<head>
    <meta charset="utf-8" />
    <title></title>
    <script>
        window.onload = function ()
        {
            setTimeout(alertMes, 2000);
        }
        function alertMes(){
            alert("欢迎来到绿叶学习网");
        }
    </script>
</head>
<body>
    <p>2秒后提示欢迎语。</p>
</body>
</html>
```

浏览器预览效果如图 36-27 所示。

图36-27　code是一个函数名

36.4 定时器

分析

这里 setTimeout() 第一个参数是一个函数名，这个函数名是不需要加 "()" 的！下面两种写法是等价的：

```
setTimeout(alertMes, 2000)
setTimeout("alertMes()", 2000)
```

之前接触过不少初学者，很多人都容易搞混这两种写法，如写成 setTimeout(alertMes(), 2000) 或者 setTimeout("alertMes", 2000)，我们一定要注意这一点。一般情况下，我们只需要掌握 setTimeout(alertMes, 2000) 这一种写法就可以了，原因有两个：一是这种写法性能更好，二是可以避免记忆混乱。

举例 clearTimeout()

```
<!DOCTYPE html>
<html>
<head>
    <meta charset="utf-8" />
    <title></title>
    <style type="text/css">
        div{width:100px;height:100px;border:1px solid silver;}
    </style>
    <script>
        window.onload = function ()
        {
            // 获取元素
            var oBtn = document.getElementsByTagName("input");
            //timer 存放定时器
            var timer = null;

            oBtn[0].onclick = function ()
            {
                timer = setTimeout(function () {
                    alert(" 欢迎来到绿叶学习网 ");
                }, 2000);
            };
            oBtn[1].onclick = function ()
            {
                clearTimeout(timer);
            };
        }
    </script>
</head>
<body>
    <p> 点击 " 开始 " 按钮，2 秒后提示欢迎语。</p>
    <input type="button" value=" 开始 "/>
    <input type="button" value=" 暂停 "/>
</body>
</html>
```

浏览器预览效果如图 36-28 所示。

分析

当我们点击"开始"按钮，两秒后就会弹出对话框。如果在两秒内再点击"暂停"按钮，就不会弹出对话框。

这里定义了一个变量 timer 用于保存 setTimeout() 这个定时器，以便使用 clearTimeout(timer) 来暂停。

图13-28 clearTimeout()

36.4.2　setInterval()和clearInterval()

在 JavaScript 中，我们可以使用 setInterval() 方法来重复性地调用函数，并且可以使用 clearInterval() 来取消执行 setInterval()。

语法

```
setInterval(code, time);
```

说明

参数 code 可以是一段代码、一个函数，也可以是一个函数名。

参数 time 是时间，单位为毫秒，表示要过多长时间才执行 code 中的代码。

此外，setInterval() 跟 setTimeout() 语法是一样的，唯一不同的是：setTimeout() 只执行一次，而 setInterval() 可以重复执行无数次。对于 setInterval() 来说，下面三种方式都是正确的，这个跟 setTimeout() 一样：

```
setInterval(function(){…}, 2000)
setInterval(alertMes, 2000)
setInterval("alertMes()", 2000)
```

一般情况下，我们只需要掌握前面两种就行。

举例 倒计时效果

```
<!DOCTYPE html>
<html>
<head>
    <meta charset="utf-8" />
    <title></title>
    <script>
        // 定义全局变量，用于记录秒数
        var n = 5;
        window.onload = function ()
        {
            // 设置定时器，重复执行函数 countDown
            var t = setInterval(countDown, 1000);
        }
        // 定义函数
        function countDown()
        {
            // 判断 n 是否大于 0，因为倒计时不可能有负数
            if (n > 0) {
```

```
                n--;
                document.getElementById("num").innerHTML = n;
            }
        }
    </script>
</head>
<body>
    <p>倒计时:<span id="num">5</span></p>
</body>
</html>
```

浏览器预览效果如图 36-29 所示。

图36-29 倒计时效果

分析

如果这里使用 setTimeout() 来代替 setInterval()，就没办法实现倒计时效果了。因为 setTimeout() 只会执行一次，而 setInterval() 会重复执行。

举例 clearInterval()

```
<!DOCTYPE html>
<html>
<head>
    <meta charset="utf-8" />
    <title></title>
    <style type="text/css">
        div{width:100px;height:100px;border:1px solid silver;}
    </style>
    <script>
        window.onload = function ()
        {
            // 获取元素
            var oBtn = document.getElementsByTagName("input");
            var oDiv = document.getElementsByTagName("div")[0];

            // 定义一个数组 colors，存放六种颜色
            var colors = ["red", "orange", "yellow", "green", "blue", "purple"];
            //timer 用于定时器
            var timer = null;
            //i 用于计数
            var i = 0;
```

```
                //"开始"按钮
                oBtn[0].onclick = function ()
                {
                    // 每隔1秒切换一次背景颜色
                    timer = setInterval(function () {
                        oDiv.style.backgroundColor = colors[i];
                        i++;
                        i = i % colors.length;
                    }, 1000);
                };

                //"暂停"按钮
                oBtn[1].onclick = function ()
                {
                    clearInterval(timer);
                };
            }
        </script>
    </head>
    <body>
        <input type="button" value="开始"/>
        <input type="button" value="暂停"/>
        <div></div>
    </body>
</html>
```

浏览器预览效果如图 36-30 所示。

分析

当我们点击"开始"按钮后，div 元素每隔一秒就会切换一次背景颜色。当我们点击"暂停"按钮，就会停止。i = i % colors.length; 使得 i 可以不断循环"1, 2……5"，这是一个非常棒的技巧，特别是在图片轮播开发中非常有用，小伙伴们认真琢磨一下。

当我们快速不断地点击"开始"按钮，神奇的一幕发生了：背景颜色切换的速度加快了。然后点击"暂停"按钮，却发现根本停不下来！那是什么原因导致的呢？

图36-30　clearInterval()

其实每一次点击，都会新开一个 setInterval()，当你不断点击按钮，setInterval() 就会累加起来。也就是说，当你点击三次按钮时，其实已经开了三个 setInterval()，此时如果你想要停下来，就必须点击三次"暂停"按钮。为了避免这个累加的 bug，我们在每次点击"开始"按钮的一开始就要清除一次定时器，改进后的代码如下：

举例 改进后的定时器

```
<!DOCTYPE html>
<html>
<head>
    <meta charset="utf-8" />
    <title></title>
    <style type="text/css">
        div{width:100px;height:100px;border:1px solid silver;}
```

36.4 定时器

```
        </style>
        <script>
            window.onload = function ()
            {
                // 获取元素
                var oBtn = document.getElementsByTagName("input");
                var oDiv = document.getElementsByTagName("div")[0];

                // 定义一个数组 colors，存放 6 种颜色
                var colors = ["red", "orange", "yellow", "green", "blue", "purple"];
                //timer 用于存放定时器
                var timer = null;
                //i 用于计数
                var i = 0;

                //" 开始 " 按钮
                oBtn[0].onclick = function ()
                {
                    // 每次点击 " 开始 " 按钮，一开始就清除一次定时器
                    clearInterval(timer);
                    // 每隔 1 秒切换一次背景颜色
                    timer = setInterval(function () {
                        oDiv.style.backgroundColor = colors[i];
                        i++;
                        i = i % colors.length;
                    }, 1000);
                };
                //" 暂停 " 按钮
                oBtn[1].onclick = function ()
                {
                    clearInterval(timer);
                };
            }
        </script>
    </head>
    <body>
        <input type="button" value=" 开始 "/>
        <input type="button" value=" 暂停 "/>
        <div></div>
    </body>
</html>
```

浏览器预览效果如图 36-31 所示。

分析

此时即使我们快速不断地点击"开始"按钮，也不会出现定时器累加的 bug 了。定时器在实际开发中会大量用到，小伙伴们要重点掌握。

图36-31　改进后的定时器

36.5 location对象

在 JavaScript 中，我们可以使用 window 对象下的 location 子对象来操作当前窗口的 URL。所谓 URL，指的就是页面地址。对于 location 对象，我们只需要掌握以下三个属性（其他不用管），如表 36-4 所示。

表 36-4　　　　　　　　　　　　location 对象的属性

属　　性	说　　明
href	当前页面地址
search	当前页面地址"？"后面的内容
hash	当前页面地址"#"后面的内容

36.5.1 window.location.href

在 JavaScript 中，我们可以使用 location 对象的 href 属性来获取或设置当前页面的地址。

语法

```
window.location.href
```

说明

window.location.href 可以直接简写为 location.href，不过我们一般都习惯加上 window 前缀。

举例 获取当前页面地址

```
<!DOCTYPE html>
<html>
<head>
    <meta charset="utf-8" />
    <title></title>
    <script>
        var url = window.location.href;
        document.write("当前页面地址是：" + url);
    </script>
</head>
<body>
</body>
</html>
```

浏览器预览效果如图 36-22 所示。

图36-32　获取当前页面地址

举例 设置当前页面地址

```
<!DOCTYPE html>
<html>
<head>
    <meta charset="utf-8" />
    <title></title>
    <script>
        setTimeout(function () {
            window.location.href = "http://www.lvyestudy.com";
        }, 2000);
    </script>
</head>
<body>
    <p>2 秒后跳转 </p>
</body>
</html>
```

浏览器预览效果如图 36-33 所示。

图36-33　设置当前页面地址

36.5.2　window.location.search

在 JavaScript 中，我们可以使用 location 对象的 search 属性来获取和设置当前页面地址 "?" 后面的内容。

语法

```
window.location.search
```

举例

```
<!DOCTYPE html>
<html>
<head>
    <meta charset="utf-8" />
    <title></title>
    <script>
        document.write(window.location.search);
    </script>
</head>
<body>
</body>
</html>
```

浏览器预览效果如图 36-34 所示。

分析

此时页面是空白的，我们在浏览器地址后面加上"?id=1"（要自己手动输入），再刷新页面，就会出现结果了，效果如下图 36-35 所示：

图36-34　window.location.search　　　图36-35　手动输入"?id=1"

地址?后面这些内容，也叫做querystring（查询字符串），一般用于数据库查询，而且是大量用到！如果你还没有接触过后端技术，这里了解一下即可，暂时不需要深入。

36.5.3　window.location.hash

在 JavaScript 中，我们可以使用 location 对象的 hash 属性来获取和设置当前页面地址 # 后面的内容。# 一般用于锚点链接，这个相信大家已经熟悉了。

举例

```
<!DOCTYPE html>
<html>
<head>
    <meta charset="utf-8" />
    <title></title>
    <script>
        document.write(window.location.hash);
    </script>
</head>
<body>
</body>
</html>
```

浏览器预览效果如图 36-36 所示。

图36-36　window.location.hash

分析

此时页面是空白的,我们在浏览器地址后面多加上 #imgId(要自己手动输入),再刷新页面,就会出现结果了,效果如图 36-37 所示。

在实际开发中,window.location.href 用得还是比较少,我们了解一下就行。

图36-37 手动输入#imgId

36.6 navigator对象

在 JavaScript 中,我们可以使用 window 对象下的子对象 navigator 来获取浏览器的类型。

语法

```
window.navigator.userAgent
```

举例

```
<!DOCTYPE html>
<html>
<head>
    <meta charset="utf-8" />
    <title></title>
    <script>
        alert(window.navigator.userAgent);
    </script>
</head>
<body>
</body>
</html>
```

在 IE、chrome、Firefox 这三款浏览器预览效果分别如图 36-38、图 36-39 和图 36-40 所示。

图36-38 IE浏览器效果

图36-39 Chrome浏览器效果

图36-40 Firefox浏览器效果

分析

不同浏览器，会弹出相应的版本号信息。不过这三款浏览器都含有独一无二的字符，如IE含有"MSIE"，Chrome含有"Chrome"，而Firefox含有"Firefox"。根据这个特点，我们可以判断当前浏览器是什么类型的浏览器。

举例

```html
<!DOCTYPE html>
<html>
<head>
    <meta charset="utf-8" />
    <title></title>
    <script>
        if (window.navigator.userAgent.indexOf("MSIE") != -1) {
            alert("这是 IE");
        }else if (window.navigator.userAgent.indexOf("Chrome") != -1) {
            alert("这是 Chrome");
        }else if (window.navigator.userAgent.indexOf("Firefox") != -1) {
            alert("这是 Firefox");
        }
    </script>
</head>
<body>
</body>
</html>
```

浏览器预览效果如图36-41所示。

图36-41　获取当前浏览器类型

分析

indexOf() 用于找出"某个字符串"在字符串中首次出现的位置，如果找不到就返回 -1。indexOf() 方法非常重要，我们在字符串那一章已经详细介绍过了，忘记的小伙伴记得回去看一下。

判断浏览器类型也是经常用到的，特别是处理不同浏览器兼容性时，我们就需要根据浏览器的类型来加载对应的 JavaScript 处理代码。不过现在浏览器更新迭代非常快，随着 IE 逐渐退出历史舞台，很多时候我们已经不再需要考虑浏览器之间的兼容性了。

36.7　练习题

单选题

1. setInterval('alert("welcome!")', 1000) 这一句代码的意思是（　　）。
   A. 等待 1 秒后弹出一个对话框　　　　B. 等待 1000 秒后弹出一个对话框
   C. 每隔 1 秒弹出一个对话框　　　　　D. 语法有问题，程序报错
2. window 对象的 open() 方法返回的是（　　）。
   A. 返回新窗口对应的 window 对象
   B. 返回 boolean 类型的值，表示当前窗口是否打开成功
   C. 返回 int 类型的值，表示窗口的个数
   D. 没有返回值
3. 下面关于 alert() 和 confirm() 方法的说法中，正确的是（　　）。
   A. alert() 和 confirm() 都是 window 对象的方法
   B. alert() 和 confirm() 功能相同
   C. alert() 的功能是显示带有"确定"和"取消"按钮的对话框
   D. confirm() 的功能是显示带有"确定"按钮的对话框

第 37 章 document对象

37.1 document对象简介

从上一章我们知道，document 对象其实是 window 对象的子对象，它操作的是 HTML 文档里所有的内容。事实上，浏览器每次打开一个窗口，就会为这个窗口生成一个 window 对象，并且会为这个窗口内部的页面（即 HTML 文档）自动生成一个 document 对象，然后我们就可以通过 document 对象来操作页面中所有的元素了。

window 对象是浏览器为每个窗口创建的一个对象。通过 window 对象，我们可以操作窗口，如打开窗口、关闭窗口、浏览器版本等，这些又被统称为 BOM（浏览器对象模型）。

由于 window 对象是包括 document 对象的，所以我们可以简单地把 BOM 和 DOM 的关系理解成：**BOM 包含 DOM**。只不过对于文档操作来说，我们一般不把它看成是 BOM 的一部分，而是看成独立的，也就是 DOM。

其实，在前面的章节中，我们就已经在大量使用 document 对象的属性和方法了，如 document.write()、document.getElementById()、document.body 等。这一章我们来系统学习一下 document 对象。

37.2 document对象属性

document 对象的属性非常多，但是大多数都是没什么用的，表 37-1 只列出比较常用的属性（其他没列出的不用管）。

37.2 document对象属性

表 37-1　　　　　　　　　　document 对象常用的属性

属　　性	说　　明
document.title	获取文档的 title
document.body	获取文档的 body
document.forms	获取所有 form 元素
document.images	获取所有 img 元素
document.links	获取所有 a 元素
document.cookie	文档的 cookie
document.URL	当前文档的 URL
document.referrer	返回使浏览者到达当前文档的 URL

在上表中，有以下三点需要跟大家说一下。
- document.title和document.body我们在之前已经介绍过了，这里不再赘述。
- document.forms、document.images、document.links这三个分别等价于下面三个，所以我们一般用document.getElementsByTagName来获取就行了，不需要去记忆它们：

```
document.getElementsByTagName("form")
document.getElementsByTagName("img")
document.getElementsByTagName("a")
```

- cookie一般在结合后端技术操作中用得比较多，单纯在前端用得还是比较少，我们可以直接忽略document.cookie。

下面我们来介绍一下 document.URL 和 document.referrer。

37.2.1　document.URL

在 JavaScript 中，我们可以使用 document 对象的 URL 属性来获取当前页面的地址。

语法

```
document.URL
```

举例

```
<!DOCTYPE html>
<html>
<head>
    <meta charset="utf-8" />
    <title></title>
    <script>
        var url = document.URL;
        document.write("当前页面地址是：" + url);
    </script>
</head>
<body>
</body>
</html>
```

浏览器预览效果如图 37-1 所示。

分析

document.URL 和 window.location.href 都可以获取当前页面的 URL，不过它们也有区别：document.URL 只能获取，不能设置；window.location.href 既可以获取，也可以设置。

图37-1　document.URL获取当前页面地址

37.2.2　document.referrer

在 JavaScript 中，我们可以使用 document 对象的 referrer 属性来获取用户在访问当前页面之前所在页面的地址。例如我从页面 A 的某个链接进入页面 B，如果在页面 B 中使用 document.referrer 就可以获取页面 A 的地址。

document.referrer 非常酷，因为我们可以通过它来统计用户都是通过什么方式来到你的网站的。

我们可以建立两个页面，然后在第一个页面设置一个超链接指向第二个页面。当我们从第一个页面超链接进入第二个页面时，在第二个页面使用 document.referrer 就可以获取到第一个页面的地址了。对于这个效果，小伙伴们自行在本地编辑器测试一下，很简单。

37.3　document对象方法

document 对象的方法也非常多，但是也有很多没用的，表 14-2 中只列出了比较常用的方法（其他没列出的不用管）。

表 37-2　　　　　　　　　　document 对象常用的方法

方　　法	说　　明
document.getElementById()	通过 id 获取元素
document.getElementsByTagName()	通过标签名获取元素
document.getElementsByClassName()	通过 class 获取元素
document.getElementsByName()	通过 name 获取元素
document.querySelector()	通过选择器获取元素，只获取第 1 个
document.querySelectorAll()	通过选择器获取元素，获取所有
document.createElement()	创建元素节点
document.createTextNode()	创建文本节点
document.write()	输出内容
document.writeln()	输出内容并换行

在上表中，大多数方法我们在前面的章节已经学习过了，这里我们顺便复习一下，可以用手遮住右边，看着左边的方法然后回忆一下它的用途是什么。

下面我们来重点介绍一下 document.write() 和 writeln()。在 JavaScript 中，如果想要往页面输出内容，可以使用 document 对象的 write() 和 writeln() 这两个方法。

37.3.1 document.write()

在 JavaScript 中，我们可以使用 document.write() 输出内容。这个方法我们已经接触得够多了，这里不再赘述。

语法

```
document.write(" 内容 ");
```

举例

```
<!DOCTYPE html>
<html>
<head>
    <meta charset="utf-8" />
    <title></title>
    <script>
        document.write('<div style="color:hotpink;">绿叶学习网</div>');
    </script>
</head>
<body>
</body>
</html>
```

浏览器预览效果如图 37-2 所示。

分析

document.write() 不仅可以输出文本，还可以输出标签。此外，document.write() 都是往 body 标签内输出内容的。对于上面这个例子，我们打开浏览器控制台（按 F12 键）可以看出来，如图 37-3 所示。

图37-2 document.write()

图37-3 控制台效果

37.3.2 document.writeln()

writeln() 方法跟 write() 方法相似，唯一区别是：writeln() 方法会在输出内容后面多加上一个换行符 \n。

一般情况下，这两种方法在输出效果上是没有区别的，仅在查看源码时才看得出来区别，除非把内容输出到 pre 标签内。

语法

```
document.writeln("")
```

说明

writeln 是 write line 的缩写,大家不要把"l"写成字母"i"的大写形式。很多初学者容易犯这个低级错误。

举例

```
<!DOCTYPE html>
<html>
<head>
    <meta charset="utf-8" />
    <title></title>
    <script>
        document.writeln("绿叶学习网")
        document.writeln("HTML")
        document.writeln("CSS")
        document.writeln("JavaScript")
    </script>
</head>
<body>
</body>
</html>
```

浏览器预览效果如图 37-4 所示。

分析

我们把 writeln() 换成 write(),此时浏览器预览效果如图 37-5 所示。

图37-4 document.writeln()

图37-5 把writeln()换成write()

从上面可以看出,writeln() 方法输出的内容之间有一点空隙,而 write() 方法没有:

```
document.writeln("绿叶学习网");
document.writeln("HTML");
document.writeln("CSS");
document.writeln("JavaScript");
```

上述代码其实等价于以下代码:

```
document.write(" 绿叶学习网 \n")
document.write("HTML\n")
document.write("CSS\n")
document.write("JavaScript\n")
```

但是当我们把 writeln() 方法输出的内容放进 <pre></pre> 标签内，那效果就不一样了。

举例

```
<!DOCTYPE html>
<html>
<head>
    <meta charset="utf-8" />
    <title></title>
    <script>
        document.writeln("<pre> 绿叶学习网 ")
        document.writeln("HTML")
        document.writeln("CSS")
        document.writeln("JavaScript</pre>");
    </script>
</head>
<body>
</body>
</html>
```

浏览器预览效果如图 37-6 所示。

图37-6　writeln()方法输出的内容到<pre></pre>标签中

分析

writeln() 方法在实际开发中用得还是特别少的，我们简单了解一下就可以。

37.4 练习题

单选题

下面有关 document 对象的说法中，不正确的是（　　）。
A. document 对象其实就是 window 对象的一个子对象
B. document.URL 和 window.location.href 都可以获取当前页面的地址
C. DOM 操作的大多数方法都是属于 document 对象的
D. document.writeln() 跟 document.write() 是完全等价的

后记

  小伙伴们边学边练，不知不觉看完了这本书的时候，应该已经对 HTML、CSS 和 JavaScript 有了基本的掌握，能够制作出简单的页面了。

  然而，Web 前端开发技术远不止这些，如果小伙伴们想要成为一名合格的前端开发人员，我们接下来要学习更多前端技术，例如 jQuery、HTML5、CSS3 等。对于 HTML 和 CSS 进阶部分，以及更多的前端技术，可以关注"Web 前端开发精品课"系列的另外几本书。

欢迎来到异步社区！

异步社区的来历

异步社区（www.epubit.com.cn）是人民邮电出版社旗下IT专业图书旗舰社区，于2015年8月上线运营。

异步社区依托于人民邮电出版社20余年的IT专业优质出版资源和编辑策划团队，打造传统出版与电子出版和自出版结合、纸质书与电子书结合、传统印刷与POD按需印刷结合的出版平台，提供最新技术资讯，为作者和读者打造交流互动的平台。

社区里都有什么？

购买图书

我们出版的图书涵盖主流IT技术，在编程语言、Web技术、数据科学等领域有众多经典畅销图书。社区现已上线图书1000余种，电子书400多种，部分新书实现纸书、电子书同步出版。我们还会定期发布新书书讯。

下载资源

社区内提供随书附赠的资源，如书中的案例或程序源代码。

另外，社区还提供了大量的免费电子书，只要注册成为社区用户就可以免费下载。

与作译者互动

很多图书的作译者已经入驻社区，您可以关注他们、咨询技术问题；可以阅读不断更新的技术文章，听作译者和编辑畅聊好书背后有趣的故事；还可以参与社区的作者访谈栏目，向您关注的作者提出采访题目。

灵活优惠的购书

您可以方便地下单购买纸质图书或电子图书，纸质图书直接从人民邮电出版社书库发货，电子书提供多种阅读格式。

对于重磅新书，社区提供预售和新书首发服务，用户可以第一时间买到心仪的新书。

用户帐户中的积分可以用于购书优惠。100积分=1元，购买图书时，在 使用积分 里填入可使用的积分数值，即可扣减相应金额。

特别优惠

购买本书的读者专享**异步社区购书优惠券**。

使用方法：注册成为社区用户，在下单购书时输入 S4XC5 使用优惠码 ，然后点击"使用优惠码"，即可在原折扣基础上享受全单9折优惠。（订单满39元即可使用，本优惠券只可使用一次）

纸电图书组合购买

社区独家提供纸质图书和电子书组合购买方式，价格优惠，一次购买，多种阅读选择。

社区里还可以做什么？

提交勘误

您可以在图书页面下方提交勘误，每条勘误被确认后可以获得100积分。热心勘误的读者还有机会参与书稿的审校和翻译工作。

写作

社区提供基于 Markdown 的写作环境，喜欢写作的您可以在此一试身手，在社区里分享您的技术心得和读书体会，更可以体验自出版的乐趣，轻松实现出版的梦想。

如果成为社区认证作译者，还可以享受异步社区提供的作者专享特色服务。

会议活动早知道

您可以掌握 IT 圈的技术会议资讯，更有机会免费获赠大会门票。

加入异步

扫描任意二维码都能找到我们：

| 异步社区 | 微信服务号 | 微信订阅号 | 官方微博 | QQ 群：368449889 |

社区网址：www.epubit.com.cn

投稿 & 咨询：contact@epubit.com.cn